万川
reflections

# 一步万里阔

# 从格致到科学

## 中国近代科学和科学体制化

张剑——著

中国工人出版社

# 前　言

1953年，爱因斯坦（Albert Einstein，1879—1955）复函加利福尼亚州的斯威策，谈及近代科学的起源：

西方科学的发展基于两项伟大的成就：希腊哲学家发明了形式逻辑体系（在欧几里得几何学中），以及（在文艺复兴时期）发现可以通过系统实验找出因果关系。在我看来，中国的贤哲没有走出这两步，那是用不着惊奇的。令人惊奇的倒是，这些发现竟然被做出来了。

爱因斯坦指出，近代科学发展的两大基础为形式逻辑体系与系统的实验，这是中国传统科学所不具备的。但他这封信却受到李约瑟（Joseph Needham，1900—1995）的批评。1961年7月，李约瑟在牛津大学作题为“中国科学传统的不足与成就”的演讲，引述上述信件后说：

令人遗憾的是，这封笔调轻快的萧伯纳式的书信现在竟然被用来贬低非欧文明的科学成就。爱因斯坦应该是第一个承认自己对中国、印度和阿拉伯文化中的具体科学发展几乎一无所知的人，他只知道现代科学没有在那些文化中发展起来而已，我们不应用他的大名来作证。[1]

李约瑟的批评有失偏颇。从内部看，中国传统科学不仅不具备爱因斯坦所指出的近代科学发展的两大基础，而且也缺乏系统性、完备性，在科学方法、思维方式等方面也与近代科学有本质的区别。从中国传统科学所处的社会环境来看，科学并不是学问，只是奇巧淫技，最多是经世致用的工具而已；* 中国也只有民间的能工巧匠与在朝的业余科学爱好者，没有真正意义上的科学家角色。** 因此，学界对于中国古代是否有科学争议很大。肯定论者指出中国古代不仅有科学，而且还非常发达，并如数家珍般地指出各种发明以及高度发展的数学、天文乃至医学成就，并以“李约瑟问题”以及李约瑟所主持编写卷帙浩繁的《中国科学技术史》为例反证。否定论者以为古代中国只有技术没有科学，各种发明亦仅是技术而不是科学。否定论者的观点可能有些激进，但对于传统中国科学的实用特性是双方的共识。即使是数学这样的所谓纯粹科学，也以计算见长、以解决实际问题为特色。张奠宙先生以为古希腊社会实行奴隶主民主制度，奴隶主们为了证明自己的观点，需要在平等基础上用充分的理由说服对方，这对古希腊数学逻辑体系即命题证明的发展具有极大的促进作用。中国春秋战国时期，知识拥有者（包括数学家）往来各诸侯国之间，主要目标是为君王们统治臣民、管理国家出谋划策。在此环境下的中国数学以“管理数学”形式出现，内容包括田

* 金观涛等指出，宋以前科技知识与儒家思想没有直接联系，程朱理学成熟后，科技知识作为经世致用必需的技术，被纳入理学范围。参见金观涛、刘青峰：《从“格物致知”到“科学”“生产力”——知识体系和文化关系的思想史研究》，《中央研究院近代史研究所集刊》第 46 期。

** 当然，有人可能会以李约瑟最倾心的道家“炼金术”实验来证明中国传统科学有“实验”，但那不是“系统实验”；而“白马非马”论这样的逻辑亦与古希腊的形式逻辑体系相差十万八千里。

亩丈量、水利兴修、劳力分配、税收计算、粮食运输等。[2]过分强调实用，过分与统治权力胶合，使学术丧失了自身的独立性，也就难以形成独立的或系统的理论，反而在一定程度上挤压了那些具有独立探索精神的学派与学者。

中国传统科学的实用特性也影响了近代乃至当代中国科学的发展，[*]中国近代科学的萌芽与发生发展也始终笼罩在“富国强兵”这一崇高的实用目标之下，由此出现各种各样的扭曲现象。近代科学与中国传统科学是两种完全不同的文化体系，中国近代科学是通过引进西方近代科学而逐渐发展起来的，不是传统中国社会自发产生的，也不是中国传统科学通过转型而发展起来的。中国传统科学向中国近代科学的转换及中国近代科学的发生发展，是中国近代文化转型的重要内容，也是中国近代史上浓墨重彩的一笔。本书并不具体考察中国近代各门科学的发展历程，也不具体分析某些机构或团体甚至科学家个人或群体对中国近代科学发展的作用与影响，而是将中国近代科学作为一种社会建制，从科学社会学的体制化角度考察其发生发展，展现中国近代科学的总体发展面相与艰难曲折。

科学社会学是20世纪40—50年代逐渐发展起来的一门新兴边缘学科。广义的科学社会学应用社会学的理论和方法，一般性地研究科学技术与社会诸方面如社会、政治、经济、教育、宗教与文化等的互动关系。狭义的科学社会学把“科学看作一种社会建制，把科学的发展看作科学在社会中逐渐体制化的过程……从社会职业、社会组织结构、社会行为规范的角度研究科学”。[3]狭义科学社会学亦被称为实证主义科学社会学，以美国社会学家罗伯特·默

* 樊洪业先生从“科学技术（科技）”这一词语的来龙去脉，指出“科学技术”出现在1949年以后，并在不断变化过程中以“技术”取代“科学技术”，在“科学种田”“科学染发”这样的口号与招牌中，科学蜕变为实用技术的代名词。见氏著：《“科学技术是生产力”历史公案之我见》，《科学文化评论》第2卷第1期。

顿（Robert K. Merton，1910—2003）、伯纳德·巴伯（Bernard Barber，1918—2006）等和以色列社会学家约瑟夫·本－戴维（Joseph Ben-David，1920—1986）为代表，他们利用社会学的理论和方法研究科学建制、科学共同体、科学规范、科学家群体与科学成果的量化等问题。今天，科学社会学的主流已经转移到了欧洲，以巴利·巴恩斯、布鲁诺·拉图尔、大卫·布鲁尔等为代表，他们以知识社会学为研究路径，讨论科学知识的社会性；利用人类学的方法，从课题的申请、科学实验、论文发表与著作出版、学术界反响等方面讨论科学知识的形成与社会交往等的关系。他们认为科学知识的产生与自然毫无关系，而是社会交往的产物，因此被称为科学社会学的“社会建构论者”。[4]

正如杨国强先生所说：“在实际的历史认知过程里，每一种具体的理论所对应和观照的，则只能是历史中的一个方面和一个部分。与之相因果的，便是每一种具体的理论以其独有的范式解说历史之际，又始终内含着对整体历史施以割裂与分解的趋向和可能。”[5]理论是对经验事实的简约，在这一抽象的化约过程中，必然会忽视复杂多变的事实。“社会建构”理论自然也有这样的通病。科学特别是自然科学毕竟是研究自然现象的，自然现象是客观的，虽然社会建构在课题的确定、实验的进行与成果的发表上具有极端重要的作用，但不能改变客观存在的自然世界。因此，已经出现调和“实证主义”科学社会学和“社会建构”科学知识社会学的努力，史蒂芬·科尔的《科学的制造：在自然界与社会之间》即为代表。笔者自然不能完全认同“社会建构论”，而且对中国近代科学的研究也不能利用人类学的方法去“体念与交谈”，历史学的任务只能是努力追本溯源，当然不敢奢求“复原”。因此，本书主要应用实证主义科学社会学的理论和方法，研究中国近代科学的体制化。

科学体制化（institutionalization）就是科学社会体制的形成过程。按照约瑟夫·本－戴维的界定，包括3方面的内容：第一，科学活动不仅为社会所承认，而且因其自身价值逐渐受到社会尊敬；第二，存在一些调整科学活动、实现科学目标的独特行为规范，以区别于其他社会活动，显示科学的自主独立性；第三，其他社会活动要在一定程度上适应科学活动的规范，以满足它的要求。[6]也就是说，在科学体制化过程中，科学活动在社会生活中已赢得一定的声望和地位，并有自己独特的活动空间，其价值越来越为社会所承认；科学家们在科学活动中逐步形成了一套独特的交往、奖励乃至惩罚的行为规范，诸如普遍主义（universalism）、共有主义（communism）、无私利性（disinterestedness）、有条理的怀疑主义（organized scepticism）等；*社会其他活动（如政府政策、教育、出版等）为了适应和促进科学的发展，必须有相应的变化，如政府加大科技投入等。

国内学者一般将科学体制化看作有关科学事务的组织原则、组织方式和制度、组织结构系统及其运行机制等方面的形成过程，[7]包括专业科研机构的创建、专业社团的成立及其科学交流会议的召开、发表科研成果的专业刊物的创办、科学家社会角色的出现、科学奖励机制和培养科学技术人才的科学教育体制的形成等。[8]其实，科学体制化的过程不仅是一个制度化过程，还是一个社会了解科学的过程；不仅是科学影响社会的过程，也是社会影响科学的过程。因此，科学的宣传与普及也应是科学体制化最为重要的途径与内容，只有通过科学宣传与普及，科学才能扩大其影响，社会才能了解科学并激发社会对科学的兴趣，从而壮大科学家队伍。科学家社会角色的

* 这是罗伯特·默顿提出的科学家必须遵守的著名理想规范，即“科学的精神气质”。参阅［美］罗伯特·默顿著，唐少杰等译：《社会理论和社会结构》，译林出版社，2006年，第821—833页。

出现与形成同步于科学体制化过程，既是科学体制化的结果，又是科学体制化的重要标志。作为后发展国家，名词术语的审定与统一，也是科学体制化的重要方面，只有在一个统一的名词术语体系基础之上，学术交流与科学传播才能够成为可能。

基于上述考虑，本书前两章分析讨论中国近代科学体制化的基础，主要包括近代以来西方科学的输入及其特征，中日甲午战争以后政治风潮陡起、革命与改良对科学发展的影响，辛亥革命后国家建设的需要和科学救国思潮的兴起对科学发展的促进等。第三至第八章为全书主体，具体分析讨论中国近代科学体制化，包括科学教育体系的建立与演化，科学名词术语的审定与科学传播交流术语基础的奠定，科研机构的创建与发展，科学社团的发展及其功能演化，科学评议与奖励系统的形成发展，科学家社会角色的形成与变异等，并探讨中国近代科学体制化道路存在的各种问题。本书的最后为结束语，通过简要介绍各门科学的发展和特征，讨论科学体制化与科学发展的关系。中国的科学体制化是在近代科学的逐步发展过程中完成的，既是近代科学在近代中国发展到一定阶段的结果，更是中国近代科学发展的基础，也使中国科学发展获得了独立的空间。中国近代科学体制还具有政府化特征，政府化为中国近代科学的发展提供了强有力的政府支持，极大地促进了近代科学在中国的生根发芽与成长，但同时这种体制化的异途也为科学的正常发展带来不可避免的困扰，难以建立起具有自身逻辑发展能力与纠错能力即遵循科学发展规律的科学体系。*

* 本书所用“科学”一词，一般指自然科学，间或涉及技术。在分析中央研究院、北平研究院这两大国立综合研究机构时，由于二者都有人文社会科学研究机构以及大量人文社会科学学者，而且也是学术体制化的重要组成部分，因此将它们作为一个整体看待，并不排除人文社会科学部分。

# 目 录

# 第一章 传统科学的式微与西方科学的输入

1852年6月，在传统数学研究领域已卓然成家的李善兰（1811—1882）从家乡浙江海宁来到开埠不到10年的上海。据英国人傅兰雅（John Fryer，1839—1928）追忆：

> 李君……幼有算学才能，于一千八百四十五年初印其新著算学；一日，到上海墨海书馆礼拜堂，将其书予麦［都思］*先生展阅，问泰西有此学否，其时有住于墨海书馆之西士伟烈亚力见之甚悦，因请之译西国深奥算学并天文等书。又与艾约瑟译《重学》，与韦廉臣译《植物学》，以至格致等学无不通晓。又与伟烈亚力译《奈端数理》数十页，后在翻译馆内与傅兰雅译成第一卷。[1]

作为中国传统数学最后一位大师，李善兰到上海与西人接触，由此开启其翻译西书生涯，这表明他已深刻地认识到与西方近代数学相比，中国传统数学全方面处于落后状态，只有通过翻译引进创立全新的近代数学体系才是中国数学的发展正道。可以说，在一定意义上，李善兰到上海标志着中国传统科学即将退出历史舞台，近

* 方括号中文字为笔者所加。

代科学大规模输入逐渐拉开了序幕。

## 传统科学的绝唱

中国传统科学的发展在近代以后并没有完全停滞，还取得了相当程度的进步，直到19世纪70年代以后才逐渐归于沉寂。与此同时，继明末清初后，西方近代科学作为一种与中国传统科学完全不同的异质文化第二次大规模输入，在中国生根发芽，并最终成长起来。在输入早期，近代科学与传统科学的发展呈交织状态，一批传统科学家在认识到西方近代科学的先进性后，毅然自我否定，走上翻译传输西方科学的道路，在推动西方科学输入上厥功至伟。

近代以来，数学、物理和植物学等传统科学领域的发展取得了不俗的成就，虽然相对西方近代科学而言，这些成果全面落后，但在整个传统科学的发展进程中，这些成果仍占据相当重要的地位。

受乾嘉考据学派的影响，传统数学在清代有大发展，梅文鼎、王锡阐等在吸收西方数学基础上，自成一家。鸦片战争前后，更是出现了一大批数学家，其中的佼佼者有李善兰、项名达、戴煦、徐有壬等，他们独立地取得了一些具有近代意义的成就，虽然比西方近代数学水平低、时间也晚，但亦“匠心独运”。

李善兰的数学成就代表了中国传统数学学科的最高水准，为传统数学唱出了最后的挽歌，同时他又是中国近代数学的启蒙者。[2]李善兰自幼迷恋数学，无意于科场，先后与江浙一带著名学者顾观光（1799—1862）、张文虎（1808—1885）、汪曰桢（1813—1881）、戴煦（1805—1860）等结交为学术上的诤友。“嗟乎！友朋之助，曷可少哉？”他与罗士琳（1789—1853）、徐有壬（1800—1860）等也“邮递问难，常朝覆而夕又至”。后来李善兰积极参与西书翻译，投身洋务事业，先后担任江苏巡抚徐有壬和两江总督曾国藩等人的幕僚，长期任教于京师同文馆。李善兰在数学方面的研究成果主要汇集在1867年刊行的《则古昔斋算学》13种24卷和《考数根法》《测圆海镜解》《测圆海镜图表》《同文馆算学课艺》等，在尖锥术、垛积术、素数论等方面作出了卓越贡献。[3]

在传统数学垛积术和极限方法的基础上，李善兰发明了尖锥术，得出了一些重要积分公式，创立了二次平方根的幂级数展开式与各种三角函数、反三角函数和对数函数的幂级数展开式。他集前人之大成，撰成《垛积比类》，列出一系列高阶等差级数求和公式，其中“李善兰恒等式”曾引起数学界的极大兴趣，自20世纪30年代以来不断有数学家用现代数学方法证明它，我国数学家章用、华罗庚和匈牙利数学家图兰·帕尔（Turan Bal）等人都研究和证明过。李善兰1872年发表在《中西闻见录》的《考数根法》，证明了费玛素数定理，并指出它的逆定理不真。李善兰的数学成就，得到在中西文化交流上作出重大贡献的英国人伟烈亚力（Alexander Wylie, 1815—1887）的极力推崇。伟烈亚力在《中国科学札记：数学》中说：

有一位李善兰……他最近出版了一部名叫《对数探源》的小著作，书中以几何公式为基础，详细论述了全新的对数计算方法；他在前言中说，他的方法“较西人简易万倍”，还说“欧罗巴造表之人仅能得其数，未能知其理也”。这种细微的自满迹象就这样一个人而言是完全可以得到宽容的……他在书中给出了一个定理，这个定理如果是在布理格斯［H. Briggs, 1556—1631］和纳皮尔［J. Napier, 1550—1617］时代，足以使他闻名于世。[4]

浙江仁和（今杭州）人项名达（1789—1850），自幼受到良好教育，尤好历算。1826年中进士，外放知县不就，返归故里，先后主讲杭州苕南书院、紫阳书院等。著有《三角和较术》（1843）、《象数一原》（1849）等，其主要研究领域为三角函数的幂级数展开，但因年迈而没有完成，最后由净友戴煦补足。另外，他提出的求椭圆周长的公式，与近代数学用椭圆积分法所得结果相同。[5]

浙江钱塘（今杭州）人戴煦，"狷介拔俗而平易近人"，自小醉心数学，虽科考得贡生，但绝意仕途，把一生献给数学。1845—1852年，他撰写数学著作4种9卷，总名《求表捷术》。太平军攻占杭州后自杀。戴煦与项名达、李善兰、徐有壬等在学术上往复商讨，曾与项名达"共定开方捷术"，与李善兰同讨《对数探源》，在三角函数对数表的造法上成就卓著。[6]

出生于浙江乌程（今湖州）的徐有壬，1829年中进士，先后担任过四川按察使、云南布政史、湖南布政史等。1860年太平军攻占苏州时，他以江苏巡抚身份自杀以谢朝廷。为官之余，徐有壬对数学兴趣浓厚，与同时代数学家多有交往。在京师期间，与陈杰（生卒年不详，浙江乌程人，钦天监博士）、董祐诚（1791—1823）等切磋学问。在湖南期间，与丁取忠（1810—1877）等过从甚密；与戴煦、李善兰等经常互相问难。他的研究集中在三角函数幂级数展开上，代表作有《割圆八线缀术》四卷。[7]

与数学方面的人才众多、成就斐然不同，物理学相对而言显得很没落。出生于安徽歙县的郑复光（1780—？），一生淡泊功名，好与学人交游，1853年七十余岁时还游学京师。他善于融会贯通中西算学，与汪莱（1768—1813）、李锐（1769—1817）等交往。1841年撰成《费隐与知录》，认为"世人惊骇以为灾祥奇怪之事"都可以用物性、热学、光学等原理加以说明。包世臣（1775—1855）读后赞不绝口，认为书中所论“明白平易，如指诸掌”，并为其作序曰“真宇宙不可少之书”。[8]郑复光一生的主要成就集中体现在1846年出版的《镜镜詅痴》中，讨论了光的直线传播与反射、折射现象以及眼睛的光学功能，系统分析了光线通过凸凹透镜和透镜组后的成像原理，还有眼镜、放大镜、透镜、三棱镜、望远镜等当时17种光学仪器的制作说明。郑复光的光学成就代表了中国当时光学发展最高水平，在某些方面得出了与西方近代几何光学本质上一致的结论，从而将中国传统光学研究水平向前大大推进了一步。张福僖在其译著《光论》中说《镜镜詅痴》“析理精妙，启发后人”。[9]

广东南海人邹伯奇（1819—1869），性喜钻研，注意会通中西，积极吸收西方先进科学技术知识，精于光学、摄影技术和仪器制造。1857年被聘为广州学海堂山长，后又任广雅书院教习。其学问深为郭嵩焘激赏，曾推荐他担任京师同文馆教习。他谢绝不就，居家潜心研究。邹伯奇的突出成就也为几何光学，他在《格术补》中讨论了透镜成像原理与成像公式，还分析了透镜组的焦距、几种折射望远镜和反射望远镜以及放大镜、显微镜的结构和原理。邹伯奇还是我国照相术的先驱，据说曾制成我国第一台照相机，所拍摄的一张他自己的照片现在还保存在广州市博物馆。[10]

《植物名实图考》为官至总督的吴其濬奠定了近代中国植物学家的地位。河南固始人吴其濬（1789—1847），出生于官宦世家，28岁中状元，曾任翰林院修撰、国史馆协修、南书房行走、内阁学士兼礼部侍郎等中央官僚，更出任湖南、山西、云南、福建等巡抚，湖广、云贵总督等封疆大吏。为官之余，吴其濬深入调查，广泛采集植物标本，绘制成图，并结合有关文献研究，撰成巨著《植物名实图考》。该书修正了此前本草著作和有关植物文献的错误，并“突破历代本草学仅限于性味用途的描述，而着重于植物的形态、生态习性、产地及繁殖方式的描述，大大丰富了植物学的内容”。全书附图 1800 多幅，不仅远超历代本草著作，而且精确，对于研究植物、鉴别种名具有较高的科学价值，标志着传统中国植物学由实用阶段向科学研究阶段的转变，“即从本草学的附庸，逐步走向独立的阶段”。该书还推动了植物学、本草学的研究和发展，得到学术界的极力推崇。1870 年德国人毕斯奈德（E. Brelschneider）在其所著的《中国植物学评论》中说该书附图“刻绘极为精审”，“其精确者往往可以鉴定科和目”，有些还可以鉴定到“种”。1884 年日本人重刻该书，赞赏云：“辩论精博，综古今众说，析异同，纠纰缪，皆凿凿有据。图写亦甚备，至其疑似难辨者，尤极详细精密。”[11]

此外，在中医学方面，近代以来也取得了进一步发展，出现了吴尚先（1806—1886）、王士雄（1808—1868）等名家。对于传统科学在近代的发展，西方人也曾给予极高的评价，如对项名达、董祐诚、戴煦、李善兰、徐有壬等取得的数学成就，伟烈亚力曾评价说：

> 微分、积分为中土算书所未有，然观当代天算家，如董方立氏［董祐诚］、项梅侣氏［项名达］、徐君青氏［徐有壬］、戴鄂士氏［戴煦］、顾尚之氏［顾观光］暨李君秋纫［李善兰］所著各书，其理有甚近微分者，因不用代数式，故或言之甚繁，推之甚难。[12]

当然，即使这些传统数学成就得到了外人的高度赞赏，也不能表明传统数学可以经由这样的研究途径到达近代数学的彼岸。晚清传统数学的发展得益于乾嘉考据学派的兴盛，数学史家钱宝琮（1892—1974）说：“到乾隆中叶，经学家提出了汉学这个名目和宋学对抗，他们用分析、归纳的逻辑方法研究十三经中不容易解释的问题。后来又将他们的考证方法用到史部和子部书籍研究中去。研究经书和史书都要掌握些数学知识，所以古典数学为乾嘉学派所重视。”[13]“经学家十九天算兼治”，乾嘉学派的考据需要逻辑推理，与数学在同一道路上。正如数学大师希尔伯特（David Hilbert，1862—1943）所说：“数学具有独立于任何逻辑的可靠内容，因而它永远不可能建立在唯一的逻辑基础之上。”[14]乾嘉学派所倡导的逻辑自然也不能把中国数学带到近代数学的彼岸。

事实上，无论中国传统科学在近代取得过多么辉煌的成就，其发展总是远远落后于西方近代科学。因此，这些“从旧阵营中走出来”的传统科学家在面对先进的西方近代科学时，可能有彷徨，也有怀疑，但一旦认识到传统科学相对西方近代科学的全面落后时，他们并没有抱残守缺，乃至排拒，而是毅然否定自己，勇于进取，走向追求新知的道路。相对于当时那些仍然陶醉于天朝大国的士大夫而言，他们可谓先知先觉。这些科学家具有深厚的传统科学技术功底，面对全新的西方科学技术，一边从事传统科学研究，一边从事西方科学翻译，成为开启近代中国科学技术大门的第一代人。

鸦片战争以后，中国传统科学的某些科学领域已经出现了一些近代气息，如郑复光在《镜镜詅痴》的书后附有“火轮图说”，是为近代中国介绍西方蒸汽机的最早史料之一。江苏金山（今属上海）人顾观光，世代行医，自幼聪颖过人，13岁即中秀才，此后3次乡试不售，即继承祖业在乡间行医。医药之外，他兴趣广泛，与李善兰、戴煦等往返切磋，在算学、天文学等方面的学问上进展神速，成为当时有名的天文学家和数学家。在整理中国传统科学典籍的同时，他认为“中西之法可互相证，而不可互相废”“于古今中外，中西诸算术，无所祖皆有所发明”。[15]在应邀校对艾约瑟与李善兰合译的《重学》后，他对力学产生了强烈的兴趣，并深入研究，撰写了《静重学记》《动重学记》和《流质重学记》三文；在阅读李善兰与伟烈亚力合译的《谈天》后，他又写出《天重学记》一文。在这些作品中，他对当时传入中国的力学知识进行纠谬、增补、扩充与改编，特别是文中所用的重力加速度精度超过了当时先后传入的力学知识，可能是他亲手测定的。与李善兰、徐寿等当时专力从事西方科学知识的翻译传播不同，顾观光亲自对西方科学知识进行了专门的研究，并有所发明，成为中国近代力学的先驱者。[16]

同时，鸦片战争中也成长起来一批兵器工程师，如龚振麟、丁拱辰、丁守存等。江苏长洲（今吴县）人龚振麟（生卒年不详），监生出身，好研习西学，对西方算学、火器有一定的研究。1839 年任嘉兴县丞，次年夏被两江总督裕谦调到宁波军营监制军械。当时，火炮是对付敌舰的利器，前线急需，龚振麟受命赶制火炮。铸造火炮历来用泥型，不容易干，龚振麟创议用铁模铸造，很快取得成功，大大加快了铸炮速度。因铁模铸造具有较多优点，他撰成《铁炮铁模图说》一书，分发沿海各地区，该书堪称世界上最早系统论述金属型铸造的著作。另外，他参考林则徐提供的《车轮船图》仿制的船只，可在海洋中行驶。受“戴罪立功”来浙江军营效力的林则徐委托，他还将只能直击的旧式炮架改良为能上下左右改变射击角度和方位的新式炮车。炮车监制成功，灵巧坚固，富有成效。[17]

山东日照人丁守存（1812—约 1886），1835 年中进士，除精通经史外，兼通天文、历算及工艺制造，长期在京师任职。鸦片战争爆发后，他潜心研制炮船以御敌，并以火器专家的身份受到清政府的重用，先后在天津、广西等地监制新式火炮等。1843 年，他写成《自来火铳造法》，主要内容为研制雷管作为火器起爆装置，是中国化学史上最早实现雷酸银合成的人。他改变了传统的纸药引信或火绳、火石引燃铳炮的方法，所制雷管，“一击则火出而铳响，其法始万全无弊”。欧洲 1831 年首次研制成功雷管，发明者是德国的李比希（J. von Liebig, 1803—1874）和法国的盖－吕萨克（J. L. Gay-Lussac, 1778—1850），他们都是世界闻名的大科学家。丁守存在造船方面亦有专长，有人说他所造轮船，省人力，不用火，驶海上可左可右。郑复光列举当时讲求制器之法的“聪明特绝之才”时，丁守存名列其间，并称他从丁守存处获益良多。郑复光早就见过传抄的《火轮图说》，但不通其理，后经丁守存指点，才会通其意。[18]

当时与丁守存并称“南北二丁”的火器专家是福建的丁拱辰。丁拱辰（1800—1875），福建晋江人，回族。幼入私塾，11 岁因家道中落，辍学务农，仍苦学不已，研习兵法、天文、历算、地理等。后随父经商，游历甚广，并潜心研究西洋火炮制造和演放方法。经阿拉伯地区时，他留心考察兵器，回国后撰成《演炮图说》。鸦片战争爆发后，《演炮图说》引起林则徐的注意，招引他到广东。丁拱辰将该书和所制象限全周仪进呈，遂奉命在广州军营效力，仿照西洋样式铸造大炮 40 门，并运用象限全周仪对火炮进行演试。《演炮图说》曾引起朝廷注意，谕旨奕山等查明情况“据实具奏”，奕山等奏称：“丁拱辰系福建监生……著有《演炮图说》一册，系讲求演炮准则，而于配合火药以及修筑炮台、铸造炮位等事，亦只有论说，未经亲为制造。”[19]战争结束后，丁拱辰根据实践对《演炮图说》进行修订，1843 年重刊问世，定名为《演炮图说辑要》，共 4 卷 50 篇，附图 110 多幅，对各种炮式、火箭、炮弹及轮船、战舰的制法和运用均加以说明并绘图表示。后又根据铸炮与演放实践，撰成《演炮图说后编》，全书 2 卷 64 篇，附图 81 幅。[20]

晚清来华的西方传教士也以明末清初的前辈为榜样，将传播西方科学技术知识作为传教手段之一。在传统科学工作者全面介入翻译之前，他们已经撰著了一批西方科技著作并出版。如传教医生合信（Benjamin Hobson，1816—1873），在广州编写了《天文略论》《全体新论》和《博物新编》等著作。上海开埠后，以传教士麦都思（W. H. Medhurst，1796—1857）等创办的墨海书馆为滥觞，逐渐成为西方科学技术输入中国的桥头堡。正是在这里，中国传统科学工作者开始了与西方传教士等西人合作翻译西方科学书籍之旅，这一中西合作模式逐步扩展到后来的江南制造局翻译馆、京师同文馆等机构，深刻地影响了中国近代科学的发展。

这些或零星吸取西方科学技术知识以补充传统科学技术的传统科学家，或“仿制”西方枪炮舰船的各种兵器专家，对中国近代科学技术的发展作出了一定的贡献，是中国近代科学技术发展长河中的一阵涟漪和几朵浪花。而 19 世纪 50 年代以后，特别是洋务运动中成长起来的、一批致力于翻译西方科学技术著述的传统科技工作者对中国近代科学技术的发展影响较大，他们是中国近代科学技术发展不可或缺的重要人物，推动中国近代科学技术由零星吸取和仿制阶段向更高层次的本土化发展。他们认为科学技术是富国强兵、抵御外侮的不二法门，只有中国近代科学技术得到全面发展，国家的富强才可能真正实现。李善兰在他与传教士艾约瑟（Joseph Edkins，1823—1905）合译的《重学》序言中说：

> 今欧罗巴各国日益强盛，为中国边患，推原其故，制器精也；推原制器之精，算数明也……异日人人习算，制器日精，以威海外各国，令震慑，奉朝贡，则是书之刻，其功岂浅尠哉！[21]

在李善兰看来，中国人只要把数学学好，技术就会日益进步，国家就会富强。* 封疆大吏们也有如是想法，李鸿章等在奏请派遣船政学生出洋留学时说：

窃谓西洋制造之精，实源本于测算、格致之学，奇才迭出，月异日新……中国仿照皆其初时旧式，良由师资不广，见闻不多，官厂艺徒虽已放手自制，只能循规蹈矩，不能继长增高。即使访询新式，孜孜效法，数年而后，西人别出新奇，中国又成故步，所谓随人作计终后人也。[22]

李鸿章等从派遣留学生学习西方科学技术角度分析发展本土科学技术的重要性，这自然是发展中国近代科学技术的一个重要方面。但相对而言，翻译西方科学技术书籍、传播西方科学技术知识，使西方近代科学技术在中国生根发芽，更是发展中国近代科学技术不可或缺的阶段与手段。必须指出的是，相对于洋务运动中逐渐兴起的学习西方科学技术的潮流，传统科学技术工作者投身西方科学技术书籍翻译工作是通过与传教士等西人合作自发产生的，而且也先于洋务运动而发轫。

## 西方科学的输入

对于晚清特别是洋务运动时期西方科学的输入情况，目前已有比较精深的研究成果，这里主要从西方科学的输入传播载体与途径、

* 后来，中国生物学一代宗师秉志曾对此一论说予以批评，以为仅仅关注数学一门是造成洋务运动时期科学未能充分发展的重要原因。他举例说当时上海格致书院学生多一时俊杰，他们视物理、化学、生物、地质诸学科“为等闲”，听任书院所购理化仪器“霉朽”，群趋于数学一门，“以为此学一旦深通，所有仪器概可利用，以为解决一切科学问题之具矣”。结果除一二人在数学上稍有造诣外，其他学科因无人注意，“竟毫无萌芽茁生之望”。他还指出“科学之本身乃一健全之有机物，其中各门，皆不可缺，始可收彼此相助之功。各门科学，皆必同等重视，科学有全体之发达，激荡淬励，辅助观摩，实用之科学遂日益进步，造福民生，为国家社会解除无限之困难”。（秉志：《全体之认识》，《申报》1939 年 6 月 28 日。）

各门科学的输入特征等方面进行梳理。

### 输入传播载体与途径

晚清西方科学的输入传播载体与途径，主要有西书翻译、报刊、新式教育（包括教会学堂、新学堂与留学教育）、新式工业企业等。西书翻译和报刊多是文字和纸面的功夫，教育将希望的种子植下，各类新式工业企业直接将新技术力量呈现，不同传输载体与途径呈现出不同功效。

西书翻译事业最早由来华传教士开启，随着传统科学家的介入，其发展有了质的飞跃，其中以上海墨海书馆、江南制造局翻译馆和京师同文馆等机构为代表。下面具体看看墨海书馆的情况。

1843 年 12 月 23 日，英国传教士麦都思在上海县城外租赁民房，设立墨海书馆，最初主要出版宗教书籍。1847 年，伟烈亚力到来后，与李善兰结交，墨海书馆逐渐成为 1860 年以前中国西学的传播中心，也成为早期科学工作者（包括西人和中国人）的社会交往与学术交流平台。

1852 年 6 月，李善兰为何到上海，不得而知。但主动与西人接触，寻找学术知音，与他们进行学术交流，应是他此行的重要目的之一。李善兰在算学上的造诣，极为傅兰雅所推崇："想中国有李君之才者极稀；或有能略与颉颃者，必中西广行交涉后，则似李君者庶乎其有。"因此，正欲在中国学问上有所作为的伟烈亚力与李善兰"一见倾心"，一拍即合。正如论者所说，"伟烈亚力与李善兰的结识成了中国数学史上的重要事件，因为他们的合作，西方数学第二次开始传入中国"。[23] 李善兰进入墨海书馆，进一步提升了该机构对中国学人的吸引力。洪万生先生说："由于博学多闻的伟烈亚力及精通天算的李善兰之声名远播，遂使墨海书馆不仅是宗教书籍的印刷所，而且也成为富有学术气氛之文人聚会地"。[24]

据傅兰雅的记载，徐寿（1818—1884）、华蘅芳（1833—1902）到墨海书馆拜访，看见合信1855年出版的《博物新编》，“甚为欣羡”。[25]华蘅芳回忆了他拜访李善兰的情形：

见其方与西士伟烈亚力对译《代数学》及《代微积拾级》，尚未告竣。秋纫谓余曰：此为算学中上乘工夫，此书一出，非特中法几可尽废，即西法之古者，亦无所用之矣。[26]

傅兰雅称徐寿、徐建寅（1845—1901）父子虽然“于制造与格致之学，可谓精明而无出乎其右者”，但“其心犹未足，以为见闻尚浅，故屡至上海，搜求西国新理新法。时当李壬叔与伟烈亚力及韦廉臣（Alexander Williamson，1829—1890），在墨海书馆译《谈天》与《植物学》等书，故常与李君并各西士相谈；又遇艾约瑟、慕维廉（William Muirhead，1822—1900）、杨格非（Griffith John，1831—1912）诸西士，亦能略增广新理于心”。[27]据王韬（1828—1897）日记记载，1859年2月14日，徐有壬曾来上海参观墨海书馆，与西人相见，“皆以洋酒饼饵相饷，请予为介，得与纵谈……与壬叔为算学交最密”。同年4月18日，算学家吴嘉善（1818—1885）也曾访问墨海书馆，“壬叔与之剧谈”。[28]1860年，徐寿、华蘅芳等人到上海后，与李善兰、王韬、吴嘉善等人同游共出，其间学术交流与切磋自当不少。

郭嵩焘亦曾于1856年过访墨海书馆，勾勒出以墨海书馆为中心的中西交流情状：

次至墨海书馆。有麦都事者，西洋传教人也，自号墨海老人。所居前为礼拜祠，后厅置书甚多。东西窗下各设一球，右为天球，左为地球。麦君著书甚勤，其间相与校定者，一为海盐李壬叔，一为苏州王兰卿。李君淹博，习勾股之学。王君语言豪迈，亦方雅士也。为觅《数学启蒙》一书，为伟烈亚力所撰。伟君状貌无他奇，而专工数学。又有艾君，学问尤粹然，麦都事所请管理书籍者也。外赠《遐迩贯珍》数部，前格物理一二事，而后录中外各处钞报，即所谓新闻报也。[29]

除前往墨海书馆的拜访者外，在墨海书馆工作的中国学人也不少，他们之间自然也有学术交流。馆内的中国学人除王韬、李善兰外，还有管嗣复（？—1860）、张福僖（？—1862）等。管嗣复在太平军占领南京后逃出，于无锡与墨海书馆的艾约瑟相遇，“与之谈禅，极相契合，载之俱来，同合信君翻译医书。一载之间，著有《西医略论》《妇婴新说》二种”。[30]张福僖自幼喜好天文历算，1853年经李善兰介绍入墨海书馆，参与翻译《光论》等天文、格致书籍。

在墨海书馆这一学术交流与社会交往平台，活跃着上海开埠初期的第一批科学工作者，包括李善兰、管嗣复、张福僖与西人伟烈亚力、艾约瑟、合信、韦廉臣等人。他们的合作翻译开启了近代西方科学技术大规模输入中国的大幕。馆外，一批慕名而来的科学工作者包括徐寿、华蘅芳、徐有壬、吴嘉善等，他们拜访墨海书馆，结识中国学人与西人，共同探讨学问。李善兰在上海也不时外出与周边地区学者交往，如据王韬日记记载，1860年2月22日，李善兰将到南汇县二团镇访问对历算有研究的学者顾金圃，顾氏欲师从李善兰习西算。

作为当时中西学人交往交流的平台，墨海书馆翻译出版了不少西方科学书籍。这些书籍在中国近代科学发展史上创下了多项第一：1858年出版的《重学》是第一部力学译著，1859年出版的《代数学》是第一部符号代数学译著，《代微积拾级》是第一部微积分译著，《植物学》是第一部生物学译著，《谈天》是第一部近代天文学译作，等等。

随着1858年合信因健康原因离开上海，1860年李善兰应徐有壬之邀到苏州做幕僚、伟烈亚力回英国休假，墨海书馆作为学术交流与社会交往平台的作用与意义逐渐消散，其西学传播的中心地位也日渐丧失。新的学术交游盛况直到江南制造局翻译馆成立以后才出现，此时李善兰已到京师同文馆任算学总教习，开始了他“和中西为一法”的数学教育生涯，因此传播西学的主角变成了中国学人徐寿、华蘅芳、徐建寅和西人傅兰雅等。正是墨海书馆中西学人合作翻译西方科学技术书籍的前期实践，为后来徐寿、华蘅芳等筹备建立江南制造局翻译馆翻译西书的工作积累了经验；同时，徐寿、华蘅芳、徐建寅等人正是在墨海书馆的学术氛围与翻译出版的书籍的熏陶下走上了翻译西书的道路。

1868年成立的江南制造局翻译馆很快就成为近代西方科学输入中国的中心，参与其间的中国人除徐寿、华蘅芳、徐建寅外，还有像王韬这样的传统文人，舒高第这样的留美归国人员，以及华蘅芳的表弟赵元益，徐寿的儿子徐华封，华蘅芳的弟弟华世芳，广方言馆学生钟天纬及自学成才的贾步纬等。1868—1912年，翻译馆共译刊180多种译著，此外还有已译未刊的50种。1909年翻译馆译员所编《江南制造局译书提要》所收录的160种著作中，数学方面有《代数术》《微积溯源》等8种，物理方面有《电学》《通物电光》等5种，化学方面有《化学鉴原》等8种，天文、地质学方面有《谈天》《地学浅释》《金石识别》等4种，其他大多数为相关应用科学类书籍。江南制造局翻译馆的译书，在晚清长达30余年的时间内，是中国人探求学习近代科技知识的主要来源，代表了当时中国人所能了解的近代科技知识的最高水平。1922 年，梁启超高度评价了江南制造局翻译馆的译书：

这一时期，其中最可纪念的，是制造局里头译出几部科学书。这些现在看起来虽然很陈旧很肤浅，但那群翻译的人，有几位忠于学问的，他们在那个时代，能够有这样的作品，其实是亏他。因为那个时候读书人都不会说外国话，说外国话的人都不读书。所以这几部书，实在是替那第二期的“不懂外国话的西学家”开出一条血路了。[31]

相较于江南制造局翻译馆的成就，京师同文馆译书可以说是微不足道，但也有几本值得提及的作品。1868 年丁韪良（William A. P. Martin, 1827—1916）出版的《格物入门》，包括水学、气学、火学、电学、力学、化学和算学 7 卷，采用问答体裁对这些学科加以阐述。该书在总理衙门的支持下，行销很广，还传到日本，是明治初年影响很大的一部著作。[32] 另外还有化学教习毕利干（Anatole Adrien Billequin，1837—1894）与学生合译的《化学指南》《化学鉴原》，丁韪良与学生合译的《格物测算》等。

报刊也是晚清输入传播西学的重要媒介，无论是外商创办的《上海新报》《申报》《新闻报》，传教士创办的《六合丛谈》《教会新报》《中西闻见录》《益闻报》，还是中国人自己创办的《时务报》等，都介绍传播了不少西方科学技术知识，还出现了专门的科技期刊《格致汇编》等。

墨海书馆 1857 年创刊的《六合丛谈》被誉为近代科技期刊的雏形，伟烈亚力在创刊号撰写的“小引”中说道，要传输化学、

“察地之学”（地质学）、“鸟兽草木之学”（动植物学）、“电气之学”（电学）、“重学”（力学）、“听学”（声学）和“视学”（光学）等，其内容也有许多是关于科学技术的。

真正具有科学期刊意义的应是1872年在北京创刊的《中西闻见录》。研究表明，《中西闻见录》在其所发刊的36号中，共刊载360多篇文章，其中科技文章160余篇，新闻报道与杂记中也有1/3以上的篇幅与科技相关，零星地输入了天文学、地理学、物理学、化学、地质学等西方近代基础科学的基本常识，也零星地传播了高空探测、铁路修筑、钢铁冶炼、玻璃制造等多方面常识性基础技术知识，而且还有度量衡的“国际标准化”方面的知识介绍。《中西闻见录》在洋务运动中产生了一定的作用和影响，不仅广泛刊载京师同文馆师生的作品，几乎成了同文馆“学报”，而且积极关注洋务活动，对操办洋务提出了不少建设性意见，如对江南制造局的动向、轮船招商局的成立、电报线路的铺设、开平煤矿的开采等都进行了报道。《中西闻见录》在早期启蒙思想家和一般士子中也有相当影响，停刊仅两年，丁韪良就编辑了《中西闻见录选编》发行，维新运动期间又以《闻见录新编》发行，此外在上海发行的《万国公报》也广泛转载该刊文字。[33]

真正的科学刊物是接续《中西闻见录》的《格致汇编》，由傅兰雅创办。对于《格致汇编》的创刊，参与其事的徐寿曾说：

> 傅先生常言：中华得此奇书［江南制造局翻译馆所译西书］，格致之学必可盛行，且中国地广人稠，才智迭兴，固不少深思好学之士尽读其书。所虑者，僻处远方，购书非易，则门径且难骤得，何论乎升堂入室！急宜先从浅近者起手，渐积而至见闻广远，自能融会贯通矣。[34]

创办《格致汇编》有补充西书传播不广、普及西方科技知识的目标，要为西方科技在中国的输入和传播开辟另一途径，即以专门科技期刊宣扬传播科学。1876年2月,《格致汇编》正式创刊,1892年终刊，其间曾有停刊。《格致汇编》广泛传播了自然科学基础知识、工程技术知识，并辟有专门的“互相问答”（相当于后来的读者信箱）专栏。该刊不仅销售地域广泛，销量数量也很可观，对当时国人的影响很大,《申报》等报刊、梁启超等思想家都给予了极高的评价。[35]

除专门的科技刊物以外，其他一些报刊也传输了大量的科技知识，例如,《万国公报》第4—43期连载丁韪良《格物入门》; 1871年2—4月刊载艾约瑟《格致新学提要》，列举了300年来重要的科学技术发现与发明; 1873年1月到1874年4月刊载韦廉臣《格物探源》；还刊载有《化学初阶》《化学鉴原》等。该刊对最新的科技发明也积极予以关注，如电灯、电话、电报、照相、轮船、火车、铁路、自行车、显微镜等。更为重要的是，该刊往往能比较及时地报道西方的最新科学发现。

1895年11月8日，德国物理学家伦琴（W. C. Rontgen，1845—1923）发现X射线。1896年1月，这个消息在全世界传播开来，成为新年轰动全球的重大新闻。过去学界一般认为，王季烈与傅兰雅合作翻译、于1898年出版的《通物电光》较早将伦琴的发现传入中国，被认为是当时所有译书中最及时的一种。其实，早在1896年3月,《万国公报》就以《光学新奇》报道了这一新闻:“今有专究光学之博士，曰郎得根，能使光透过木质及人畜皮肉，略如玻璃透光之类……假如人身有暗疾或金刃入肉，皆可昭晰无遗。”同年7月,《万国公报》以《照骨续志》报道了X射线在全球传播情况及其广泛应用。当时另外一些报刊也对X射线进行了报道。[36]

相对于译书、报刊对近代科学技术知识的传输而言，新学堂通过科学教育对近代科学的传输虽然范围比较狭窄，但影响可能更加深远。因为新学堂培养的学生已经具备一定的科学技术素养，并在洋务企业及其以后的相关科技产业中显露身手，其示范作用也自然为新政时期科举的废除与新学制的建立奠定了基础。

洋务运动期间，新学堂有语言学堂、工业技术学堂、军事学堂，其中以技术学堂和军事学堂为主，它们基本上都相当于专门学校，而不是学习西方科学知识的普通学校。这自然反映了洋务运动主要以学习西方技术为目标的宗旨，即使是语言学堂，除培养外交人才外，也主要是将语言作为一种学习西方技术的工具而已。当然，也可以看到，无论是语言学堂，还是专门的技术、军事学堂，都将数学、物理、化学乃至天文、地理等自然科学知识作为必修科目，时人已经注意到这些科目是专门技术知识的基础。京师同文馆是当时影响最大的语言学校，其科学教育可以作为案例予以剖析。

1870 年以前，京师同文馆主要学习外文与中文，此后不断增加科学课程。1876 年，总教习丁韪良订立新的课程标准，科学教育趋于正规化。习外文者与不习外文者的科学课程有差别，习外文者从第四年开始学科学课程；不习外文者通过译本学习西学，一开始就学科学课程，但需学习传统中国数学《九章算术》、四元解法等。科学课程包括数学、物理（即格致，分力学、水学、声学、电学等 7 门）、化学、天文、地理及机器制造、矿物学等。[37] 虽然其程度仅相当于后来的小学到中学水平，但终归在“首善之区”开启了学习西方科学的大门，其示范作用自然不可低估。

新学堂还有教会学校，也是传输西方科学的重要途径与窗口。据统计，到 1877 年，仅基督教在各地设立的教会学校就达 462 所，有学生 8500 余人；到 1889 年，学生人数达 16800 余人。无论是学校数量还是学生人数，都远远超过政府所办各类新学堂。与政府所办新学堂为专门学校不同，教会学校都是一些普通学校。比较著名的有：1864 年在北京设立的贝满女塾（后发展成为贝满女学堂、华北协和女子大学、燕京大学）、山东登州的蒙养学堂（后发展成为登州文会馆、齐鲁大学），1879 年在上海设立的约翰书院（后发展成为圣约翰大学），1888 年在南京成立的汇文书院（后发展成为金陵大学）等。

这些教会学校普遍开设科学课程，而且随着发展，科学课程的分量不断增加。如 1884 年设立的镇江女塾学制 12 年，从第一年到最后一年一直有科学课程，设置循序渐进，学科由数学、动植物到格致，逐步扩展，每门学科也由浅入深，此外还比较重视数学与动植物学，也传授物理学和卫生学等方面的知识。登州文会馆 5 年制正斋科学课程内容更加全面，不仅有自然科学数学、物理、化学、生物学、天文等学科，也有技术方面的测绘、量地与航海法等。[38]

洋务运动时期的留学教育主要由政府主导，有从 1872 年开始的幼童留美活动和 1876 年开始的福州船政局学生留欧活动。留美幼童虽大多数没有完成学业，回国之初也不受重用，所事职业与专业大多不合，但还是有一些人在工程技术方面作出了相当贡献，在矿冶工程、铁路修筑与电信事业方面都具有开创之功。与在国内接受教育的新学堂学生相比，他们所接受的科学教育比较系统，因而在洋务事业上所取得的成就也较大。他们作为西方科学的示范代表，对输入传播科学所产生的影响应该是其他各类学堂学生所不具备的。

与留美幼童相比，留欧船政学生基本上是洋务学堂毕业生或在校学生，在国内已有一定的科学知识基础，留学主旨是提高海军技能和造船技术。正如论者所说，这批船政学生在欧洲完成了他们的学业，为中国新式海军提供了第一批军官，“他们中的许多人能够成为十九世纪最后若干年里在中国的土地上发展起来的矿山采掘、工业企业、土木工程等新式企业的技术骨干”。[39]

除政府派遣留学外，还有一些民间留学人员或短期考察者，他们也传输了西方科学知识。如江苏吴县人李维格（1867—1929），先后到英国、日本和美国学习，后成为钢铁专家、汉阳铁厂的主要开拓者。出生舆地世家的邹代钧（1854—1908），1886 年作为随员出使英、俄等国，潜心学习和研究西方测绘地图新法，1889 年归国，带回大量欧美各种地理图册书籍，出任湖北舆图局总纂，完成湖北全省地图测绘，成为中国近代地图学的倡导者和奠基人之一。

洋务运动时期创办的大量新式工业企业，不仅传输了大量西方科学技术知识，而且通过实物与产品直接展现了西方科学技术知识的力量，是西方科学在中国传播与发展不可或缺的重要内容。当时的新式工业企业主要有军工企业和民用企业两类。从 1861 年曾国藩在安庆创立内军械所仿制枪炮轮船开始，到 1890 年，近代军工企业共创建了近 30 个，比较著名的有江南制造总局（1865 年）、金陵机器局（1865 年）、福州船政局（1866 年）等。从地域分布来看，最初仅建立在沿海口岸，后来几乎扩展到各个行省。这些军工企业主要生产洋枪、洋炮、子弹、炮弹、火药，并制造舰船。江南制造总局和福州船政局所制造的轮船并不比同期日本研制的轮船落后，而且制造能力还超过日本。

民用工业企业，交通运输方面主要有轮船招商局、电报总局、铁路公司，矿业方面有开平矿务局、漠河矿务局、汉冶萍公司等，纺织业有继昌隆缫丝厂、上海机器织布局、湖北织布局等，机器制造和电力业有上海发昌机器厂、上海电光公司、广州电灯公司等。技术改变生活，科学对社会生活的影响主要是通过工业技术产品实现的。新式工业企业作为传播西方科学的重要载体，其对科学传输的作用至今还没有得到学界应有的重视与关注。

表面看来，通过翻译、报刊、新学堂与新式工业企业这些途径与载体，洋务运动时期西方科学的输入与传播似乎非常兴盛，应该产生相应的效果，对西方科学在中国的生根发芽与最终发展应有相当重要的作用，但实际情况远非如此。这些途径与载体，都不具有科学体制化方面的内容与意义。即使是新学堂所表征的科学教育，也远未达到制度化程度，随意性很强，而且由于受到各种因素的制约，科学教育取得的成效也不显著。例如，京师同文馆的数学教学“无论是在教学内容、教学用书，还是在解题方法上，所表现的是一种西学与中算相互交杂，或相互结合的形式”，传统数学在教学中仍占据相当重要的地位，而教学的西方数学内容仅仅停留在初等范围，对微积分的教学并不重视。这也是当时新学堂在数学教学问题上存在的共同问题。[40]其他科学体制化层面的创设如科研机构、科学社团、学术交流与评议等，更是渺不可及。

**输入的杂乱与知识的陈旧**

后发展国家对西方科学技术的认识一般分为4个阶段:（1）认识到西方的军事优势;（2）认识到作为军事优势基础的西方军事技术;（3）认识到要学习西方军事技术;（4）认识到军事方面的科学技术只是西方科学技术的一部分，要发展军事科学技术还必须引进西方的纯科学和一般技术。[41]洋务派已经达到了第三个阶段，认识到学习西方军事技术是富国强兵的不二法门；也已经模糊地达到了第四个阶段，意识到要充分掌握西方军事技术必须学习西方数学、物理、化学、天文、地质等基础科学。但是，他们仅仅停留于将基础科学作为学习掌握军事技术的工具，还没有达到将纯科学和一般技术作为独立学问的阶段，没有认识到纯科学和一般技术比军事技术更加重要。因此，洋务运动虽以引进西方科学为名，却主要以引进技术为特征，对科学及其理念的输入、宣传微乎其微。时人认为，坚船利炮是西方富强发达的缘由，因此只要引进制造坚船利炮的工艺技术，中国也就能走上富强之道，至于技术的源头科学及其方法与理念基本上被忽略。

在这一思想指导下，此一时期西方科学的输入自然存在着各种各样的问题，这里主要分析因缺乏系统性而输入杂乱与知识陈旧两个最为重要的缺陷。作为政府机构，江南制造局翻译馆主持人傅兰雅早有系统翻译西学的打算，可是急功近利的“大宪谕”使这一计划夭折，译书仅以“紧用”为标准。据傅兰雅说：

初译书时，本欲作大类编书，而英国已有者虽印八次，然内有数卷太略，且近古所有新理新法多未列入，故必察更大更新者始可翻译。后经中国大宪谕下，欲馆内特译紧用之书，故作类编之意渐废，而所译者多零件新书，不以西国门类分列。平常选书法，为西人与华士择其合己所紧用者，不论其书与他书配否，故有数书如《植物学》《动物学》《名人传》等尚未译出。另有他书虽不甚关格致，然于水陆兵勇武备等事有关，故较他书先为讲求。[42]

对于西书翻译，作为中央政府的朝廷没有规划，翻译馆虽提出了一个系统译书的方案却被否决。西方科学书籍的翻译，完全以是否“紧用”为标准，不仅不考虑系统性，就连基本的是否“匹配”也不考虑。在这种选书、译书原则的指导下，西方科学输入的杂乱可以想见。

后来梁启超亦曾指出洋务运动时期西书翻译的缺陷：“中国官局所译者，兵政类为最多。盖昔人之论，以为中国一切皆胜西人，所不如者，兵而已。西人教会所译者，医学类为最多，由教士多业医也。制造局首重工艺，而工艺必本格致，故格致诸书，虽非大备，而崖略可见。惟西政各籍，译者寥寥；官制、学制、农政诸门，竟无完帙……”[43] 梁启超的重点在为其政治改良张本，他的批评主要集中在西政书籍缺乏上。其实，即使格致诸书亦确实“非大备”，洋务运动对引进技术的过分专注，对基础科学的传播和发展也产生了极为不利的影响。例如，制造局所译《地学浅释》一书，除对中国后来地质学的发展具有启蒙作用外，似乎并无多大影响。论者认为“这显然因为地质学在当时中国仍为一门新而十分冷僻的学问，除与开采五金与煤有一些直接关系外，可资应用的范围尚不广泛……因为清末中国引进‘西学’的主要目的在求‘富强御侮’，也就是讲求‘实用’，对科学原理的探求尚缺乏真正的动力”。[44]

缺乏全局性考虑，西方科学的输入自然没有系统，因而杂乱。除此之外，输入知识的陈旧也是当时科学输入的重要问题。科学技术发展到 19 世纪末，许多学科门类已经独立发展，并在自然科学内部形成了第一代交叉学科，如物理化学、生物化学等。同时，科学革命目不暇接，各门科学内部新的学科分支不断涌现，新的理论体系纷纷问世。可是，偌大的中国却远离这科学革命的时代中心，连最基本的成体系的学科知识都没有输入引进，更不用说建立基本的学科体系了。

在数学方面，翻译出版了十多种著作，比较重要的有《代数术》《微积溯源》《决疑数学》《代数难题解法》等，分别介绍了算术、初等几何、代数学、微积分、三角学、概率论和对数表造法等内容。世界数学发展日新月异，分析领域的常微分方程、偏微分方程、变分法，代数领域的布尔代数、超复数，几何领域的非欧几何、射影几何等分支学科已经在 18 世纪和 19 世纪发展起来，可输入中国的还是微积分、概率论等近世以前的知识，遑论群论、集合论、曲面几何、黎曼几何、拓扑学等不断涌现的新分支学科。1900年希尔伯特已在巴黎国际数学大会上发表影响数学进程的 23 个难题，1906 年的京师大学堂还在使用日本人编著的《代数学》，竖排本，以甲、乙、丙代 a、b、c，用天、地、人代 x、y、z。当时输入中国的数学与世界前沿差距在 200 年左右。[45]

物理学主要译著有《重学》《格物入门》《声学》《光学》《电学》《热学》《电学纲目》等。电学方面，《电学》介绍了电学发展史、生物电流、化学电流和电流的热效应、磁效应等；《电学纲目》还简单提及电磁理论。另外几种书大多属于电工学，多是对普通电器设备（包括电报、电话）的一般介绍，以致时人评价说“西人电学日精，此皆十年前旧说，然中土无新译者，姑读之”。或者批评说：“书虽新出，而于近年讲求之新理未能采译。”[46]声学、光学和热学方面情况与电学差不多，声学对“声浪”稍有讨论；光学介绍的大多是几何光学知识，对光的微粒、波动学说以及“以太”学说也略有介绍。热学被称为“火学”，对各态物体受热后的情形有详细的叙述。表面看来，这些译著牵涉了物理学的各个分支，而且在光学方面还介绍了最新的衍射、干涉及以太假说等，但无一本当时的西方物理学原著问世（基本上是教材），连牛顿的《自然哲学的数学原理》也没有全译本，分子结构理论、表面物理、能量守恒原理等更是没有涉及。

得益于一系列化学译著的出版，19 世纪末化学知识的介绍已走到数学、物理学的前面。分析化学的输入具有相当的系统性，但其他各分支学科，所据译本往往很陈旧。1880 年以后新翻译编著的化学书籍大多很简单，甚至不如旧译本，以致 19 世纪后半叶许多重要的化学新发现与新理论，如新发现的元素、元素周期律、分子学说等，都没有及时输入。[47] 有学者考察原子－分子学说在中国的传播历史后也说，19 世纪所翻译的化学书籍大都译自西方早期的教材或初级教科书，其中涉及的化学理论不是比较陈旧，就是极为简略，仅仅介绍了原子学说，这从一个侧面反映了当时中国化学发展的依赖性和被动性。[48] 由于人们从译书中所获的化学知识有限，有时不免闹出笑话。到 1890 年，已知化学元素不止 64 种，但因当时译介的仅 64 种，于是有人将 64 种元素与 64 卦相比附。[49]

天文学方面，在李善兰与伟烈亚力合译的《谈天》的基础上，徐建寅根据英文最新版本，将截至 19 世纪 70 年代的西方天文学最新成果译出，由制造局 1874 年刊行，这是整个晚清最为重要的天文学著作。此后几十年，天文学的进展很少得到介绍。地质学（包括矿物学）重要译著仅《金石识别》与《地学浅释》,《地学浅释》译自 19 世纪中叶地质学大师赖尔（Charles Lyell，1797—1875）1865 年出版的第 6 版《地质学原理》(*Elements of Geology*)，其论述的含有化石地层的岩层系统是当时的最新理论和证据。[50] 生物学在 19 世纪已经发展成为一门独立的学科，最为重大的成就是细胞理论的提出和达尔文进化论的建立，并在最后二三十年间，形成了以生理学为中心的实验生物学基础。洋务运动期间由于生物学与富强没有直接的关系，根本就没有专门的生物学译著出现，只有《植物学》《动物学新编》等粗浅著作，达尔文进化论虽有零星介绍，但国人根本不能正确理解。

洋务运动时期，西方科学的输入与传播呈现上述情状，也与参与其事者的科学水平与认知有关。当时主要借重于西人特别是传教士，国人基本上处于辅助的地位，这些西人无论是就其科学素养还是科学的专业程度都难以称为专家。因此，当时中国与科学前沿相隔绝，根本不了解西方科学的发展。在此情况下，要求时人及时系统地输入当时西方科学的方方面面并关注科学的发展前沿自然是苛求，输入知识的陈旧也就不可避免。但必须承认，中国近代科学发展的缓慢与从一开始就没有系统输入有相当的关系，对这一点必须有深刻的理解与认知。

无论是东方还是西方的传统科学，基本上都处于现象描述、经验总结和猜测性的思辨阶段，主要以直觉和零散的形式出现；而近代科学则是把系统的观察和实验同严密的逻辑体系结合起来，形成以实验事实为根据的系统的科学理论。[51] 因此，要发展近代科学，除单纯的输入、传播以外，在科学体制化建设方面用力，并在此基础上以科学实验为归依，从事真正的科学研究，才是发展近代科学的唯一正途。洋务运动时期西方科学在中国的发展状况表明，当时的主要精力是输入、传播西方科学，在科学体制化建设方面和以实验为基础的科学研究方面毫无认知，自然也毫无作为。即使是李善兰在接触西方近代数学后，在同文馆进行的科学研究仍然是传统数学。在科学体制化建设与科学研究方面，与同时期的日本相比，中国已经远远落后了。

## 中日比较：科学体制化的全面落后

是直接引进西方技术，还是以实验精神输入西方科学及其科学制度？甲午战争失败后，维新派广泛演绎着一个故事，借德国铁血宰相俾斯麦之口对洋务运动期间中日学习西方的不同态度予以评说。梁启超如是说：

昔同治初年，德相毕士麻克语人曰：三十年后，日本其兴，中国其弱乎？日人之游欧洲者，讨论学业，讲求官制，归而行之；中人之游欧洲者，询某厂船炮之利，某厂价值之廉，购而用之。强弱之原，其在此乎！[52]

在梁启超看来，中国人到西方学习，只求坚船利炮技术，即科学的应用，而且是直接引进，不求理解这些技术的基础；而日本人到西方学习，却是从西方学问和制度上着手。这自然是为维新派实施政治改革张目。陈炽的说法似乎更有意思："十五年前，德相毕思马克之言曰，华人之至德者，必询何式之船最坚也，何项之枪炮最精利也。日本不然，专考化、重、光、电诸学及工艺商务之本原，回国之后，皆自能制造。"[53] 1935年10月27日，竺可桢在中央广播电台演讲时，从中国人特别是知识分子鄙视劳作、"君子动口不动手"角度讲述了基本相同的故事。他说：

二十年以前有人比较在欧美的日本留学生和中国留学生的态度，就断定日本科学和实业的发达一定要比中国快得多。他说中国学生到欧美去，只问什么地方的机器价目最便宜，但是日本学生则专注意机器如何制造。可见中国学生是预备回国以后想法去购买的，日本学生是想依样葫芦来自己做的。这话批评得很中肯要，不同的地方，就是日本学生肯动手，而中国学生不肯动手。[54]

这一再被不同时代不同人演绎的故事，通过俾斯麦之口，指出日本学习技术本原即科学，了解科学原理回国后自行研究制造；中国不求甚解直接引进技术。其后果是在某些时候的某些方面，中国的技术可能比日本先进，但中国所引进的技术是外在的，随着西方科学技术的发展，中国需要不断地购买引进西方先进技术，永远没有本土化的科学；而日本随着科学本土化，很快就会建立起自己的科学体系，成为世界科学共同体的组成部分，发展出自己的技术，不需要一再从西方引进。这确实是中日科学在洋务运动时期发展的本质区别所在，也直接影响了后来中日科学发展的趋向与不同道路。

日本传统科学技术的发展深受中国影响，也有和算、历法、中医学和本草这样的传统科技门类。这些传统科学在明治时代，面对蜂拥而入的近代科学，“完全枯萎，而被西方科学取而代之”。[55]在英国大炮轰开中国大门后不久，美国人的坚船利炮也于1853年光临日本。随后，日本与列强签订了一系列不平等条约。此时的幕府正处于摇摇欲坠之际，学习西学最为重要的目标是以军事科学为中心。1856年日本设立蕃书调所（原名洋学所），主要培养翻译人才。1863年改为开成所，传授和研究的科目除荷、英、法、德、俄五国语言外，天文学、地理学、穷理学（物理学）、数学等也成为学习内容。重点已由过去的语言学转移到专门学科。1855年成立专门培养海军的长崎海军传习所，教官为荷兰海军军官。教学先以课堂教学为主，后进行实习，课程有航海术、造船术、炮术等。1856年在长崎建立的制铁所，是日本近代最早的近代工厂，动力使用蒸汽机，拥有车床及其他工作母机。1866年建成横须贺制铁所，明治初成为造船所。

可见，幕府末期面对西方军事强力，其举措与晚清政府有许多类似之处，设立专门的语言学堂培养外交人才，也震惊于坚船利炮而设立海军传习所以建立近代海军，还设立了一些工业企业，试图工业化。也就是说，与洋务运动一样，日本也经历了从军事工业（强兵）到近代工业包括官办与民办（富国）这样一个发展历程。中国与日本近代化道路不同的真正起点从明治维新开始。从此，中日之间的科学发展以及近代化走上了完全不同的道路。

面对西方列强的强势，日本敏锐地认识到：第一，在西方军事强力（坚船利炮）背后，存在着经过产业革命的产业技术优势；第二，在产业技术优势的深处存在近代科学及其科学思想；第三，为引进掌握技术，必须培养本国的科技人才。因此，明治维新政府将全面向西方学习、引进西方科学进而本土化作为国策，发展科学成为国家事业。在国家这一层面上，对引进西方科学技术有一套比较完整而全面的规划。与之相对，以农本主义和科举制度为基础的晚清政府震惊于西方长技而有引进之举，但仅仅引进了西方军事技术并谋求产业近代化，没有在国家政策层面上形成决策。正如前面所说，即使有也是将之作为工具，而且没有全局性规划。[56]

明治政府将学习西方科技作为国策确定下来，这样一个中央集权性质的策略在中国仅仅由具有洋务视野的地方大员具体从事，因此无论是在效率上，还是在具体的效果上都不可同日而语。日本西方科学学习的主要目标是建立本土化的日本科学，使西方科学在日本生根发芽，建立科学教育系统成为其主要手段。中国虽然也有洋务学校和留学生的派遣，但其主要目标并不是系统建立中国近代科学，无论是洋务学堂的创建还是留学生的派遣，仅仅是为了解决洋务事业中一些急需解决的实际问题，不仅没有全局性，而且不成系统。

明治政府采取了在欧美人指导下全面学习欧洲、创建科学教育体系的方针。由于洋学家的能力只能充当初等启蒙教育的角色，中等以上教育全面雇用外国教师。但他们并不仅仅依靠这些“洋员”，为了加快替代性人才的培养（将来替代外国人承担高等教育任务以在国内培养自己的人才），派遣留学生到欧美留学。这两件事齐头并进，使政府的文教政策得到了落实。日本政府对留学生的留学国别与所应学习的学科门类有清楚的规定，到英国主要学习世界先进技术如机械、地质矿产、炼铁、造船等，到法国和德国主要学习世界领先科学（此时世界科学中心已经由英国转移到法国与德国）。这一规定“相当善于识别当时世界的最高水平”，这自然是充分吸收了外国专家与顾问的建议后所制定的。洋务运动时期中国的留学根本不讲究留学目标，因而也不考虑留学国的科学发展状况。留美幼童的成行与容闳有直接关系，美国当时也是荒漠的科学落后之邦，也需要到欧洲取经；船政学堂学生留学英法与日意格等人有关。与明治政府的清晰化系统规划相比，晚清政府在留学上相当随意，没有基本的认知与起码的规划。

明治初年，从军事的需要出发，出现了沼津兵学校、筑地海军操练所；医学方面出现了医学所、大学东校等；军事学和医学等实际应用学科作为富强根本首先出现。1872 年日本政府颁布《学制》，第一次部署了从初等教育到高等教育的各个阶段政策，还设立了理科系统的开成学校和医学校，向高等专科教育迈出了第一步。1877 年，东京大学成立，同年，以瑞士苏黎世工科大学为模式的工部大学校成立。1886 年，东京大学合并工部大学校组成东京帝国大学，设立法、医、工、文、理 5 个学部，并成立研究院性质的大学院。翌年，颁布《学位令》，分博士与大博士两种。科学教育体系的建立为日本科学的发展奠定了坚实的基础。中国直到近 20 年后的 1905 年，通过废除科举制度，才开始学习日本学制缓慢地建立科学教育体系，直到 20 世纪 30 年代科学教育体系才基本形成。因此丁韪良在评价京师同文馆的影响时，比较了中日教育体系的不同及其后果的不一样:“同文馆之能有此成绩，是与顽梗的守旧主义多年斗争的结果。日本采用西方教育制度，下起幼稚园，上迄大学，是一脉相承的；中国则不然，安于旧制，从来不想加以大规模的改革或补充。同文馆之设，算是对于新的环境的一种退让——目的只在养成定量的官吏，并不想把整个的官吏制度加以改革……恭亲王等在设立此馆的时候，自言受了日本的影响。现在日本的教师在兵士的制服之后为国家取得了胜利，难道他们还不知道把中国的全部教育放在一个新的基础上面吗？”[57]

与此同时，各种模仿欧美先进国家的学术组织也开始在日本创设。1879 年成立东京学士会院（后改帝国学士院），仿法兰西学院，希望成为讨论教育方向和学术技艺的最高学术审议机关。在民间，一些志同道合之士也成立了一些学术社团，如 1877 年成立东京数学会社（后发展成为日本数学物理学会），1878 年成立化学会、东京生物学会等。这些学会创立之初，其成员主要是第一批向外籍教师学习专门科学的毕业生，因此学会最初主要是同学会性质的组织，联谊性远远超过学术性，虽然与西方科学学会以科学研究与学术交流这一目标不一样，但毕竟开启了未来学术交流的大幕。随着日本科学技术的发展，这些学会的学术交流与评议功能自然得以实现。在中国，像这样的学会组织，民国成立以后才开始零星出现，其标志是 1914 年在美国成立的中国科学社与 1916 年在日本成立的丙辰学社（后改组为中华学艺社）。

日本政府也创立了许多试验和调查方面的国立研究机构。明治初期成立有海军水路部（1871）、东京气象台（1875）、地质调查所（1882）等，还有一些为完备近代国家体制而设立的基础性调查机关。到明治后期，根据产业技术要求而设立了一些国立试验机关，诸如电气试验所（1891）、传染病研究所（1892）等。

可见，在晚清洋务运动时期，日本的科学体制化无论是在科学教育体系、科学研究机构还是学术交流组织等各方面，都已经初具规模而且颇见成效，因此其科学技术的发展自然水到渠成。日本之所以能在科学体制化方面取得如许成就，自然与明治政府从一开始就从中央政府层面将科学作为国家事业，全面整体规划日本学习、发展西方科学有关。反之，洋务运动时期的中国，科学自然不能成为国家事业，教育体系仍然是科举制度笼罩天下，新学堂与留学归国人员都必须通过科举这一门径才能获取相应的社会地位，其他诸如科学研究机构、科学学会的创建等完全不可想象。由此，可以非常明显地看出中日甲午战争中国战败的必然性以及甲午以后将“倭寇”作为学习榜样的必然性。

对于中日在科学发展道路上的不同，无论是时人还是后来者都有思考。1896 年 7 月，闽浙总督边宝泉上奏查明船政局情形时说：“日本现在执政大臣，多与我第一届出洋学生同堂肄业。岂中国学生资质尽出人下哉？盖用之则奋发有为，人人有自靖自献之思；不用则日就颓落，人人有自暴自弃之心。闻船政学生学成回华后，皆散处无事，饥寒所迫，甘为人役。上焉者或被外国聘往办事，其次亦多在各国领事署及各洋行充当翻译。我才弃为彼用，我用转需彼才，揆诸养才用才之初心，似相刺谬。”[58]他指出中日在对待留学归国人才上的不同，从而造成的不同后果。中国近代化学开拓者之一的张准（字子高，1886—1976），20 世纪 20 年代检讨洋务运动时期科学发展情状时说：“由于提倡西学者，其目的不在科学本体，而在制铁船，造火器，以制胜强敌，谋富强救国之策耳。而学西学者，又束缚于科举思想，徒藉一二格致之名词，以为进身之阶、干禄之途而已。”[59]

张准还比较了中日科学发展道路的不同，以为日本最初的科学引进与输入不是以富国强兵这样的宏大叙事为目标，而主要是通过能直接解决民众疾病问题的医学取悦普通民众，增加民众对科学功用的直接认识，因此可以很快引起民众对科学的好感，不会造成民众对科学的虚幻认知，科学的发展自然快速。中国的科学引进，从一开始就高悬救国强种的目标，与普通民众相隔遥远。当救国这一高远的目标不能达到，自然造成了人们对科学的幻灭，于是“科学救国”被“政治救国”取代。高悬的空虚目标往往不如真切务实的行动能引起人们的兴趣。[60]

随着后现代史学的兴起，话语解构理论开始应用于历史研究中，于是有学者认为中日甲午战争前，中国无论是造船业还是近代化的各个方面都优于日本，因此那幅晚清中国在强盛的欧洲与直迫的日本对比下不断衰弱的历史图景，不过是1895年后才流行于海内外舆论界的事后归罪。[61]仅从西方科学技术在中日两国的具体发展历程及其未来的发展趋势看，中日甲午战争的最后结局有其历史合理性。日本可能在某项专门技术的引进方面落后于中国，但其总体科学发展的基础已经奠定。也就是说，从中日在科学体制化层面的发展看，中日甲午战争的结局其实在开战之前就已经决定。

正如论者所说：“甲午战争的隆隆炮声，用铁和血衡量了中日两国变革图存努力的优劣短长。但战争毕竟只是物质力量的一次性结果显示，近代化内在机制的失调，在后进国度赖以发展的教育领域得到更加全面而深刻的反映。清政府长期忽视教育基础，片面追求机器工业和军事更新，倾国之力发展起来的近代经济和军事力量，也许成就不亚于日本，但全民素质相去不可以道里计。近代化设施非但不具备自我完善的能力，推动社会进入良性发展轨道，反而成为被动依赖于其他领域的负累。日本则十分注重教育事业，很早便建立起系统完备的教育体系……结构性差异可以说在两国近代化起步之初就注定了各自成败的命运。随着时间的推移，这种具有根本制约作用的差异使两国近代化的潜力与后劲间距日益扩大，社会演进的速度、节奏相差愈远。”[62]从此，中国近代科学的发展，以日本为基础的中文翻译和日本模式，代替了鸦片战争以后建立的以传教士为主体的西书翻译。学习榜样发生了一次根本性的转化，从以西方列强为师转换到以日本为师。但科学技术的发展，似乎并未随着师从对象的转变而得到质的飞跃。

# 第二章　从“政治救国”到“科学救国”

任鸿隽（1886—1961）是中国近代最著名科学社团——中国科学社的灵魂人物，祖籍浙江归安（今属湖州），生于四川垫江（今属重庆）。与当时绝大多数的读书人一样，他 6 岁进学，读朱熹集注的四书，第一部是《论语》，“这一部四书，加上朱子集注，足足有十几本，叠起来差不多有一尺高，这可把六岁的小孩子骇倒了”。[1] 也学作八股文，以应科举。1904 年，18 岁的任鸿隽冒籍巴县参加科考，在一万多名童生中名列第三，成为最后一代秀才。时世毕竟不是采菊东篱、从容论道的时代，甲午战败、割地赔款的消息传到垫江，任鸿隽开始阅读《盛世危言》《时事新编》一类著作，得知国家之多艰。新的气息在垫江弥漫，算学成为 1898 年开办的书院课程，所谓“中西兼备，新旧两全”。任鸿隽中秀才那年考入的重庆府中学堂，更是会聚了留日学生、新学堂毕业生和革命党人。学堂不仅传授新知识，包括算学、物理、化学、英文等课程，而且教员和学生一律短装，上体操课，进行军事训练。在这里，任鸿隽从革命党人杨庶堪（1881—1942）游，读梁启超的《新民丛报》、孙中山的演说小册子，“渐不以校课为满足，而时时作改革运动”，革命的种子悄然植下。[2]

任鸿隽的经历是时代浪潮中的一朵浪花。中日甲午一战，“老大中华帝国”被“蕞尔小岛”日本打败，朝野震惊，中华民族的救国之道又开新路。戊戌维新、晚清新政次第上演，革命与改良、共和与立宪之争成为热潮。一改洋务运动时期通过引进西方技术富国强兵这一救国理路，通过政治一揽子解决问题成为潮流。在各种“政治救国”* 方案的声浪中，发展科学自然被边缘化，但通过一批深知科学在国家建设中重要性的知识分子的努力，西方近代科学得以继续输入与传播，并出现了以张相文、钟观光等为代表的一批“一只脚已迈入近代科学大门”的科学工作者。辛亥革命胜利后，“实业救国”“科学救国”替代“政治救国”成为潮流，中国近代科学的发展开启了新局面。

## “政治救国”声浪里的科学传播

甲午战败后，改良与革命成为时代潮流，无论是维新派还是后来的改良派与革命派，无论是国内新学堂学生还是留学生，都认为燃眉之急是救亡与变革，“西政”成为社会追逐的目标。国内学潮风起云涌，据统计，1902—1911 年，全国共发生 500 余次学潮，波及京师及 20 个省份的各级学堂，最后融入辛亥革命的大潮中成为革命的重要力量。[3] 以留日学生为主体的留学生界，革命团体纷纷成立、革命活动不断，也是孙中山最倚重和最基础的力量。[4] 媒体关于革命与改良、共和与立宪的争论也不断加深了人们对政治解决

* 中国近代史上只有“革命救国”“变法救国”等相关的从政治角度拯救中华民族于危难的提法，没有“政治救国”这一专门说法。这里用“政治救国”一词，一是从内涵上可以涵括革命、改良等内容；二是为了行文方便，并不是故意求新。另外，并没有将“科学救国”与“政治救国”相对立的意思，只是从社会思潮变化角度来表征时代思潮的演变。其实，“政治救国”高涨时，“科学救国”也存在，只不过是不占主导地位而已。而在政治解决中国问题的一揽子计划中，也包括科学的内容；“科学救国”形成潮流时，“政治救国”也仍然有巨大影响，并最终被“政治救国”所淹没。

中国问题的理解与信心。

在革命浪潮影响下，可以看到在未来中国科学发展事业中功勋卓著的一批人才，此时不是专心致志于科学知识的汲取，而是汲汲于革命活动。中国近代地质学奠基人之一的李四光（1889—1971），1904年由湖北省官派留日，结识宋教仁（1882—1913）、马君武（1881—1940）等革命志士，加入同盟会，成为革命队伍中的一员。回国后在湖北中等工业学堂任教，秘密参加共进会、文学社活动。1911年荣膺朝廷主持的留学考试"工科进士"。武昌起义爆发后，担任湖北军政府财政部参议。中国近代林学奠基人之一的梁希（1883—1958），1906年官派留日学习海军，翌年参加同盟会，并常在《民报》上发表文章抨击朝廷。辛亥革命爆发后，进入浙江湖属军政分府，训练新军，致力于革命活动。中国近代化学工业奠基人之一的孙学悟（1888—1952），1905年东渡日本就读于早稻田大学，加入同盟会。翌年受命回国举行推翻政府行动，被其父严加禁锢，不许外出。1907年入圣约翰大学，仍"不思悔改"，以读书为掩护，继续进行革命宣传活动。后曾就读于革命大本营——中国公学的任鸿隽，1908年东渡日本，翌年成为晚清政府的"官费生"。在享受国家"俸禄"的同时，加入同盟会，进入反清排满的"革命共同体"。与革命党川人喻培伦（1886—1911）、黄复生（1883—1948）等结交，亲见他们制造炸药受伤，于是选习化学以明了炸药制造的原理，为革命效绵薄之力。"吾此时之思想行事，一切以革命二字所支配，其入校而有所学习，不能谓其于学术者所企图，即谓其意在兴工业，图近利，仍无当也。"后担任同盟会四川分会书记、会长等职，积极从事革命活动。"吾是时所最感快乐者，即平时好友不知其同属革命党人，偶于秘密会中遇之，于狂喜之余，交情亦愈浓厚；最痛苦者，广州之役，亲送许多至友前往参加，一旦败耗传来，真如天崩地裂，万念皆尽。”也以文字宣传革命，发表《川人告哀文》《为铁道国有告国人书》等文，慷慨激昂，极尽渲染之能事。武昌起义后，任鸿隽弃学回国，参加革命。南京临时政府成立，任鸿隽担任临时大总统秘书，承担起草文告等工作，孙中山《告前方将士文》《咨参议院文》《祭明孝陵文》等文都是他的手笔。[5]张相文（1867—1933）为提高科学素养，1898 年到上海从日本人习日语，1901 年出版了中国第一批地理教科书《初等地理教科书》和《中等地理教科书》。但他并不甘于仅仅从事科学活动，也参加同盟会从事革命活动。钟观光（1868—1940）在上海与同志创设科学仪器馆，结识陈其美（1878—1916）、蔡元培（1868—1940）、章太炎（1869—1936）、吴稚晖（1865—1953）等，加入同盟会。

在革命风潮与立宪改良的社会大背景下，科学自然让位于政治，从洋务运动时期西学的中心退居边缘，新学堂里所传授的自然科学知识不为学生们所注意，所谓“闻卢骚、达尔文之学而遗其自然科学”。[6]当时大量西方思想学术著作由日文转译而来，“其影响于吾国学界者，唯政论为有力焉，而吾国学界青年之思潮亦喜政论而不喜科学”。[7]

对国人“共趋政治”，时人曾予以严厉批评。杜亚泉（1873—1933）在《〈亚泉杂志〉序》中指出，科学技术与政治及社会生活的关系，科学技术是处于第一位的。传统中国一直是将政治置于科学技术之上，因此科学技术不发达自为当然。戊戌维新以来，国人更是竞言政治，以政治取代了科学技术，“政治救国”替代了“技术救国”与“科学救国”。他认为如果全社会都热心政治，成为政治人，在野不事生产，在朝夸夸其谈，还不如潜心向学，掌握谋生的技能，使中国在新世纪的科学技术时代不致落伍。[8]这种看法，在世人共趋于政治与革命时代，是为一种建设声音，不啻洪钟大吕。

由钟观光等人于1903年创刊的《科学世界》，刊载王本祥《汽机大发明家瓦特传》，其结论指出，社会竞言政法缘由除传统鄙视"即物穷理""农工实业"外，还与国人不能静心研读发展实业的基础科学技术知识、青年人好高骛远的心态有关。批评了青年人"日日言政治、言法律、言军备"的社会思潮，指出先进发达国家依然孜孜以求科学技术的发展，国人却在"放言高论"，这样下去势必国将不国。他希望通过大发明家瓦特（J. Watt，1736—1819）的传记来提升科学工作者在社会上的地位，以引起社会对科学之重视。[9]

在对社会共趋政治这一潮流进行批判的同时，他们积极行动起来，致力于发展科学事业。救亡图存开辟了另一条新路，中国近代科学的发展继续迈开艰难的步履，蹒跚向前。杜亚泉说：

> 甲午之秋，中日战耗传至内地，予心知我国兵制之不足恃，而外患将日益亟也，蹙然忧之。时方秋试将竣，见热心科名之士，辄忧喜狂遽，置国事若罔闻知，于是叹考据词章之汩人心性，而科举之误人身世也。翻然改志购译书读之，得制造局所译化学若干种而倾心焉，以谓天下万物之原理在是矣。[10]

一批士人弃科举转习西方科学，除继续翻译科学书籍外，还组织学术性社团，团结同志，利用报刊等传播科学，宣扬科学精神，中国近代科学发展进入新阶段。[11]虽然"学而优则仕"的思想仍然笼罩在学人心头："学者非有志于学问，不过欲得膏火之辅助，出身之资格，于《富强丛书》《西学时务通》《西学大成》等书中，剽窃一二所谓'洋务'之新名词，以为应试之敲门砖，与向之徒读四书五经者，齐观等量，何尝有以西学为'身心性命之学者乎'？"[12]

但随着晚清新政的展布，新学制颁布、科举制度废除，全新的教育体系正在建设中，科学教育也已慢慢成为正规教育的重要组成部分。

1897年5月，罗振玉（1866—1940）等在上海创办务农会（后改为农学会），创刊《农学报》，是为中国第一份农业学术刊物。同年7月，出身浙江平阳的维新志士黄庆澄（1863—1904）于温州创办了一份完全普及性的数学刊物《算学报》，是为中国最早的数学刊物。黄庆澄与李善兰一样，认为数学是一切科学之基础，强国必须普及自然科学，开发国人智力普及数学最为重要，“不通算学，犹如有脑无术”，创刊《算学报》“冀为格致之权舆，以辟黄人之智慧”。《算学报》翌年6月停刊，仅发刊12期。[13] 1898年3月，江苏青浦（今属上海）人朱志尧（1863—1955）有感于“志士”们流于“空谈”“清谈”，于上海创办《格致新报》，以报道、介绍西方科学技术最新成就为志业，通过翻译国外报刊及时报道西方各国科学技术发展动态和最新成就。杜亚泉一生的著述事业始于在上海创设亚泉学馆，发刊化学为主的综合性科技期刊《亚泉杂志》。[14] 他还创刊有《普通学报》，宗旨为“欲使我国学士大夫咸吐露其思想，传播其知能”“以为书业改良之嚆矢”。1903年，设在四马路惠福里内的科学仪器馆编辑发刊《科学世界》，似乎是第一份以“科学”为名的期刊，其宗旨为“发明科学基础实业，使吾民之知识技能日益增进”。其“发刊词”中说，相对于日本的“与时俱进”，我国“学士大夫短于科学之知识，因疏生惰，以实业为可缓。教科偏枯，报章零落，则社会无教育矣。故其人民畏进取、陷迷信，格路矿以风水，掷金帛于鬼神，则无普通之知识”。[15]

通过分析1897—1912年的重要科技期刊可知，相较于洋务运动时期科技期刊数量稀少、主要由外人创办等特点，这一时期的科技期刊可以说是“蔚为大观”了，且或由国人组成的团体主办、或国人个人创办、或机关主持，国人已经承担起了科学传输的重担。这些期刊主要创刊于上海（共 33 种，上海创刊的期刊有 19 种之多），北京、广州、武昌、长沙、天津、保定、温州、桂林、绍兴和南通也有，还有 2 种由留日学生在日本创办。武昌和广州的期刊关注实业，北京主要由衙门主持，温州、桂林和南通创刊了 3 份数学刊物。这些期刊经历了一个专业化的发展历程：最初仅仅是综合性的科普杂志，逐渐演变为以宣扬实业为目标的所谓“实业”杂志，后来发展成为分门别类的专业性期刊，《中西医学报》《铁道》《电气》《数学杂志》的出现表征了期刊的发展方向。如 1912 年 8 月由崔朝庆创刊于江苏南通的《数学杂志》*，其序言有曰：“中国科学之不发达，由于杂志之不多见。东西各国，无论何学，皆有杂志，即如数学一科，尚有数十类之多，其他可知矣。今吾国所见者，惟《教育杂志》《政治杂志》数种而已。此外无闻焉。不几为海外学者窃笑乎？”崔朝庆创办此刊物已有发达数学学科的目标，[16] 这说明随着时代的发展，科技期刊无论是宣传内容还是办刊方针都有改进。特别是在综合性杂志之外，出现了相对专业的杂志，而且一些期刊还以研究科学相标榜，突破了过去仅仅停留于介绍与普及的层面。

据研究，很多期刊都以“科学救国”“实业救国”为宗旨。同其他报刊一样，这些科技期刊大多以首要位置刊载社论（或称“社说”“论说”“时评”等），不少刊物虽然都声明政治免谈，但在社

* 崔朝庆（1860—1943），江苏南通人，编译了不少算学教科书，是清末民初著名的数学家，在多处任教。《数学杂志》主要刊载国内研究文章，涉及初等代数、初等几何、排列组合等知识。据黄绍竑回忆说，他在军校学习时，崔朝庆教代数，“他的数学，在当时是很有名的。但是他已经六十多岁，热情是很低落了。一口扬州话，不易听得懂，面貌又怪可怕的。结果，学生都不愿意听他的课，自然得不到很好的成绩”。并把他与一位虽然学问不怎么样，但教学有热情的老师比较，结论说：“我觉得一个好学者，并不一定是一个好先生，学校所需要者，乃是好先生，并不一定是好学者。”黄绍竑：《五十回忆》，岳麓书社，1999 年，第 31 页。

论中往往抨击时弊。从创办主体看，有民办，也有官办。官办者往往是一些公牍、命令或文件汇编，民办特别是一些学术团体主办者的学术水准相对较高，如《地学杂志》。但无论如何，这些期刊基本上以介绍科学知识和外国科学成果为主，真正有创造性的文章很少。[17] 除《农学报》前后延续了一定时间，《地学杂志》时刊时停，其他刊物基本上都是昙花一现，甚至有的刚创刊就销声匿迹了，发行范围狭窄，社会影响有限，研究者们要弄清楚它们的面目都很困难，其科学宣传与普及的功能自然不能得到充分发挥。同时，可以发现这些期刊的创办人，除丁福保（1874—1952）、张相文、崔朝庆等少数人有一定的科学素养外，其他人基本上都没有接受过系统的科学教育，没有掌握系统的科学技术知识。他们的知识结构决定了他们创办杂志的内容及传播科学知识的水平，他们不可能对科学概念、方法、精神等方面进行准确而精当的阐述。这自然影响了国人对科学及科学观念的理解。

创刊科技期刊传输科学的同时，这一时期科技书籍的翻译与新式教科书的编订也蓬勃发展。与洋务运动时期直接翻译西方科学书籍不同，这一时期主要是翻译日文科学书籍，西方科学书籍通过日文这一“二传手”来到中国。与洋务运动时期西书翻译主要是相关科学技术不同，这一时期科学技术书籍在“满坑满谷”的翻译书籍中仅占极小的一部分。与洋务运动时期主要由政府设立的机构从事翻译不同，这一时期民间译书机构大增。与洋务运动时期主要依靠外人翻译不同，这一时期国人已经成为翻译主力军，严复、马君武、张相文、丁福保、杜亚泉、王季烈、范迪吉、虞和钦等都是其中的佼佼者。

当时最有名的科学书籍应是由范迪吉等人翻译的《普通百科全书》，全书有100种之多，其中自然科学28种，有《植物新论》《有机化学》《分析化学》等；应用科学19种，诸如《农艺化学》《森林学》等。另外，翻译的日本科学教科书也不少，据统计，1902—1911年出版的104种化学书籍中，有83种译自日本化学教科书，既有小学用书、中学用书，也有师范和实业学校用书。据研究，这一时期的化学译本，内容比较新颖，基本达到了1900年前后西方同类读物的化学知识水平，对基础的科学概念和规律，表述也比较准确，而且随着新教育的展开，这些教科书被新学堂广泛使用，产生了相当影响。[18]这些译书和编订的教科书，大多是留日学生所为。有论者说，进入20世纪后，随着大批青年出洋留学，他们带回了先进的化学知识，也扭转了之前依靠外国人传播化学知识的被动局面，主动地传输化学知识，并承担起化学本土化的重任。[19]1898—1904年，罗振玉等人主持的《农学丛书》，由上海农学会石印，共出版7辑，收入农学译著149种，内容涉及农业政策、农业经济、农业科技、农业教育、农业法规等多方面。[20]

这一时期出现了通过自学西方科学技术知识，不断探索，进而从事近代意义上科学研究的科学工作者，代表人物有中国近代地理学开拓者之一的张相文和植物学奠基人之一的钟观光。如果说李善兰、徐寿、华衡芳等从事西方科学翻译的一代传统科学家处于传统与现代之间，那么张相文、钟观光也处于现代与传统之间，只不过他们是属于传统科学研究方法与近代科学研究方法之间的一代。正如有论者所说，张相文虽然不像传统地学家那样只钻故纸堆，而是走出书斋，带上气压计和温度计，四处奔走、实地考察，已具备崇实、求真的科学精神，但他毕竟仅仅是一条腿跨进了科学大门，对科学研究方法认识十分简单，离近代科学要求的系统实验还有相当的距离。[21]钟观光阅读李善兰翻译的《植物学》后，与植物学结下了不解之缘，随时到野外进行标本采集。但无论从他采用的方法，还是取得的成就来看，都没有脱离传统博物学的范畴，离近代植物学同样有相当的距离。

由于政治革命的影响，这一时期中国近代科学并没有得到正常发展，但科学传输的广度和深度都远远超过了洋务运动时期。按照顾毓琇（1902—2002）的说法，洋务运动是中国近代科学的坚甲利兵时期，辛亥革命是科学知识时期。在这一时期，国人吸收了大量的科学知识，而且那些有机会得到科学知识的人，“渐渐亦写了一些普通的科学书籍。当着新学推广的时候，他们便担任了中小学的师资，而科学的影响因此亦更为普遍化了”。[22] 辛亥革命后，中国近代科学的发展出现新的机缘。

## “科学救国”风起云涌

“科学救国”思潮起始于魏源的“师夷长技以制夷”，其关注重点是西方技术层面的“长技”。洋务运动在很大程度上也可以看作“科学救国”的实践。李善兰在《重学》序言中说算学是西方国力强盛的根本，算学是一切科学的基础，将“科学救国”建立在“算学”上，可以说是“算学救国”论。奕䜣奏设同文馆设立天文算学馆时将天文、算学作为西方富强根本：“因思洋人制造机器、火器等件，以及行船、行军，无一不自天文、算学中来。”在与反对派的争论中更指出：“盖以西人制器之法，无不由度数而生，今中国议欲讲求制造轮船、机器诸法，苟不藉西士为先导，俾讲明机巧之原，制作之本，窃恐师心之用，徒费钱粮，仍无裨于实际……”[23] 但正如第一章所说，洋务运动的“科学救国”实质是“技术救国”，想通过对西方军工技术的引进达到富国强兵的目标。

维新派在批评洋务派只注重技术、忽视科学的基础上，也充分认识到近代科学技术在国家建设中的重要作用。康有为（1858—1927）说：

泰西之强，不在军兵炮械之末，而在其士人之学，新法之书。凡一名一器，莫不有学：理则心伦、生物，气则化、光、电、重，业则农、工、商、矿，皆以专门之士为之，此其所以开辟地球，横绝宇内也。[24]

康有为指出西方富强并不仅仅靠军工技术，而是靠广泛的科学研究与技术应用。梁启超、谭嗣同等都有相似的论说。研究表明，维新派已经认识到科学技术全面发展的重要性，并提出了通过普及教育来提高民众科学文化素养的方案。维新派倡导发展科学技术这一新思路，在近代科技思想史上是一次认识的飞跃。[25] 但维新派自身缺乏基本科学素养，对科学本身并没有清楚的认知，在具体的科学知识上更存在严重的错误，对发展科学也没有具体的实施方案，他们大多从自己的政治需要出发，把科学泛化，把自然科学规律套用到社会领域和道德领域，没有真正理解科学是一种独立的文化体系、社会体制与社会活动。他们对洋务运动在科学技术方面的批评是为他们的政治改良“铺路搭桥”。

光宣新政期间，在政治救国浪潮中，也有一批人认识到科学在救国与建国上的重要作用。于右任说：“当民国前九年癸卯之岁，海上志士云集，革命救国之声，风发泉涌，清吏为之侧目，先生［马相伯］则曰：‘欲革命救国，必自研究近代科学始，欲研究近代科学，必自通其语言文字始。有欲通其外国语言文字，以研究近代科学，而为革命救国之准备者，请归我。’于是遂有震旦学院之创设。”[26] 马相伯在革命志士风起云涌之际，提出了以教育推动科学研究、为“革命救国”奠定基础的主张。与维新派思想家一样，这一时期“科学救国”提倡者的自身科学素养虽有所提高，但毕竟不是真正的科学家，而且“政治救国”的社会大环境使他们的呼声与吁求不能为社会所理解，社会影响微乎其微。当时留日学界无论是短期进修者，还是长期留学者，法政都成为他们的首选。因此朝廷曾规定官费留学生以农、工、格致3科为限制，自费生也只有这3科可以申请官费。[27]

民国建立后，政治变革任务完成，在“实业救国”“科学建国”的声浪中，“科学救国”作为一种思潮真正形成，并产生了极大的社会影响。提倡实业、振兴实业是革命派和立宪派的共识，因此民国创立后，革命派、立宪派与工商界莫不怀抱“破坏告成，建设伊始”的抱负，致力于实业建设。

各级政府都比较重视实业，制定和颁布了一系列振兴实业的法令条例。武昌起义后，在归途中的孙中山说，“此后社会当以工商实业为竞点，为新中国开一新局面”；就任临时大总统后，他号召“合汉、满、蒙、回、藏为一家，相与合衷共济，丕振实业，促进教育，推广全球之商务，维持世界之和平”。辞去大总统后，他呼吁“兴实业实为救贫之药剂，为当今最重要之政策”。[28]他还筹设中华实业银行，兼任全国铁路督办、中华民国铁路协会会长、上海中华实业联合会会长等。其他人如革命党人黄兴、宋教仁也致力于实业，立宪派张謇、熊希龄等更积极投身实业建设。据不完全统计，仅1912年，全国就成立各种实业团体40多个，1912—1915年创办的各种相关实业的报刊也不下50种。“振兴实业成为民国初年代表时代脚步的社会潮流”，天下“群知非实业不足以立国，于是有志于实业者项背相望”。[29]

在振兴实业的时代潮流中，“国家建设”取代了“革命”。振兴实业、建设国家不能仅仅停留于口谈笔画，建设国家需要知识，特别是需要科学技术知识，因此从“实业救国”到“科学救国”的转变顺理成章。于是，一批“革命青年”放弃浴血奋战获得的高位，纷纷出洋留学、掌握建设国家的科学技术知识，走上了“科学救国”之路，“为将来国家储才备用”。

南京临时政府解散后，任鸿隽没有随政府北迁到北京“为官作宰”，而是和几位秘书处同事商量，决定再到国外继续求学，议请政府资送留学，不想却引发了民初“稽勋局大派东西洋留学生”活动。* 任鸿隽拟具呈文向孙中山申请，不意名列首位的他却未获批准。胡汉民（1879—1936）希望他留下继续工作，而且说是蔡元培的意思。任鸿隽与蔡元培商量，蔡元培说民国初建，急需人才，希望他多贡献力量，不必急于求学。参议院方面也要他担任秘书长的职务，这可是个地位极尊的位置，友朋们纷纷劝他留下来担此重任。“这已是金邦平的地位（金邦平在前清时是留学生考试取中的洋状元，后做资政院秘书长），你何必再去留学呢？”[30] 但他留学志愿已决，只得感谢各位厚爱。1912 年冬，任鸿隽以稽勋名义留美入康奈尔大学，从此，在他个人的生命中，“开始了一个新的阶段”，从“暴力革命”的青年转变为“科学救国”的留美学生。在康奈尔大学，任鸿隽继续学习留日时所学的化学工程。但已不是为了制造革命的“炸弹”，而是寻求富国的“知识”：“此时思用化学以兴工业，不为

* 南京临时政府成立后，专门设立稽勋局办理对有功于革命者的奖励，对象主要有革命殉难者家属、功勋卓著的革命参与者和革命资助者等，最初没有资助革命者留学的动议。任鸿隽等人的申请，得孙中山支持，后来袁世凯、黎元洪也援引成例派出大批人员。据不完全查证，共派出三批稽勋留学生，第一批 25 人，第二批 53 人，第三批 66 人，名单中包括蒋介石、汪精卫、朱家骅、戴传贤、李四光、王世杰等人。当然有些人没有成行或者成行后没有真正向学，而走上了继续革命的道路，自然也有人努力求学成为学术界领军人物。对于“革命功勋”这块大蛋糕，一些非革命人物也可以“近水楼台先得月”。当时像宋子文、冯自由的弟弟和胡汉民的两个妹妹，根本未在政府任过事，对革命也毫无贡献，有的还是学堂学生，也名列“稽勋”留学名单，因此，任鸿隽说“此次各以私人的关系，得到出洋留学的机会，不知何以对其他学生”。

制造炸弹之用矣。”为了进一步深造，在康奈尔大学毕业后，他又到哈佛大学、麻省理工学院和哥伦比亚大学学习，“盖以此数校之化学工程课程皆较康校为优耳”。[31]

杨铨（1893—1933）与任鸿隽一样，也从一个革命青年转变为“科学青年”。1908年，杨铨就读于中国公学，在这里他不仅结识了任鸿隽、胡适（1891—1962）、张奚若（1889—1973）等后来过从甚密的好友，而且受到革命思潮熏陶，加入同盟会。毕业后考入唐山路矿学堂，要掌握基本本领建设国家，与茅以升（1896—1989）、李俨（1892—1963）等为同学，并结为好友。武昌起义后，杨铨弃学奔赴武昌，后成为南京临时政府总统府秘书，负责收发文件，与老同学任鸿隽等一同共事。临时政府解散后，他稽勋留学，入康奈尔大学，习机械工程。1914年与任鸿隽等创建中国科学社，担任《科学》编辑部首任部长，实际负责《科学》的编辑与领导工作，是中国科学社最重要的领导人之一。但与任鸿隽不一样，杨铨后来还经历了第二次转变，从“科学青年”转变为“革命中年”。[32]

论者说任鸿隽等人此时选择留学是“南京临时政府的解散，造成任氏对革命之幻灭，也促成了对科学的结缘”。[33]正如上面分析所示，一方面，孙中山辞职后以“实业救国”相号召，任鸿隽、杨铨等革命青年远涉重洋学习科学，与“实业救国”同一“理路”；另一方面，袁世凯政府此时还没有完全暴露其“反革命”的一面，“对革命幻灭”似乎无从说起。也就是说，像任鸿隽、杨铨等主动选择弃官从学者，主要是受“科学救国”理想的感召，走上了留洋求学道路。革命既然已经成功，紧跟着应该建设国家。邹鲁（1885—1954）也回忆说：

乃将青年同志，除已学成及原系留日读书有官费者外，一律请总理由稽勋局派赴日本留学……新中国最急需的是建设，而我尤注意造就这方面的人才，因此这批留日生，大都学理工科。[34]

当然，也有对革命产生幻灭，认识到“革命”不是真正的救国良方，只有学好建设国家的本领才是救国的唯一正途，最后转向“科学救国”道路的人。张奚若后来回忆，他革命之后选择留学正是失望于革命之结果：

在上海住了半年多，曾到南京去看过临时政府的情形，也感觉很失望。在陕西觉到是一些无知的人代替了另一些无知的人，由武昌到上海，沿路所见，也很难令人满意。当时我颇感觉革命党人固然是富于热情、勇气和牺牲精神，但革命成功后对于治理国家、建设国家，在计划及实行方面，就一筹莫展。因此除了赶走满人，把君主政体换成所谓共和政体之外，革命是徒有其表的。皇帝换了总统，巡抚改称都督，而中国并没有更现代化一点……在这种失望情形下，我便决定到外国去读书。预备些实在的学问，回来帮助建设革命后的新国家。

革命朋友们反对他这种将革命事业拱手让给进步党和军阀而“不负责任”的态度，他则认为没有现代知识和技术，建设国家将成为空谈，因此他还是置朋友们的反对于不顾，决心留美。因曾在孙中山主持的铁道协会活动过，所以他预备学习土木工程，但对数学兴趣不够，未入学就改变了计划。可见，张奚若选择留学虽然是失望于革命的结果，但并不是因为南京临时政府的解散与“袁世凯篡权”，而是因为革命党人在建国、治国上的“一筹莫展”。因此他出国留学最初也选择了学习工程技术这种建国知识。[35]

与张奚若失望于革命党在建设国家上的“一筹莫展”不同，李四光选择“科学救国”道路，倒是真正失望于共和政权的失败。正当担任湖北省实业司司长的李四光预备大展拳脚时，袁世凯上台，黎元洪开始在湖北打击和排挤革命党人。1912年7月，李四光以“鄂中财政奇绌，办事棘手”为由，向黎元洪提出辞呈。黎元洪表面“温语慰留”，实际上已电告袁世凯予以批准，8月8日，李四光“准免本官”。辞职后，李四光非常郁闷，得知不少革命党人稽勋留学后，他认为自己“力量不够，造反不成，一肚子的秽气，计算年龄还不太大，不如再读书十年，准备一份力量”。于是向黎元洪提出出洋留学，黎元洪将他与王世杰等人上报袁世凯，稽勋局批准李四光等26人为第二批稽勋留学人员。李四光还未放洋，“刺宋案”发生，二次革命爆发，但很快失败。1913年7月，李四光与王世杰等告别祖国，再一次踏上“科学救国”之路留学英国。[36] 李四光原立志学习造船，并在日本学习了3年造船技术，知晓造船需要钢铁，钢铁需要采矿、冶炼技术。担任实业司司长期间，也深知国家富强必须要有充足的煤、铁资源，同时认识到工矿是实业基础。当时英国是世界上采矿业最发达的国家，于是他在伯明翰大学完成预科学业后，进入该校采矿系学习。一年后他进一步认识到矿产资源的开发以地质科学为基础，又了解到英国在近代地质学启蒙运动中作用很大，又转到地质系学习。[37] 可见，李四光在“科学救国”之路上，经历了从“造船”到“采矿”再到“地质”这样的从“技术”到“科学”的转变，最终成为中国近代地质学的一代宗师。

辛亥革命后，梁希初衷未改，仍回到日本士官学校学习海军军事。但与当时的大多数知识分子一样，他也在寻求中国的出路。1913年，身为班长的梁希处罚了破坏班纪的日本学生，遭到日本学生的侮辱。以此为契机，他认识到科学技术是救国根本，遂进入东京帝国大学农学部，转习林学，成为中国近代林学的奠基人之一。[38] 孙学悟在辛亥革命前，就已认识到停留于口头的革命宣传成效不大，不如实实在在地以科学技术来改变中国的面貌，也走上了“科学救国”的道路。他 1910 年考取清华留美预备学堂，翌年留美入哈佛大学攻读化学。

民国建立特别是袁世凯当政以后，有一触目惊心的社会现象，即许多人热衷宦海浮沉，醉心利禄仕途。梁启超说：

居京师稍久，试以冷眼观察社会情状，则有一事最足令人瞿然惊者，曰求官之人之多是也。以余所闻，居城厢内外旅馆者恒十数万，其什之八九，皆为求官来也……大抵以全国计之，其现在日费精神以谋得官者，恐不下数百万人……盖学而优则仕之思想，千年来深入人心，凡学者皆以求仕也……迨民国成立，仅仅二三年间，一面缘客观的时势之逼迫诱引，一面缘主观的心理之畔援歆羡，几于趋全国稍稍读书识字略有艺能之辈，而悉集于作官之一途。[39]

与时人奔走于官场、汲汲于利禄不同，与大多数革命者在新秩序中以胜利者自居不一样，任鸿隽、杨铨、张奚若、李四光、梁希等毅然抛弃通过流血革命得到的高位，选择了继续求学的道路，这在“官本位”的中国，是何等的魄力与勇气！在世人共趋政治与革命的时代，像他们这样以国家建设为矢的选择，为中国历史开辟出一片新天地。

与国内的“科学救国”思潮相呼应，当时的留美学界也认识到国人的启蒙任务留日学生已经完成，处于祖国建设时代的他们，应该贡献建设时代所需的建设知识：

中国似醒未醒初醒之时，人之从新从旧未定，有日本留学生之书报，有日本留学生之詈骂，有日本留学生之电争，而通国之人大醒……今日中国已醒矣，已从新矣。铁路当实行建筑，矿务当实行开办，财政当实行整理，至机器、化学、造船等事皆非言论所能之事，非学浅者所能举办，又非无实习者所能大成。事为建设之事，时为建设之时，欲于此时而欲有影响于国事者，非有建设之学、建设之能及建设之精神不可。[40]

科学技术是国家建设所需知识，发展科学是救国、建国、富国、强国根本方略。与留日学界关注政治因而学习法政、军事人数众多不同，留美学界主要以学习科学技术为特征。1909年庚款留美的47人中，39人习科学技术，有中国近代科学奠基人秉志、胡刚复、王琎、张准等；1910年庚款留美的70人中，有60人习科学技术，钱崇澍、竺可桢、胡明复、周仁等都是彪炳史册的人物；黄炎培统计1914—1915年留美学生所习学科表明，720人中，科学技术人数占比超过60%。[41]

与此同时，留美学界也在寻找发展科学的途径。他们认识到发展科学不是单独的个体所能完成的，汲取先进国家经验，组织学会，集合专门人才切磋技艺，科学始能发展。“美国之专门家，皆有学会……故虽散处于数千里之外，呼应极灵，研究之事，以互相鼓励而愈进，学问之事以互相讨论而愈明。”中国由于无此种学会的指导，“如在汪洋之中，不知舟之所向，已回国之留学生……无学会为之联络，故四散而势散，事多而学荒”。即使在美留学生，由于没有学会作为枢纽，“输进学识之事不能举办，专门相同之人不易相知”。[42] 正是在国内与留学界的共同影响下，“科学救国”逐渐成为潮流，一代新兴的知识分子在寻求发展科学方略的历程中，已经认识到团结同志、组织专门学会是发展科学的道路之一。留美学界先后成立中国学会留美支会、中国科学社、中国工程学会等，中国科学社发展成为民国时期影响最为深远的综合性学术社团，中国工程学会搬迁回国后与中华工程师学会合并为中国工程师学会，对中国近代工程科学与工程事业产生了极为重要的影响。

中国科学社由胡明复、赵元任、周仁、秉志、章元善、过探先、金邦正、任鸿隽、杨铨 9 人发起，1914 年 6 月成立于美国康奈尔大学，大力倡导科学救国。在 1915 年 1 月创刊的《科学》“发刊词”中，全面论述了科学的强大威力：第一，国家富强与科学有直接的关系，“世界强国，其民权国力之发展，必与其学术思想之进步为平行线，而学术荒芜之国无幸焉”；第二，科学在改进人类的物质生活水平上有强大力量；第三，科学可以提高人类的寿命；第四，科学可以影响人类的智识；第五，科学与人类的道德也有莫大关系。“发刊词”还指出，发展未来中国的学术，不是从故纸堆中爬梳出来的“国故”，而是有上述威力的科学：

数千年来所宝为国粹之经术道德，亦陵夷覆败，荡然若无。民生苟偷，精神形质上皆失其自立之计……夫徒钻故纸，不足为今日学者，较然明矣。然使无精密深远之学，为国人所服习，将社会失其中坚，人心无所附丽，亦岂可久之道。继兹以往，代兴于神州学术之林，而为芸芸众生所托命者，其唯科学乎，其唯科学乎！[43]

中国科学社等团体对“科学救国”的宣扬，正切合了当时国内文化革命与文化建设的需求，在一定程度上可以说为陈独秀的“德、赛”先生吁求提供了坚实的基础，成了以《新青年》为旗帜的新文化运动的先导，并最终共同扛起了“科学”“民主”的大纛。

五四新文化运动以后，“科学救国”思潮进一步激荡，出现了“理科救国”“农业救国”等提法。1920年3月《东方杂志》发表文章，批评“五四学潮”以来，各种思潮震荡全国，但“未免偏重于人文的一方面”，因此提出“理科救国”。文章说“理科切实人生为富民强国的无上利器”“理科是改革思想及创造思想的好东西”，并提出“根本的救中国要提倡理科”，希望“有志青年，不要专鼓吹时髦的、空虚的新思想，而把根本有用的理科放弃一边”。[44]

正当高擎“科学”“民主”大旗的新文化运动如火如荼之时，历时4年、有30多个国家卷入、给人类带来空前灾难的第一次世界大战结束。西方人反思这场灾难，哀叹西方文明没落的同时，发现了可以救世的“东方文化”。在这场东西方共同参与的文化反思运动中，科学很快被确认为“罪魁祸首”，梁启超宣称“科学万能”的大梦破产，由此在中国社会逐渐形成了一股“反科学”思潮，对中国近代科学的发展产生了一定的舆论影响。但这个思潮毕竟影响有限，而且很快就烟消云散。[45]当时对中国社会影响最大仍然是“革命救国”。五四新文化运动在促成“科学救国”思潮进一步深化的同时，也使激进的革命思潮取代了建设理路，政治革命又成为时代主题。

“科学救国”将“科学”这样本质为追求“真理”、扩展人类知识视野的求知行为与“救国”这样宏大的实用目标相联系，其实是与“为科学而科学”的科学精神相背离的。因此，随着科学研究的展开，到20世纪30年代中期，科学工作者们在“科学救国”的呼声一再高涨之际，为科学研究张目，开始反思“科学救国”，为科学进行准确定位，提出“科学并不能救中国”：

科学既没有功利观念，亦没有爱国思想。科学的目的是为知识，

> 科学的任务是求真理……我们科学界努力的方向，从坚甲利兵的功利主义，已经进步到科学研究的理想境界，实在是合于科学的本旨的……从前利用科学去达到坚甲利兵的情绪，终于为四千年来重知识爱真理的理智压服了。我们将要为科学而研究科学，而求对于世界的科学有贡献。从科学的立场看，前面是一条康庄大道……[46]

"科学救国"潮流的兴起与发展，不仅吸引了一批又一批青年人进入科学殿堂，接受科学教育，从事真正的科学研究，为中国近代科学的发展奠定了坚实的基础，为近代科学的本土化打开了前行之门，也为中国近代化在革命之外找寻到了一条建设之道。也正是在"科学救国"潮流兴起与发展的过程中，一批接受了真正近代科学熏陶的知识分子扛起宣扬科学概念、科学方法、科学精神的大旗，给国人传输了真正的科学观念，也使国人完成了从"格致"到"科学"的科学认知的真正转变。[47]

## 科学是什么？——国人科学观念的演进

鸦片战争以后，国人对科学的认知在概念上经历了分科之学—格致—科学这样一个发展阶段，到1905年前后，"科学"这个词汇最终确定。[48]"格致"是个传统词汇，其意义在历史长河中不断演变。儒家经典《礼记·大学》中的"格物致知"在朱熹的解说中获得了新的含义。金观涛等认为，"格致"一词被程朱理学赋予了浓厚的道德意义，具有穷理和经世两个目标，因此儒生求知所达到的知识体系也分为两个部分，一是通过穷理达到对宇宙秩序和万物普遍之理的认识，即广义的理论知识；二是与实用相关的种种知识，通过经世致用与儒家伦理相联系。当道德意识形态需要重构时，穷理需求空前高涨，主要指向理论知识；一旦道德目标明确，实用技术便成为主要需要对象。“穷理和经世可以构成两种性质不尽相同的建立知识系统的动力，它们各自亲和于西方科学和技术。”[49]

将格致与西方科学联系在一起的是明末的徐光启（1562—1633）。他将“格物穷理”对应于西方科学，包括逻辑学、形而上学、物理学、数学乃至化学等。可以说，徐光启“格物穷理”之学对应于西方自然哲学的提出，在观念上搭了一座引渡西学的桥梁。但因“礼仪之争”等因素造成的清政府闭关锁国政策，西方科学传入中国的途径被掐断。* 直到近代，西方科学才再次输入中国。这次它首先选用的词汇并不是“格致”一词，而是所谓“分科之学”。1853 年创刊于中国香港的《遐迩贯珍》月刊，其间有篇名直接为《火轮机制造略述》，将轮船名曰火轮机;《地质略论》径称地质,《生物总论》直接用生物。传教士合信 1849 年在广州出版的《天文略论》介绍天文学；1851 年出版的《全体新论》是卫生学著作；1855 年出版的《博物新编》更是物理学、天文学和动物学的知识。1860 年以前，作为中国传播西学重镇的墨海书馆，其出版的著作中也没有专门命名为“格致”的。

1851 年由慕维廉编译的《格物穷理问答》小册子，系根据一本英文著作节译，内容关于自然科学，共 23 个问题。这可以说是目前发现近代以“格致”相类词汇指称西方科学的第一本翻译书籍。“格致”一词在晚清流行并指称西方科学是在洋务运动开始以后，与洋务派学习西学必须考虑传统学问的环境有关。冯桂芬（1809—1874）1861 年在《采西学议》一文中指出，在明末和鸦片战争以后

* 与通常认为西方科学输入中国中断的主要原因是清政府闭关锁国政策相异，美国学者艾尔曼认为主要责任在耶稣会士：“对于中国人失去了 18 世纪以后欧洲科学发展的进一步知识这一事实，更确切的说法应该是，世界范围内的耶稣会士及其在欧洲的学院等消亡引发了科学传播的中断。”见氏著：《中国近代科学的文化史》（王红霞等译，上海古籍出版社，2009 年）第 2 页。

传入中国的西学中，“如算学、重学、视学、光学、化学等，皆得格物至理”。这样，西方科学作为“格物至理”的学问重新获得传统“格致”所具有的道德与学问上的意义。冯桂芬此一论调为洋务大僚们所接受，西方科学作为一种外来文化在传统学问中取得一席之地，为洋务派利用西方科学富国强兵铺平了道路，也为西方科学技术在中国的传播打开了方便之门。伟烈亚力、傅兰雅与李善兰于1861年前后将牛顿的《自然哲学的数学原理》一书节译为《数理格致》。这样，在学术界和官场，“格致”重新取得了指称西方科学的地位。

由此，“格致”作为西方科学的代名词，广泛应用于教育、文化、社会、经济诸领域，以“格致”命名的书院、类书、丛书、刊物、学会，林林总总，不一而足。如格致书院英文名为“the Shanghai Polytechnic College”，直译为“上海综合工学院”;《格致汇编》英文名为“*The Chinese Scientific Magazine*”，直译为《中国科学杂志》。“格致”在晚清流行时，国人对“格致”与西方科学的区别有比较清晰的认知。1874年3月《申报》发表的《拟创建格致书院论》中说：

惟是设教之法，古今各异，中外不同，而格致之学则一。就中国之所谓格致，所以诚、正、治、平也；外国之所谓格致，所以变化制造也。中国之格致，功近于虚，虚则常伪；外国之格致，功征诸实，实则皆真也。[50]

阐明了传统术语“格致”与“西方科学”的本质区别所在：传统格致在于“正心、诚意、修身、齐家、治国、平天下”，是脱离实际的玄虚，因此常常作伪；西方科学目标是研究自然界的万事万物以求得规律和创造发明，因此实实在在，所得为真。1889 年，上海格致书院有考生也阐述“中西格致”的不同，以为中国“格致”与西方“格致”是完全不同的概念，中国向来重义理而轻技艺，西方重艺而轻道，这是中西分道扬镳所在。如此一来，中国科学与西方科学相比自然“诚有相形见绌者”。[51]

洋务运动时期，“格致”一词的含义可谓五花八门。按照樊洪业先生的归纳大致有 4 种意思。[52] 第一，泛指科学技术。格致书院前期主持人徐寿在给李鸿章的信中称书院将“轮流讲论格致一切，如天文、算法、制造、舆图、化学、地质等事”。傅兰雅也为书院设计了包括矿务、电务、测绘、工程、汽机、制造 6 类共上百门课程。《格致汇编》英译从第 2 期改名为“*The Chinese Scientific and Industrial Magazine*”，直译为《中国科学工艺杂志》。第二，泛指自然科学。如丁韪良的《格物入门》包括了数学、物理、化学等；薛福成说“格致如化学、光学、重学、声学、电学、植物学、测算学，所包者广”。第三，仅指物理、化学。如郑观应在《考试》一文中说：“格致科，凡声学、光学、电学、化学之类皆属焉。”第四，专指物理学。如京师同文馆分设天文馆、算学馆、化学馆、格致馆等。《清会典》也说“格致之学有七”，分别为力学、水学、声学、气学、火学、光学、电学。

不得不指出，在西方科学获得“格致”这一传统学问地位的同时，纠缠于中国社会现实与“经世思潮”的勃兴，“格致”不可避免地被实用化，“穷理”的理论取向被完全遗弃，也就是说“格致”所具有的“形而上”的“道”被丢弃了，仅仅留下“经世”的层面，变成“形而下”的“器”，成为“立竿见影”的富国强兵的工具。“科学”被抛弃、被遗忘，科学的应用——“技术”成为朝野共同追求的目标。因此，在洋务运动时期，“格致”一词最为广泛流传的含义指“西方实用技术”及这些技术的学理基础，这与当时输入西学主要以技术为特色相适应。当时保守派代表人物之一刘锡鸿（生卒年不详）在上海参观格致书院后，批评格致书院假借“格致”美名：

> 大学之言格致，所以为道也，非所以为器也……自西洋各国以富强称，论者不察其政治之根抵，乃谓富强实由制造，于是慕西学者如蚁慕膻，建书院以藏机器，而以“格致”名之，殆假大学条目以美其号。[53]

他认为所谓“西学”，“盖工匠技艺之事也”，形而下之“器”而已，与高大上的“格致”风马牛不相及，要求格致书院改名为“艺林堂”。格致书院的招生广告也说“专为招收生徒究心实学”。金观涛等的研究也表明，由于洋务运动所需要的西方科技主要是与坚船利炮有关的制造技术原理和知识，“格致”的内容大多也限于弹道计算、重学和化学反应和制造有关的物理和化学原理。[54] 以格致指代的西方科学就这样被实用化为技术，与其说这是由时人对科学的认知程度所决定的，毋宁说是被时代的需求所限制。时代的需求可能在某种程度上压抑了时人对科学本质的进一步探究。

从戊戌维新开始，先期被实用化为技术的科学，就被作为一种救国工具日渐成为新派人物口头的言说、头脑中的观念，在言说与媒介的传播中不断变形，口号化、简约化、观念化，并慢慢向意识形态化的“唯科学主义”发展，离科学的本相愈来愈远。正是在这个演变过程中，严复明确提出“西学格致救国”，并进行了进一步阐述与发展；康有为提出“物质救国”论，第一次明确地在思想上确立了“科学救国”主张。

严复认为救国非西学不可。1895年，他在《救亡决论》中指出，“救亡之道在此，自强之谋亦在此”。西学主要是指格致之学，“西学格致，非迂途也，一言救亡，则将舍是而不可”。并进而提出了“西学格致救国”论：“求才为学二者，皆必以有用为宗，而有用之效，征之富强；富强之基，本诸格致；不本格致，将无所往而荒废，所谓蒸砂千载，成饭无期者矣。”[55] 他在1897年开始翻译、1901—1902年出版的《原富》中说，“科学中一新理之出，其有裨益于民生日用者无穷”，“科学中所立名义，大抵出于二文［希腊文和拉丁文］，若动植之学、化学、生学、人身体用与医学等所用尤夥”。基于这样的认识，针对“中学为体、西学为用”和“西政为本、西艺为末”的论调，他在1902年的《与〈外交报〉主人论教育书》中说：

其曰政本而艺末者，愈所谓颠倒错乱者矣。且所谓艺者，非指科学乎？名、数、力、质，四者皆科学也。其公例通理，经纬万端，而西政之善者，即本斯而立……中国之政，所以日形其绌，不足争存者，亦坐不本科学，而与通理公例违行故耳。是故以科学为艺，则西艺实西政之本。设谓艺非科学，则政艺二者，乃并出于科学，若左右手然，未闻左右之相为本末也。且西艺又何可末乎？无论天文地质之奥殚，略举偏端，则医药通乎治功，农矿所以相养，下泊舟车兵治，一一皆富强之实资。[56]

以激进的改良姿态出现在中国近代历史舞台上的康有为，于1905年发表《物质救国论》，提出了他的科学救国主张。戊戌维新失败后，流亡国外的康有为游历西方各国，探求各国富强之术，他以他的观察所得，告诸国人：“以吾遍游欧、美十余国，深观细察，校量中西之得失，以为救国至急之方者，则惟在物质一事而已。物质之方体无穷，以吾考之，则吾所取为救国之急药，惟有工艺、汽电、炮舰与兵而已。”[57] 他在《物质救国论》的序中说道：“欧洲百年来最著之效，则有国民学、物质学二者，中国数年来亦知发明国民之义矣，但以一国之强弱论焉。以中国之地位，为救急之方药，则中国之贫弱，非有他也，在不知讲物质之学而已。”[58] 并进而解释说：

我国人今之败于欧人者，在此一二百年间，而所最大败远不如之者，即在一二百年间新发明之工艺兵炮也。凡欧人于百年来所以横绝大地者，虽其政律学论之有助，而实皆借工艺兵炮以致之也。夫工艺兵炮者，物质也，即其政律之周备，及科学中之化光、电重、天文、地理、算数、动植生物，亦不出于力数形气之物质。然则吾国人之所以逊于欧人者，但在物质而已……然则今而欲救国乎？专从事欲物质足矣。于物质之中，先从事于其工艺兵炮之至粗者，亦可支持焉。[59]

康有为认为科学门类中的天文、数学、生物、声光化电属于物质，而物质是政治法律的基础，实在是欧西各国发达致富的缘由，也是中国败于西人的原因，他前此追求的政治改良并不是拯救中国的“急方”，唯有物质救国才是正道。

正是在日渐夸大科学的功能氛围下，“格致”一词的意义开始泛化，并无限放大，意识形态化的“唯科学主义”思想开始泛起。“格致”含义泛化为一切学问，或者直接与西学等量齐观。朱志尧创刊的《格致新报》认为，格致包罗了世间的万事万物，不仅是富国强兵之本，也是日常生活之基，探究真理、制定律法、天文制造、物理化学、生物医学、历史地理都是应有之义，不仅包括自然科学与社会科学，还有人文科学。[60]

《格致新报》与《益闻报》合并而成的《格致益闻汇报》则将格致与“西学”等量齐观。认为西学分为“天人二类”，“天学者，超乎物性之理，渊妙不能穷，终身读之而不竟”，“人学者，人力能致之学，种类纷繁，难于悉举”。[61] 与《格致新报》相比，该报对科学的分类有所进步，有天文学、气象学、地理学等分类，也知道声光磁热电属于物理学，矿学属于地质学等。但总体上对科学的分类还很纷乱，可见维新时期中国人对科学的理解仍很粗浅。文章批评维新之徒，因西人有“光学”“电学”这样的分科，创“农学”“商学”是“不思之甚”，亦表明作者认识上的偏差。

辛亥革命时期，刊物对科学的宣扬大多仅停留于空对空的“宏观论说”，没有实实在在的关于科学的概念、精神、方法及其各门具体科学的言论，这也许就是当时中国科学宣传的问题所在，亦是当时科学宣传影响甚微、对中国未来科学的发展影响很小的原因之一。但当时对科学的理解还是有一定的进步的。《科学世界》已经用“科学”指称科学了，并能分辨即物穷理之学理与应用之术，还批评只重视应用之术的社会潮流，指出学理即科学是应用的基础与本源：

世之论者，多主张应用之术，为社会所必不可少，而蔑视纯正学理为无足轻重，殆所谓知其一而不知其二者乎。夫学理本源也，应用末流也，二者不过比较上对待之名词耳。今日之学理，即明日之应用。今日涸其源泉，而求流水之涓涓，岂可得耶？试观彼诸先哲，在生物学上研究所争论，断断而不已者，其起源莫不由学理之争执，而其结果也，庸讵知为农工商三者所必要之学科乎？[62]

1906年创刊的《理学杂志》以“理学”概括“科学”，“理者，人物之枢，万众之主，宇宙之真宰也。人得其理而生存世界，驱遣万物，使万物悉为我利用，不敢抗人，亦不敢物我，而人我或且神我。此理之果也”。[63] 该刊被指认为“科学万能论”东方版，开中国唯科学主义之滥觞。[64] 1907年创刊的《科学一斑》“发刊词”则以社会达尔文主义的眼光检讨中国衰败的原因，说：“学术之衰落乃使我国势堕落之大原因……我国劣败之点，正坐文学盛而科学衰耳……盖科学者，文明发生之原动力也。”设置有数学、理科（包括物理、化学、生物、生理等学科）、博物等科学门类，还有诸如教育、历史、地理、图画、音乐、小说等栏目。可见，此刊已将数学单独分列，理科概念与今天亦相差无几。[65]

整个辛亥革命时期，社会主要潮流是改良与革命、共和与立宪的政治运动，对科学的认知无论是“科学救国”还是“科学万能”的提出，其社会影响都十分有限，还未形成潮流。直到民国初年，对科学的理解还存在以下误区：第一种看法是“科学这东西是一种玩把戏，变戏法，无中可以生有，不可能的变为可能，讲起来是五花八门，但是于我们生活上面却没有什么关系”。第二种看法认为“科学这个东西是一个文章上的特别题目，没有什么实际作用”。第三种看法则认为科学仅仅是物质主义的，讲究实业的人可以讲求，而其他人似乎不必费心等。[66] 这三种认识都没有将科学作为一门学问来看待，基本上将科学等同于技术，这是承续洋务运动思想的结果：“吾国学界之轻视天然科学久矣，意谓各国之强，强于器械工艺尔。苟能学其器械工艺者，则富强可立至。”[67]

真正对科学概念、科学方法、科学精神进行全方位解说，并对国人形成比较完整而正确的科学观念产生巨大影响的是中国科学社社员的解说与宣传。中国科学社社员作为新一代留美学人，直接接受西方科学的熏陶，对科学有比较全面的认知。成立之初的中国科学社，将科学宣传作为救国手段，创刊《科学》，将他们在美国朝夕相习的科学知识传输给国内的“父老昆季”，内容以“阐发科学精义及其效用为主”，包括科学精神、科学方法等理论知识和科学发明、科学应用等实用知识。早期的《科学》完全以通俗科学宣传为主，从内容看，尤其重视对科学概念和科学史的普及传播，分别置“通论”和“历史传记”两栏，对“科学”进行多方面阐述和讨论。由于《科学》重视“通论”文字，美国有评论说其“通论文字，方之他邦科学杂志如美之科学周刊、科学月报等，未遑多让”。[68] 1919年中国科学社将前4卷此栏文章汇成单行本名曰《科学通论》发行，1934年扩充再版。

按照中国科学社自己的分类，这些宣扬科学的通论文章，分为“科学真诠”“科学方法”“研究与发明”“科学应用”“科学学会”“中国之科学”等方面。比较重要的文章有《科学精神论》《何为科学家》《科学方法讲义》《科学方法》《发明与研究》《科学与研究》《科学与教育》《科学与工业》《外国科学社及本社之历史》《科学与德行》《说中国无科学之原因》等。通过这些文章的宣扬，国人已经能比较准确而全面地认识科学。

与此前对科学的宣扬相比，中国科学社社员们认识到要全面理解科学至少应包括5个方面。

第一，科学不仅仅是物质的、功利的，更重要的是学问，是认识理解自然、有系统的知识。也就是说，科学首先是人类认识自然的一种系统的知识体系。任鸿隽说科学是通过实验进行研究与推理的“学问”，不是仅仅表现为技巧的“艺术”。他如是定义科学：“科学是根据于自然现象，依论理方法的研究，发见其关系法则的有统系的智识。”因此他还提请读者注意3点：（1）“科学是有统系的智识，故人类进化史上片断的发明，如我国的指南针火药等，虽不能不说是科学智识，但不得即为科学”；（2）“科学是依一定的方法研究出来的结果，故偶然的发见，如人类始知用火、冶金，虽其智识如何重要，然不得为科学”；（3）“科学是根据于自然现象而发见其关系法则的，设所根据的是空虚的思想，如玄学、哲学或古人的言语如经学，而所用的方法又不在发明其关系法则，虽则如何有条例组织，而不得为科学”。[69]

第二，科学有独特的方法。胡明复说，科学不同于其他学问，就是因为它有独特的方法，即演绎法和归纳法，外加实验：

演绎者，自一事或一理推及他事或他理，故其为根据之事理为已知，或假设为已知，而其推得之事理为已知事理之变体或属类。归纳则反是。先观察事变，审其同违，比较而审察之，分析而类别之，求其变之常理之通，然后综合会通而成律，反以释明事变之真理。故归纳之法，其首据之事理为实事，而其归纳之结果则为通理，即实事运行之常则也。自此性质上之区别观之，科学之方法当然为归纳的。科学取材于外界，故纯粹演绎不能成科学。此理至明。盖演绎必有所本。今所究为外界，则所本必不可为人造。是以演绎之先，必有归纳为之基。[70]

当然，归纳法也有其局限，“科学之方法，乃兼合归纳与演绎二者。先作观测，微有所得，乃设想一理以推演之，然后复作实验，以视其合否。不合则重创一新理，合而不尽精切则修补之，然后更试以实验，再演绎之，如是往返于归纳演绎之间”。任鸿隽也特别看重归纳法，他认为中国没有科学，就是因为没有归纳法。[71]

第三，科学具有独特的求真的“理性精神”。胡明复说：“科学方法之惟一精神曰‘求真’。取广义言之，凡方法之可以致真者，皆得谓之科学的方法；凡理说之合于事变者，皆得谓之科学的理说。凡理论之不根据于事实者，或根据于事实而未尽精切者，皆科学所欲去，概言之曰‘立真去伪’。故习科学而通其精义者，仅知有真理而不苟从，非真则不信焉。”[72] 任鸿隽在1916年发表的《科学精神论》中指出，科学并非当时朝野上下所认知的“奇制、实业”，而是“非物质的，非功利的”，对科学“当于理性上学术上求”，科学“以自然现象为研究之材料，以增进智识为指归”，“故其学为理性所要求，而为向学者所当有事，初非豫知其应用之宏与收效之巨而后为之也”。所谓科学精神，“求真理是已”：

真理之为物，无不在也。科学家之所知者，以事实为基，以试验为稽，以推用为表，以证念为决，而无所容心于已成之教，前人之言。又不特无容心已也，苟已成之教，前人之言，有与吾所见之真理相背者，则虽艰难其身，赴汤蹈火以与之战，至死而不悔，若是者吾谓之科学精神。[73]

一个人要具备科学精神，必须具备“崇实”“贵确”两个基本要素。当时国人缺乏科学精神，“神州学风，与科学精神若两极之背驰而不相容者”，一为“好虚诞而忽近理”，二为“重文章而轻实学”，三为“笃旧说而贱特思”。此数者不去，“日日言科学，譬欲煮沙而为饭耳”。后来，任鸿隽对科学精神进行了新的阐述，除“崇实”“贵确”外，“察微”“慎断”“存疑”也是科学精神的基本特征。这五种科学精神，虽不是科学家所独有，但缺少这五种精神，绝不能成为科学家。“我们要说的完备一点，还可以把不为难阻，不为利诱等美德，也加入科学精神的条目里去。”[74]

第四，科学能扩展生活。科学不仅能提高我们的物质生活水平，而且能陶冶情操，提高我们的精神境界，完善人格。唐钺作文《科学与德行》指出，“科学固无直接进德之效，然其陶冶性灵培养德慧之功，以视美术，未遑多让”；“科学之潜移默化，能使恃气傲物之意泯灭于无形”；科学可以使“为善者知其方，施政者探其本，去头痛治头脚痛治脚之劳，收种瓜得瓜、种豆得豆之效”；“科学精神磅礴郁积，故能宝贵真理以忘其身，为近世文明之先导”；科学可以使“个人服公之心切，社会团结之力强”；科学可以“绝苟得幸免之心，而养躬行实践之德”等。[75]

第五，要完整地理解科学必须考虑科学的社会层面。科学不是孤立于社会之外的，其发展不仅需要体制化的保障，而且也受到各种社会环境因素的影响。中国科学社社员在这方面有广泛的言说，发表有《科学与教育》《科学与工业》《学会与科学》《科学与研究》等文章，特别强调创立科研机构是发展中国近代科学的不二法门。

中国科学社社员上述对科学的认知，已经认识到科学是独立于政治、工商利益之外的一种社会建制，有独特的意义与价值。这种对科学多层次的认知，完全切合后来兴起的实证主义科学社会学对科学的理解，使国人对科学的理解有了质的飞跃，知晓科学真正的本土化有待于体制化，为科学在民国时期的体制化奠定了基础。

九一八事变后，社会对科学的认知发生变异，“科学救国”思潮出现了新的变化。看到飞机炸弹的重要性后，兴起了捐款购买飞机的“航空救国”运动。以陈立夫、陈果夫兄弟为首成立的中国科学化运动协会，作为民族主义高涨的产物，更提出“研究及介绍世界科学之应用，并根据科学原理阐扬中国固有文化，以致力于中国社会之科学化”，在传播普及科学知识的同时，他们以科学原理阐扬传统文化，使中国社会科学化，与“新生活运动”、文化建设运动结合起来，对抗以胡适等为代表的“全盘西化论”，以达到民族复兴的宏大目标。这样一来，科学不仅成为救国的工具，而且成为整理宣扬传统文化的工具，也成为所谓文化保守主义者的护身符，成为反击“西化论”者的“尚方宝剑”，自然给科学增添不少外在的非科学的东西。当然，相比于保守主义者，“西化论”者更看重科学，如此一来，论争双方都将科学作为手中的利器。这种将科学仅作为工具的看法和态度，自然是对科学的误解、误读甚至误用。

科学工作者对此有清醒的认知，他们在“科学救国”呼声一再高涨之际，反思“科学救国”，对科学进行准确定位，为科学研究张目。1934 年 3 月，任鸿隽在《大公报》“星期评论”发表《科学与国防》，指出“目下的中国，提倡科学的声浪，虽然是甚嚣尘上，但科学是什么恐怕还没有真正了解”。他批评“航空救国”，指出科学不是器械。飞机虽然在作战上很重要，但正如船坚炮利不能代表科学一样，飞机也不能代表科学，“我们五十年前忽略了根本的科学而抓住机械的船炮，终于弄到一蹶不振，现在我们又专心注意于飞机，而忘记了根本的科学，其结果能比五十年前好些吗”。针对科学化运动，他指出“科学不是语言”：

此次国难的发生，国内忽然添出了无数的大小杂志，使我感觉到目前爱国志士要救国的便是去办一个报。这在国难当前，人情激昂的时候，本来是应有的现象。不过这个风气，若是波及到科学事业上去，那便是不幸之至。我们晓得，科学应该脚踏实地，做一分算一分的。若是科学家一天到晚，忙着写文章，闹什么“化”的运动，把杂志讲台上的口号，当作真正的科学事业，那便非徒无益而又有害了。[76]

竺可桢在《航空救国和科学研究》中说："我们要讲飞机救国，就得迎头赶上，要迎头赶上就非去研究大气力学和建筑风管不可。而且要制造飞机，必须有适当的原料，要谋飞机行动的安全，非有敏捷精确的天气报告不可，这又要靠地质学家、化学家、冶金学家和气象学家的研究。所以飞机救国，必须从研究科学入手。"[77]

这样，科学终于从作为救国工具、服务于"强国强种"这样宏大的目标回归到科学本来的"求知"面目，这对培养中国学术界以追求真知为目标的学术氛围非常重要，也深刻地影响了科学的本土化历程。虽然，此后科学仍然会被作为各种各样的工具被不断赋予各种各样的重任，但科学"求真"的本质特性一旦被认知，其影响和作用将不断提升。

# 第三章　科学教育体系的创立与发展

1895年12月15日，沈宗瀚生于浙江余姚一个贫寒的耕读之家，父亲和伯父都是秀才，自幼就教他四书五经和作文，预备科考。1905年科举废除，新学勃兴，他只得改弦更张，习算学等新学。1909年考入县城私立诚意高等小学堂，成绩优异得“清寒学生待遇”，1912年以第一名毕业。翌年，考取浙江省立甲种农业学校，刻苦学习，成绩优良，得免学费、膳食费和住宿费。1914年12月跳级考取北京农业专门学校预科旁听生，次年7月考入本科，1918年6月毕业。为帮补家庭，沈宗瀚在北京做家庭教师两年。经老师介绍，湖南常德植棉场有空缺，虽薪水仅为家庭教师的1/3，但专业对口，他毅然南下就职。不久再转南京江苏省立第一农校任教师。1923年8月，沈宗瀚借贷800美元自费留美，入乔治亚大学农学院，一年获硕士学位。旋转康奈尔大学，师从遗传学权威洛夫（H.H.Love），1927年获博士学位。学成回国，执教于中国近代农学发祥地之一的金陵大学农学院，积极开展科研，育成“金大2905”小麦良种等，成为著名作物遗传育种学家。他先后任中央农业实验所总技师、所长，农村复兴委员会委员、主任等，极大地影响了中国近代农学与农业的发展。

沈宗瀚的经历典型地反映了一个清寒农家子弟在一个大变革的时代，如何通过自己的努力融入国家和民族的发展历程，从而改变自己的命运；他更亲身经历了中国科学教育体系的初创与发展历程，品尝了其间的酸甜苦辣。科学教育体系的建立是科学体制化的重要方面，只有将科学作为教育内容，纳入教育系统，科学才能通过一代又一代成长起来的学生获得发展的人才基础，得到社会广泛承认、产生社会影响、获取社会地位。在科学教育的发展历程中，西方虽然很早就在大学教育中开启科学课程，并在德国大学教育体系获得空前成功，使世界科学中心从法国转移到德国，但真正将科学纳入各级教育体系并取得一席之地，直到19世纪下半叶才完成。中国在晚清新政和民国初年的新教育体系形成过程中基本上实现了科学教育的正规化，为中国科学体制化奠定了基础，为中国近代科学的发展储备了人才。

## 新学制·新课堂·新教育

正如第一章所述，洋务运动期间，无论是政府创建的洋务学堂还是教会主办的教会学校，都已经将科学作为重要的教学内容，科学教育作为当时输入传播西方近代科学的一种重要方式与途径，对中国近代科学的发展产生了相当重要的影响。但当时影响整个社会教育方向的还是传统的科举制度，新教育仅仅是“沧海之一粟”。新教育乃至西学常受到士林的“嬉笑怒骂”：“今之命为清流自居正人者，动以不谈洋务为高见。有讲求西学者，则斥之曰名教罪人，士林败类。”[1] 京师同文馆增设算学馆之争期间，满城风雨，有人以俚语笑骂“胡闹，胡闹，教人都从了天主教！”或作对句“未同而言，斯文将丧”，又曰“孔门弟子，鬼谷先生”。[2] 留美幼童中途撤回后，被当囚犯一般对待。当然，洋务运动期间的科学教育自身也存在着各种各样的缺点：

如广方言馆、同文馆，虽罗致英才，聘师教习，要亦不过只学言语文字，若夫天文、舆地、算学、化学，直不过粗习皮毛而已。他如水师武备学堂，仅设于通商口岸，为数无多，且皆未能悉照西法认真学习……况督理非人，教习充数，专精研习曾无一生，何得有杰出之士，成非常之人耶？[3]

在这种情况下，其培养的人才自然可以想见。《申报》曾评论说：

方今当事者亦尝孜孜焉讲求西学矣……乃观同文馆、方言馆、船厂局与派遣赴美都之学生，徒为洋行公司添多少买办，求其堪为钦使随员者，已难其选，未闻有俊伟秀异，超轶群伦，克自振拔，有所表现者。何也？盖学之不精也。[4]

洋务人才社会地位也很低下，根本不能与“正途”相提并论。留英的严复曾多次参加科考不中，非常郁闷，愤而以笔墨在晚清掀起波澜。同文馆首届毕业生张德彝，官至驻英大使，又曾任皇帝英文老师，但他还是带着强烈的自卑感告诫子孙：“国家以读书能文为为伍。人之子孙，或聪明，或愚鲁，必以读书为要务。”[5]

在这种情况下，要求改良科举与废除科举的呼声越来越高涨，越来越得到士林的认同。* 科举制度的废除，大致分为3个步

* “科举制度”作为一种“选官”制度，有其历史地位与作用，而且对西方的文官制度有着极大的影响。科举意味着对社会中所有读书人的平等，不问其出身、财产和地位，都可以按考试成绩来确定其未来前途。相较于“出生论”有无比的优越性，因此得到西方社会的强烈好感，也是西方学者赞美古代中国的事物之一。但面临西方“资本”伟力时，其考试内容的陈腐与无济实用表现一览无余。

骤。第一，改革科举内容。鸦片战争还未结束的1841年，就有人提出了抵抗西方侵略、增强武备的改革科举方案，要求选拔通古今历史、熟知兵书韬略、精通兵器制造与算学、洞知天文气象以及了解外国情形之人。[6] 此后不断有人提出改革方略，戊戌维新期间曾下诏废除八股试帖小楷取士，改试策论。1901年再次下令废除八股，改试时务、策论，但在具体的实施中笑料百出。1903年河南乡试，有人搜肠刮肚写不满300字而交卷，考官批曰："不远万里而来，不满三百而去，何其惜墨如金，何其挥金如土。"有人将"普相卑思马克"解读为"卑思"地名，"马克"人名。或者"卑思马克"是德国宰相俾斯麦的弟弟，他曾在某学堂当老师，被破格提拔为普鲁士宰相，但不懂政治，到德国向其兄俾斯麦请教，"随得名传一时"。[7] 第二，递减科举取士名额。庚子事变后，社会纷纷要求分年递减科举取士名额，改为学堂取士。朝廷也曾下诏递减科举中额，"以三科减尽，十年之后，概归学堂"。第三，科举制度的完全废除。无论是废八股改策论，还是递减科考取士名额，都不能适应时代需要。1905年，袁世凯、张之洞等奏请停止科举、兴办学堂。同年9月2日，光绪帝发布上谕，宣布从第二年开始停止一切科举考试，正式废除科举。*

与废除科举制度是革除旧制度相比，颁布新学制就是建设新制

* 对于科举制度的废除，一般都给予极高的评价，认为是晚清新政的标志性成就，梁启超一辈维新人士也认为这是他们对中国历史的最大贡献。但胡适等则认为废除科举制度是维新党人的第一件大罪案。1929年胡适在谈到中国人思想上的懒惰时说："学堂是造就人才的地方，科举是国家选用人才来办公家职事的方法。新式学堂可以替代老式的学堂，而不能替代国家考试用人的方法……只有新的考试制度，可以替代旧的科举制度……废了科举制度，却不曾造出一种新式的考试制度。于是这样大的一个国家，二十五年来全没有一个公道、公开的，用客观标准的文官考试制度。二十五年来，政府机关用人还是靠八行书、靠荐信、靠贿赂、靠亲戚朋友，遂造成二十五年的政治腐化的现象。"(《从思想上看中国问题》，欧阳哲生编：《胡适文集》第11册，北京大学出版社，1998年，第160页）胡适的说法也有值得思量的地方。科举制度这种选官制度本身是有价值的，问题是其考试内容需要改变。晚清在废科举建立新学制时，反而废除了这个制度，保留了"为官作宰"的精神。也就是说，应该保留的是制度形式而不是精神与内容，而晚清政府将形式与内容一同搬掉，只留下了"为官"的精神。

度。戊戌维新期间，成立京师大学堂。总理衙门奏拟章程规定，各省学堂皆归大学堂统辖；设大藏书楼，“广集中西要籍，以供士林浏览而广天下风气”；设仪器院，“集各种天算、声、光、化、电、农、矿、机器制造、动植物各种学问应用之仪器”，“以为实业考求之助”。[8] 1901 年 8 月，清政府颁布兴学诏书，鼓励兴办学堂，指出除京师大学堂应切实整顿外，各省所有在省城的书院改设大学堂，各府厅直隶州均设中学堂，各州县均设小学堂，并要求“多设蒙养学堂”。这些学堂已经初步形成了与传统教育系统相异的一个新学堂教育体系。其后，各省也相继兴办了不少学堂。据调查，1904 年江苏省已有学堂 99 所，其中高等专门学堂 8 所、中学堂 4 所、小学堂 24 所、蒙养学堂 63 所。这样一来，制定颁布新的学制不仅必要，而且有实践的基础。

1902 年 8 月 15 日，朝廷颁布《钦定学堂章程》，该年为农历壬寅年，史称“壬寅学制”，包括《京师大学堂章程》《考选入学章程》《高等学堂章程》《中学堂章程》《小学堂章程》和《蒙养堂章程》共 6 份，是为中国有史以来第一个由国家正式颁布的近代学校系统学制。壬寅学制几乎全部照抄日本学制，分三等七级。第一等三级为初等教育，第二等一级为中等教育，第三等三级为高等教育，除高等教育中的大学院年限不定外，三等六级学程共 20 年。为了发展实业教育与师范教育，设有与高等小学堂平行的简易实业学堂，与中学堂平行的中等实业学堂和师范学堂。该学制虽经颁布，但并未施行。经过修订后，于 1904 年 1 月 13 日再次颁布，称《奏定学堂章程》。因颁布时为农历 1903 年十一月二十六日，为癸卯年，史称“癸卯学制”。

与壬寅学制相比，癸卯学制将学前教育“蒙养堂”划出学校系统，延长初等、中等教育时间，改大学院为通儒院，并规定年限，整个学程延长至25—26年。师范教育分为初级师范学堂和优级师范学堂，实业教育分艺徒学堂、初等实业学堂、中等实业学堂和高等实业学堂。初步构筑了以普通教育、师范教育和实业教育为三条主干的国民教育体系。新学制的颁布，是学校教育知识体系发展的转折点，也是近代科学教育体系的创立基础。《奏定学堂章程》对普通教育的科学教育内容有如下规定：

初等小学堂7岁入学，以“启其人生应有之知识，立其明伦理爱国家之根基，并调护儿童身体，令其发育”为宗旨。科学课程有算术、格致。算术“其要义在使知日用之计算，与以自谋生计必需之知识……当先以十以内之数示以加减乘除之方，使之纯熟无误，然后渐加其数至万位而止，兼及小数；并宜授以珠算，以便将来寻常实业之用”。格致“使知动物植物矿物等类之大略形象质性，并各物与人之关系，以备有益日用生计之用 ……宜由近而远，当先以乡土格致。先就教室中器具、学校用品及庭院中动物植物矿物，渐次及于附近山林川泽之动物植物矿物，为之解说其生活变化作用，以动其博物多闻之慕念”。[9]

高等小学以“培养国民之善性，扩充国民之知识，强壮国民之身体”为宗旨。科学课程也为算术、格致。算术“使习四民皆所必需之算法，为将来自谋生计之基本……宜稍加以复杂之算术，兼使习熟运算法”。格致“使知动物植物矿物等类之形象质性，并使之知物与物之间的关系，及物与人相对之关系，可适于日用生计及各项实业之用，尤当于农业工业所关重要动植矿等物详为解说，以精密其观物察理之念”。[10]

中学堂以“施较深之普通教育，俾毕业后不仕者从事于各项实业、进取者升入各高等专门学堂均有根抵”为宗旨。科学课程有算学、博物、物理及化学。算学教师讲算术“解说务须详明，立法务须简捷，兼详运算之理，并使习熟于速算”，讲代数“贵能简明解释数理之问题”，讲几何“须详于论理，使得应用于测量求积等法”。博物教师“据实物标本得真确之知识，使适于日用生计及各项实业之用，尤当细审植物动物相互之关系，及植物动物与人生之关系”。物理“先讲物理总纲，次及力学、音学、热学、光学、电磁气”。化学“先讲无机化学中重要之诸元质及其化合物，再进则讲有机化学之初步，及有关实用重要之有机物”。教师“本诸实验，得真确之知识，使适于日用生计及实业之用”。[11]

高等学堂“令普通中学堂毕业愿求深造者入焉”，“以教大学预备科为宗旨，以各学皆有专长为成效”。高等学堂分3类，第一类为预备考入大学经学科、政法科、文学科、商科，第二类为预备考入格致科、工科、农科大学，第三类为预备医科大学。第二类通修科学课程有算学、物理、化学、地质、矿物等。[12]

大学堂以“谨遵谕旨，端正趋向，造就通才”为宗旨，以“各项学术艺能之人才足供任用”为成效。与高等学堂一样，大学堂也分为8科，其中农科大学分农学、农艺化学、林学及兽医学4门，工科大学分土木工学、机器工学、造船学等9门，医科大学分医学和药学2门，格致科分算学、星学、物理学、化学、动植物学、地质学6门。

通儒院与大学堂一样，以“谨遵谕旨，端正趋向，造就通才”为宗旨，但成效要求不同，以“中国学术日有进步，能发明新理以著成书，能制造新器以利民用”为成效，最终成为“研究各科学精深义蕴，以备著书制器之所”。

癸卯学制已经确立了比较系统而完整的科学教育课程体系，以后学制的演变基本上只是进行一定程度的修补 。学制规定仅仅是停留于纸面的条文，效果与影响要看具体实施情况。据统计，到1909

年，政府设立的大学仅京师大学堂、山西大学堂、北洋大学 3 所；高等学堂 24 所，学生 4127 人；专门学堂 83 所，学生 15720 人，其中法政学堂 47 所，学生 12282 人。[13]下以农业学堂、京师大学堂为例，具体分析新学制颁布后科学教育的发展情况。

1907 年，全国 7 所高等实业学堂中农业学堂 4 所；114 所各级实业学堂中农业学堂 51 所，占 45%左右；6783 名学生中农业学堂 2863 人，占 42%左右。1908 年、1909 年实业学堂中农业学堂分别占总数的 42%、51%，实业学生人数中农业学生人数分别占总数的 43%、48%。可见农业学堂在实业学堂中占据相当重要的地位。[14]

湖北高等农业学堂即原农务学堂，1898 年创立，1906 年开设高等正科，分农业（附蚕桑）、畜牧和森林 3 科。1902 年“天雨连绵”，农村蚕业大受影响，该学堂因掌握了科学技术，“收获颇丰”。1910 年学部复试该校林科毕业生题目反映了其教学水平。考试除森林数学、畋猎学等相关林业专业科目外，还有物理、化学、动物学等相关科目共 25 门。每门 3 题，如物理的其中 2 题为“光线射于球面镜与射于灵视 * 其区别何在”，“弹性有限制否，所加之力与所引之长有何关系”，前者为光的反射与折射，稍有光学知识即可回答，后者考察胡克定律。数学有关射影几何，为现今初中内容；农学其中两题一为“排水之利益”，一为“饲料之重要成分”。[15]

1909 年，直隶高等农业学堂的监督为附贡出身、候补道，庶务长为山东举人，监学为湖南附贡、候补县丞，其余职员 13 人，除 3 人为该学堂速成毕业生外，皆为科举制度的产物，如监生、附生等。教员 12 人，均具备一定的科学素质，主要专业课程由日本教习担任。从学堂的职员人数居然超过教员人数这样的教职工构成来看，行政机构臃肿、办事效率低下的弊病一清二楚。此外，无论是职员

* 灵视，原文中有日文注释“レンズ”，即透镜。

还是教员，科举人物均占据相当比例，一方面反映了办理新式科学学堂的不易；另一方面也说明新式学堂还是由科举人物控制，从传统教育向新式教育转变之困难可见一斑。

研究表明，晚清的新式教育，整个资产投资重点在中学堂以上的高等教育，初等学堂大多因资产短缺而处于发展无力状态。[16] 高等学堂办在京师、省城或其他重要城市，中等学堂办在直隶州府，连初等学堂也办在县城，这样的教育体制，对农业教育而言，自然隔绝了教育与实践的关系。王国维批评当时教育体制的弊病时说：

凋劣之青矜，不学之贾竖，窥一时之大势，窃兴学之美名。官以办学之人而稍加敬礼，绅乃藉官之势以肆其恣睢。小民负载之菽麦、屠宰之羊豕，几于入市皆税，无物不征。而藉以干预他事，武断乡曲者，更无论矣。长吏之于乡僻，既为耳目所不周；小民之疾学堂，殆视教会为尤甚……一邑如此，天下可知矣。[17]

北京大学的前身京师大学堂的演变充分显示了晚清科学教育的发展历程。京师大学堂筹办时计划设立算学、格致学、农学、矿学、工程学等多种科学课程，但 1898 年 12 月 31 日正式开学后，科学课程却一门未开。庚子事变中京师大学堂停办。1902 年 1 月 10 日，朝廷下令恢复。同年 10 月和 11 月，招收第一批新生，入学考试共 9 科，其中数学、物理和化学 3 科属于理科。[18]

科学方面，课程内容及教材主要由日本教习拟定。1902 年 9 月聘请东京帝国大学文科助理教授服部宇之吉、京都帝国大学法科教授严谷孙藏，分任师范馆正教习和仕学馆、进士馆正教习。服部宇之吉招聘了太田达人、杉荣三郎等日本人充任教师，他们一人或兼授数理化 3 门主课或兼授理科与语言课程，其专业性与水平可想而知。

仕学馆共开课 11 门，其中算学、博物学、物理学和舆地学 * 4 门是科学课程。科学课程约占每周 36 课时的 1/4。师范馆开课 14 门，有算学、博物学、物理学和化学 4 门科学课程，每周 36 课时中占 10—11 课时。不过，由于学生经史功底扎实，经史课以抒发议论为主，因而学生所习，实际上主要是科学知识。[19]

科学课程教学从一开始就建立在实验和观察基础之上。到 1905 年，大学堂已拥有物理、化学、博物等实验室多间，此外还有规模颇大的植物园。日本教习除在实习课上当堂操作外，还带学生实地考察。1905 年 5 月 2 日，师范馆主修博物农学科的学生在日本教师带领下，一行 34 人赴烟台海滨采集动植物标本，历时两个星期，收获颇大。受到首次外出实习成功的鼓舞，第二年，德文班学生赴煤铁工业基地湖北考察，学术氛围也很浓厚。这两次考察开中国学堂实地教学、外出实习先河，其他学堂纷纷效仿，考察之风由此渐兴。[20]

1905 年大学预科开学，学生经过数学、物理和化学考试，1909 年 4 月毕业。预科分政科和艺科，政科毕业后升入经学科、政法科、文学科和商务科，艺科毕业后升入农学、格致、工科和医科。各预科一到三年级每周的科学课程课时都有规定，政科学生每周的科学课程共 12 课时，占总课时的 1/3。艺科学生每周全部课程仅 29 课时，一年级科学课程有 20 课时，占比超过 2/3；二年级科学课程 18 课时，超过总课时的一半；三年级同二年级。可见大学预科属于普通教育，虽有政科、艺科两分，但似乎文理不分，政科（文科）学生的理科教育相当充分，这说明对科学教育已经相当重视；对未来从事科学门类的学生，课程上相当重视图画课，因为制图是从事

* 虽然“舆地学”一词来自传统，但其教学内容包括“全球大势、本国地理、外国地理、地文地质学”，相当于今天的人文地理、自然地理与地质学，有相当比例的科学内容。

科学事业的基本技能之一。[21]

1910年3月，大学堂分科大学开学。除医科推迟外，其他7科均按《奏定学堂章程》规定如期上课。农科设农学1门，格致科设地质、化学2门，工科设土木、矿冶2门。录取的387名新生中，以农学和工科2门居多。格致科仅设与实用关系密切的地质与化学2科，理论科学算学、星学（天文学）、物理都未开设，除当时相关教师可能缺乏的原因外，更反映出传统“实用理性”的作用。农科以“城西瓦窑村”为校址，罗振玉任监督。次年2月变通招生办法，招取优级师范毕业生作为补习科学生补习日语，8月正式设立本科，以补习学生升入。1912年农科大学改为北京农业专门学校，从北京大学独立出来，为今中国农业大学前身。[22]

日本科学教习合同期满后，1908—1909年全部离开，接替他们的是一批中国教员。1908年，中国教员已有6人。1910年又增聘教员10人，补充理工农各科，当年有理工农教员共12人，主要是中国人，欧洲人仅二三个。

京师大学堂培养了中国第一批各门近代科学奠基人，如数学冯祖荀，物理何育杰，化学俞同奎，生物秉志、胡先骕、邹树文等。但正如巴斯蒂夫人所说，京师大学堂对中国近代科学的重要作用，并不在于它培养了多少科学家（科学专业学生大概不到200人），其科学教育表明，它确定了两条原则。第一，“科学不分民族，不具民族特征，科学放之四海而皆准”。第二，“科学知识不分基础科学和应用科学，科学确实可分多种门类，每门学科在大学各有一席之地，且又各有其众多的应用技术，但是，科学知识和应用技术却不可分开，必须紧密结合在同一门大学课程之中”。“这些原则正是当今关于科学认识论及科学教学论的最先进的观点。可惜，辛亥革命后被人遗忘了，或者被大大冲淡了。”

对农学教育、京师大学堂科学教育的分析表明，晚清科学教育的实践与学制规定条文之间有明显差距。这自然可以想见，因为当时整个中国近代科学正如顾毓琇所言还处于吸收知识阶段，实验和探索是当时科学教育的特征，只能循序渐进，因此许多科目和课程不能立即设立。但是，无论是条文规定还是具体实践，晚清新学制的颁布及实施都为民国时期科学教育体系的最终形成夯筑了一定基础。

## 与时俱进：民国学制的演进

民国建立后，对晚清学制进行了改革，删去“忠君、尊孔、尚公、尚武、尚实”的教育宗旨，加入民主、自由的精神。学堂改称学校，废止小学读经，中学为普通教育不分科，废止奖励出身等。1912 年 9 月 3 日，公布《学校系统令》，史称“壬子学制”。次年 8 月，教育部又制订颁布了一些相关章程，对壬子学制有所修订，综合而成“壬子—癸丑学制”，一直推行到 1922 年。该学制主要加强了师范教育、实业教育，为满足社会对不同等级、不同人才的需求，增加了可以缩短年限的速成专修科、补习科、讲习科等，使整个国家的学制系统与社会需求更加切合。

壬子—癸丑学制中，除蒙养院外，设初等、中等、高等教育三级；高等教育大学分预科和本科。与高等小学平行的有乙种实业学校，与中学平行的有甲种实业学校和师范学校，与大学预科平行的有专门学校和高等师范学校。

小学以“留意儿童身心之发育，培养国民道德之基础，并授以生活所必需之知识技能”为宗旨。初小有算术，高小有算术和理科，与晚清学制相比，格致改为理科。具体内容与晚清相比，算术增加

“本国度量衡币制之要略”；理科增加“讲授物理化学上之重要现象、元素与化合物之性质，简易器械之构造作用，人身生理卫生之大要”。[23]

中学以“完足普通教育、造成健全国民”为宗旨，科学课程有数学、博物、物理、化学。数学要旨“在明数量之关系，熟习计算，并使其思虑精确……宜授以算术、代数、几何及三角法”；博物要旨“在习得天然物之知识，领悟其中相互关系及对于人生之关系……宜授以重要植物、动物、矿物、人身生理卫生之大要，兼课实验”；物理化学要旨“在习得自然现象之知识，领悟其中法则及对于人生之关系……宜授以重要现象及定律，并器械之构造作用，元素与化合物之性质，兼课实验”。[24]

专门学校以“教授高等学术、养成专门人才”为宗旨，分法政、医学、药学、农业、工业、商业、美术、音乐、商船、外国语10类。大学以“教授高深学术、养成硕学闳材、应国家需要”为宗旨，分文科、理科、法科、商科、医科、农科和工科7科，其中理科分数学、星学、理论物理学、实验物理学、化学、动物学、植物学、地质学、矿物学9门。与晚清学制相比，大学取消了经学科，理科中的物理学分为理论物理学和实验物理学，动植物学分为动物学和植物学，增加了矿物学，应该说学科的规定与划分更加合理和科学化，基本确定了现今理学院的学科分类。值得注意的是，理科有矿物学这样的设置，一方面表明当时对相关学科知识的需求；另一方面也说明对属于地质学分支学科的这门学科认知不清。

与晚清学制相比，理科所设各门课程更重视实验与实地考察，有些学科的课程安排非常合理，如地质学门有动物学及实验、植物学及实验，这是地质学门古生物学、地层学、岩相古地理等学科的基础。有些课程还没有合适的名称，如临海实验、山野演习，都可以称为“野外实习”。与今天大学的相关学科课程相比，动物学、植物学、地质学缺少数学、物理和化学方面的相关基础训练，可能是缺陷，毕竟这些学科知识是所有学科的基础。此外，据统计，地质学与矿物学两科 20 余门课程中，重复多达 17 门，可见主事者对这两个系科的设置与区分似乎也不甚了解。

壬子—癸丑学制颁布后，无论是高等教育还是初、中等教育都有一定的发展。到 1915 年，全国大学 10 所、学生 1219 人；专门学校 94 所、学生 27975 人；中学由 1912 年的 500 所、59971 人增加到 803 所、87929 人；小学由 1912 年的 86318 所、2795475 人增加到 128525 所、4140066 人。[25] 以下仍以农学教育与北京大学为例探究这一时期科学教育的具体发展情状。

新学制与癸卯学制相比，农学方面与初等农业学堂平行的是乙种农业学校，与中等农业学堂平行的是甲种农业学校，其上是专门农业学校，大学也有农科。农业教育系统与晚清在分级上并无多大区别，只是在名目上有些变更，初等为乙种、中等为甲种、高等为专门和大学农科。[26] 在专业设置、课程安排和修业年限等方面，有一些改变。如乙种、甲种农业学校预科 1 年、本科 3 年，预科比清末少 1 年。[27] 农业专门学校需为本科毕业生设研究科，年限 1 年以上。本科分农、林、兽医、蚕业、水产学等，在殖民垦荒之地设土木工学科。各科所习课程较晚清多且合理，如农学科需学数学、外国语、化学等基础课和农业专业课共 33 门，其中 3 门实验、3 门实习。并要求学校设各科实验室、实习农场及图书、器械、标本和模型等。[28]

民初农业教育在清末基础上继续发展。据统计，1912—1920 年，各类专门学校数和学生总数急剧下降，仿佛民初专门教育呈一片衰微之势，但农业专门学校的毕业生数量却相当可观。[29] 统计 1917 年全国甲种、乙种实业学校的情况可知，农业学校在各类实业学校中仍占据重要地位，甲种农业学校数虽不及实业总数的一半，但学生人数与毕业生人数几乎占到一半；乙种农业学校无论是学校数目、学生人数、毕业生人数都远远超过总数的一半。[30]

与晚清形成强烈对比的是民初农业教育地域发生了很大变化，已经开始逐步形成农业科学教育与研究中心。统计 1912—1916 年全国甲种、乙种农校，除吉林外各省都有，京师和安徽只有乙种，福建、浙江、陕西、甘肃等 10 个省只有甲种，其他甲乙皆有。山东和河南学校和学生最多，然后是湖南、湖北，江苏、浙江异军突起，特别是江苏的农校和南京高等师范农业专修科、金陵大学农林科一起发展成为中国农业科学教育与研究中心。[31]

当时大学农学本科只有北京大学农科和金陵大学农林科，北京大学农科很快就独立为北京农业专门学校。金陵大学 1914 年创办农林科，只有专业教师 4 人、学生十余人。1916 年前后陆续聘请到留美归来的邹树文、钱天鹤、谢家声等人，步入快速发展阶段，到 1920 年，毕业本科生有 43 人，蚕桑特科 42 人。1921 年，金陵大学农林科在教育部单独注册，教育部的调查报告指出："要之，该校农科成绩较著，教科设备均完备，不特为该校之特色，亦国内此项学校之楚翘。"后来成为中国农业科学发展史上最为重要的农学院，对中国农业科学的发展贡献极大。[32]

南通农业学校是由张謇兄弟创办的私立学校，主持人孙观澜。该校贯彻"棉铁主义"，注重植棉试验。所种棉花除美棉外，中棉产量也比寻常百姓的产量高出一倍有余，因此该校决定推广其先进的科学植棉方法以改良棉花生产。[33]江苏省第二农业学校属于甲种农校，1912 年创办，设农蚕两科。特别注重农业实习教育，其农业科技改良的成绩曾引起了广大农民的兴趣。[34]江苏省第一农业学校，更是集中了大量留学人才，留美硕士、中国科学社主要领导人过探先任校长，植物学教师有钱崇澍、林学教师有陈嵘、作物学教师有孙恩麐、算学教师有朱箓等。[35]中国近代许多农业科学家就是从这两所农校起步并进入农业科学殿堂的。

作为师范学校，南京高等师范不应设立农工商各种实业类专科，因此该校在申请设立农业专修科报告书中指出："本校非实业专门学校，而设农工商各种专科，似与专门各校及分科大学为无区别。但分科大学及实业专门各校造就者为学术家、企业家，而本校之所造就者为教育家。"其农业专修科程度与专门学校相同，但在科目设置与教材采用上都有些改变，实习除在学校农场外，夏天要下乡，"以养成耐劳之习惯，并增长农家之经验。一方接近农人，观察旧农业之状况，以图利用机会，灌输知识；一方将科学之理论，为真切之试验，以求良好之成绩，引起农家之信仰，异日提倡仿丹麦制，多设乡村农校"。由于该校农业专修科免费，1917年设立后招收到不少贫苦学生，其中的许多人后来都成为著名农业科学家，该科后来发展成为国立中央大学农学院，是中国最著名的农业科学研究中心之一。[36]

学校体系的创建仅仅是教育体系的一部分，师资和教科书是科学教育体系的另一重要组成部分。农业科学教育的师资力量和教学模式等，在清末民初也有一个发展变迁过程。最早的农业教育教师队伍以外国教员为主，据统计，1897—1907年农业学堂的日本教习有40多人，其中17人为农科学士，他们在各个学校充当主要课程的主讲老师，为中国农业科学教育起了一定的开创作用。[37]另外，其他类型的学校中也有日本人充当农科教习，如南京高等师范前身三（两）江师范学堂就聘有不少，但他们互相之间矛盾重重，而且本身的素质也令人怀疑。[38]

辛亥革命以后，随着欧美新教师的来临和大量留学生的归国，日本教习逐步退出教育界，同时国内学校也培养出了不少学生。1918年前后，许多农业学校和大学农科教师中，中国人已经开始唱主角。如北京农业专门学校校长为留美农学硕士金邦正、林科主任为梁希；江苏省第一农业学校校长为过探先，教员有钱崇澍、陈嵘等，他们都是中国近代农业科学或生物学发展史上彪炳史册的人物。

由于对中国实际情况不了解，外国教习当然只能根据其母国书本教授他们从老师那里学来的外国农业知识。最早回来的留学生，也不可能很快研究清楚中国的实际情况，同时许多留学生也不下苦功去实际调查研究，他们的教材仍是在国外留学的讲义，教学方法仍然是书本，与田间有隔膜。1916年邹秉文留美回国后，时任安徽甲种农业学校校长金邦正邀请他去主持安庆农业试验场，但既无试验基础也无资金；过探先聘他任江苏省第一农校推广部主任，可没有推广的材料，只要作一两篇文章鼓吹鼓吹即成。邹秉文认为，当时“全国所有农事机构、农业试验场以及农业学校……形同虚设、毫无作为……主管全国农林事业的农商部和各省省署的第四科都为新旧官僚所把持，对于利用科学改进中国农业的使命及其重要性，一无所知，更不求知”。全国农业试验总场由清朝最后一位状元刘春霖领导，农业学校的教员无论是专门学校，还是甲种、乙种学校，无论是留美归国的学生，还是国内毕业者，除了教学以外，根本没有时间和机会从事调查研究。[39]

沈宗瀚在杭州甲种农校学习时，教师多译述日文笔记充教材，完全不切合实际情况。昆虫学常以日本“千虫图解”充标本，也不带领学生外出采集，“偶采虫问之，彼即以之与千虫图解对照，加以臆测，亦从未教余等饲虫研究”；同样，园艺教员教授蔬菜也多译日文讲义，既不实地认知蔬菜，也不教授调查栽培留种等方法；

作物教员在日本学畜牧，于是译述牧草讲义，对学校周围最有名的药物作物也不提及；田间实习仅种萝卜白菜，或整地、除草、施肥而已，使他“常觉实习教员之经验远不及”他在家务农的三哥。因此从第二年起，他“对农校功课渐感不满，深恐将来只能纸上空谈，不切实际，于国何用？”于是另投考北京农业专门学校，北农预科英文、理化、博物等课，相较浙江甲种农校“为深”，但博物仍用书本及日本标本为教材，“不免失望”。教员也多以讲义及日本标本“敷衍了事”，使沈等人“殊感失望”。于是他们开始闹风潮，向学校当局提出改换不称职教员的要求，在校长金邦正的支持下，获得成功。金邦正与老师们更到食堂与学生们同桌共餐，“全校精神为之一振”。沈宗翰后来教授森林昆虫学时注重实践，有学生评议：“这个土货还比日本货好。”于是他有心得，“农科教员第一步必须以事实证明学理，第二步选择教材由近及远，否则，侈谈日本何物，美国何物，对于学生不过画饼充饥耳”。[40]

其实，正如前文所言，晚清学制规定小学生博物课就得“由近及远”，可十多年过去了，规定与具体实践的差距还是如此之大。1916 年钱崇澍回国后，先后在七八所大学教授生物学等，他到江苏第一农业学校讲授树木分类学时，常带学生到野外去观察、采集标本，大大提高了学生们的兴趣。同时他与邹秉文、邹树文等利用星期天到南京郊外采集植物标本和病虫害标本，进行科学研究，1923 年与邹秉文、胡先骕等共同编写了我国第一部生物学教材《高等植物学》。[41]

这一时期农业学校培养的大量学生对中国农业科学的发展有不可磨灭的功劳。后来有人说我国棉业改良的第一阶段——“政府提倡植棉时期”（1914—1919），由于缺乏人才，不仅各种农事试验场成果鲜见，即使引进的优良品种也因为缺少具体试验很难见到成效。

但由于农业科学教育的逐步发展及各种农业科技人才的培养，棉业改良很快进入“学校及社会团体改良时期”，由此我国棉业改良步入蓬勃发展阶段。[42]

中国科学技术协会主持编纂的《中国科学技术专家传略·农学编》第1辑相关卷册，可以为民初农业教育的成效提供一些佐证。《植物保护卷1》收有1920年前受中高等教育的农业科学家9人，其中6人接受过此时期国内农业学校教育;《作物卷1》载有1920年前受中高等教育的农业科学家8人，其中5人接受国内农业学校教育;《土壤卷1》记载1920年前受中高等教育的农业科学家4人，其中3人出身当时的农业学校。

经过进一步分析科学家们的就读院校可知，当时国内高等农业学校、中等农业学校虽然数量不少，但真正培养出人才的主要是南京的江苏第一农校、金陵大学农林科、南京高等师范农业专修科，北京农业专门学校、广东农业专门学校等也有个别成才者。无论如何，这一时期逐步建立起来的农业科学教育体系培养了相当数量的人才，他们与留学归国者一起，创建并发展了中国农业科技教育及研究。

当然，对于这一时期的农业教育乃至实业教育，也有许多批评:“受农业教育者不适于国中之农业界，受工商业教育者不适于国中之工商界……学生多供职于官商以自活，甚且弃其所学而嬉焉，则所育成皆废材也。”[43] 黄炎培将当时各级农业学校与法国农业学校作一番比较后说:“法国农业教育制度，大抵与吾国同，惟吾国以学人习惯偏重文事之故，于农业实习，格不相入，故收效独难；又以所聘教师仅受偏于理论之高等农校，而未尝从事于初步之实习。”直接后果是学生学非所用，造成失业。留学生“能实际行其所学者甚少”，教育界最多的是教育理论、教育行政、普通教育，而专业的学校教育者“寥若星辰”；化学界化学理论者多，应用化学者少，与国内实际很难相合。农场用农校毕业生，其知识、技能不如有经验的农民。[44]

这样，在急需各种人才之际，从学校毕业的学生却找不到工作，“毕业生出路不易”成为呼声。对农业学校学生来说，除少数升入高级学校外，很少有人经营田地，即使在家经营农业者，其成绩也“未必较优于若祖若父”。[45] 据说，甲种农校毕业生“除少数在农界服务外，投考法政文科，或体育者有之，就文官考试，希得一官以养身者有之，执役于学校图书馆及书记室者有之，为电灯局之庶务者亦有之。尚有一部分人，则并此种事业而亦无之，惟居家坐食而已”。[46]

当时不发达的社会经济，也影响到毕业学生的就业问题，对农业科学的教育产生了极其不利的影响。农业学校毕业生出校，“实业机关无练习之余地，社会经济无相当之助力，独立自营，能力不足，上进求学，程度不及，大多数厕身于小学教育界，无从发展其所学”，使农业学校的信誉受到了极大的损伤。[47] 当然对农业教育而言，还存在课程门类多且繁、不适合各地，教材采用困难，学校大多设在城市使学校与农村、农民相隔离等方面的问题。

1912 年，京师大学堂改称北京大学，作为当时国内高等教育的旗帜，在许多方面都走在前列。1913 年，理科数学、物理、化学门分别开始招生。1916 年，理科毕业 17 人，其中第一届物理毕业生有孙国封、丁绪宝等 5 人，也是我国最早毕业的一批物理本科毕业生。孙国封、丁绪宝留校任教，后留学芝加哥大学。1917 年蔡元培就任校长后，对北京大学进行整顿改革，改订了理科本科科学课程，扩充理科的势力。

与教育部的规定相比，北京大学对必修课、选修课进行了区分和设置，体现了发展与进步。此外，规定生物学门也要学习物理、化学等基础学科知识；大多数学科都要互相学习各自的基础，似乎也体现了科学教育方面的“通识”性；“科学史”课程的设置对于提高学生的学习兴趣、系统掌握本学科的知识有非常重要的帮助。而且选修课并不完全固定，根据学科发展“随时酌定”，表现出“与时俱进”的灵活性。

表 3–1 是 1918—1922 年北京大学理科毕业生统计表。可见，毕业生人数虽然不多，但基本上年年增长，停顿的地质系也得以恢复。毕业学生中有不少人留校或在其他高校任教，也有一些人取得重大成就，如地质系 1920 年毕业的孙云铸，1923 年毕业的赵亚曾、杨钟健、田奇㻪、侯德封等，杨钟健当选 1948 年首届中研院院士，孙云铸、田奇㻪、侯德封等都荣膺 1955 年中科院学部委员。

**表 3–1　1918—1922 年北京大学理科毕业生人数一览表**

| 年度 | 1918 | 1919 | 1920 | 1921 | 1922 |
|---|---|---|---|---|---|
| 数学 | 2 | 3 | 10 | 10 | 9 |
| 物理 | 3 | 7 | 7 | 12 | 4 |
| 化学 | | 21 | 21 | 20 | 14 |
| 地质 | 7 | | 8 | 8 | 19 |
| 合计 | 12 | 31 | 46 | 50 | 46 |

资料来源：朱有瓛主编：《中国近代学制史料》第 3 辑（下册），第 88—93 页。

## 从北大到清华：大学的进步

壬子—癸丑学制在修订晚清学制的基础上颁布，榜样仍是日本学制。随着中国社会经济的发展，特别是民族工业在第一次世界大战期间的快速发展和新文化运动的推展，大批留学欧美的学生回国后逐步在教育界和学术界取代留日学生占据了重要地位，以日本为模式的旧学制已经不能满足社会的需要，也与学界大多数欧美留学者的经验相悖。通过广泛的讨论与研究，1922 年，仿照欧美学制的“壬戌学制“出台，由此中国近代学制定型，科学教育体系也最终在条文上得以最终成型。与此前学制不同，壬戌学制是教育界、文化界共同智慧的结晶，基本反映了专家学者的意见，而不是长官意志，因此被誉为中国近代教育史上的里程碑。[48]

壬戌学制更加注重学生个性，充分考虑到平民教育与地区差别，采用美国“六、三、三、四”模式，即小学 6 年（初小 4 年、高小 2 年），中学 6 年（初中 3 年、高中 3 年），大学 4—6 年（各科依性质不同酌定）。中学实行分科制和选科制，大学取消预科、采用选科制，可以设立数科或单科。[49] 在科学教育上，初中等教育进一步加强力度，增加课时，下面以高等科学教育的演变探知科学教育体系的发展演变。

1922 年新学制颁布后，专门学校纷纷升格为大学，如北京的工业、医学、农业、法政专门学校，先后于 1922 年、1923 年改为工业、医学、农业、法政大学。1921 年到 1926 年，公私立大学由 13 所增加到 51 所，专门学校却从 76 所减少到 58 所。1926 年 7 月，教育部公布全国专门以上学校（无案报部等不列入），国立 20 所，包括北京大学、北京师范大学、北京工业大学、东南大学、同济大学等；公立 48 所，大学包括交通部南洋大学、外交部清华大学、河北大学等 9 所，专门学校有 16 所法政、8 所工业、4 所农业，其他外国语、商业、医学、矿业等 11 所；私立 24 所，大学有协和医科大学、南开大学、金陵大学、复旦大学等 15 所。[50] 可见，第一，有不少教会大学如圣约翰大学、沪江大学、东吴大学、燕京大学、齐鲁大学、岭南大学等没有到教育部备案，因而也不在统计行列；第二，无论国立、公立还是私立，高等教育可以说蓬勃发展，今天不少的所谓名校都可以找到源头；第三，法政学校与其他专科学校相比虽然还是占据相当地位，但已有相当程度的削弱。

南京国民政府成立后，对大学进行整顿，规定必须具备 3 个学院以上（其中必须有理学院或农、工、医学院各一）才能称大学，到 1936 年，教育部立案专科以上高校达 111 所。这一时期的高等科学教育体系建设有以下几个特点：第一，之前不少的大学降格为学院，如私立中国大学、朝阳大学、民国大学等；也有不少学校大变更，如北京法政大学、北京农业大学、北京工业大学等合并为北平大学；当然也有像圣约翰大学这样未立案学校不在名单之列。第二，高等教育结构分布上极端不合理，正常情况应该是金字塔形，特别是高等教育正处于初步发展阶段更应该如此，而实际情况却是倒金字塔形，大学多于独立学院，独立学院多于专科学校。第三，在学科分布上，除大学而外，独立学院有商学院、工学院、法学院、医学院、教育学院、农学院，其中医学院有 9 所，国立、省立和私立都有；专科学校学科分布更广泛，其中艺术学校国立 3 所、私立 4 所共 7 所，比例最大；相较而言，工科类院校无论是独立学院（4 所）还是专科学校（5 所）都不多，与工业化建国目标相背离。第四，从区域分布看，甘肃和新疆也有省立的独立学院，除贵州、青海等少数行省外各地区都有高校，说明各地区都在努力发展高等教育。但高校分布严重失衡，无论是国立大学还是其他门类高校，主要分布在东部地区的都市，其中，上海有 24 所之多，北平有 16 所，广州和天津各有 8 所，江苏省南京、苏州、无锡共有 9 所；另外，值得注意的是，省立 9 所独立学院中河北居然占据 5 所，说明省政府对教育的重视程度，武汉作为中部最重要的都市有 6 所，阎锡山控制的山西有 5 所，江西南昌新建 3 所专科学校，上海以私立大学为特色，北平是公立、私立平分秋色，这在一定意义上也反映了城市特色。

在高等院校不断发展的同时，科学教育作为其中最为重要的组成部分，各大学设立的相关科学系科和课程也不断完善。到 20 世纪 30 年代中期，大学本科理科所设科系有数学系、物理系、化学系、生物系、地理系、地质系、心理学系等。各高校总是想尽一切办法设立相关科系，因为各种各样的原因（或师资不够或仪器设备不足），有地质、地理、气象合并成立，有数学、物理、化学合作成立等。工科本科有土木工程学系、机械工程学系、电机工程学系、化学工程学系等。农科本科有农艺学系、农艺园艺学系、森林学系、畜牧兽医学系、园艺学系、农林化学系等。各系科开设的具体课程因师资等原因，不同的学校也不一样。分析 1935 年北京大学化学系、地质系、生物系本科开设的科学课程可知，除生物系外，各系都有毕业论文要求，这说明高等科学教育已经完全体制化，不过生物系设有植物学研究和动物学研究选修课，课程的作业是否可以作为毕业论文有待确认。

表 3–2 是 1931—1937 年全国高校理工农医本科和专科毕业学生统计一览表。可见，除 1937 年受抗战影响外，每年毕业人数不断上升，7 年间毕业人数已经接近 1.7 万人，他们是中国近代科学发展的人才基础。无论是理科还是其他各科，本科毕业生都远高于专科毕业生，这自然与前面提及的大学本科学校远多于专科学校相关；比较而言，理科专科生较少，工、农、医实用性科系专科生较多，这似乎表明理科的主要培养对象是研究型人才，他们毕业后有相当一部分人通过留学或读研究生进一步深造。在毕业生中，工科虽占据第一位，但理科本科人数与工科本科相差不多，表明民国工业化程度的低迷，也表明当时对基础科学的重视程度；农业是当时中国最为重要的支柱产业，但农科毕业生几乎与医科相当，农业近代化的实现与工业近代化一样“渺不可及”。

表 3-2　1931—1937 年全国大专以上毕业生统计表

| 年度 | | 1931 | 1932 | 1933 | 1934 | 1935 | 1936 | 1937 | 合计 |
|---|---|---|---|---|---|---|---|---|---|
| 理 | 本科 | 427 | 507 | 686 | 895 | 923 | 910 | 747 | 5095 |
| | 专科 | | | | | 32 | 25 | 33 | 90 |
| | 小计 | 427 | 507 | 686 | 895 | 955 | 935 | 780 | 5185 |
| 工 | 本科 | 779 | 725 | 785 | 955 | 941 | 982 | 812 | 5979 |
| | 专科 | 52 | 149 | 185 | 165 | 96 | 261 | 115 | 1023 |
| | 小计 | 831 | 874 | 970 | 1120 | 1037 | 1243 | 927 | 7002 |
| 农 | 本科 | 251 | 181 | 253 | 256 | 320 | 324 | 282 | 1867 |
| | 专科 | 137 | 191 | 146 | 57 | 37 | 37 | | 605 |
| | 小计 | 388 | 372 | 399 | 313 | 357 | 361 | 282 | 2472 |
| 医 | 本科 | 150 | 227 | 248 | 216 | 273 | 272 | 306 | 1692 |
| | 专科 | 58 | 32 | 99 | 93 | 113 | 129 | 93 | 617 |
| | 小计 | 208 | 259 | 347 | 309 | 386 | 401 | 399 | 2309 |
| | 总计 | 1854 | 2012 | 2402 | 2637 | 2735 | 2940 | 2388 | 16968 |

资料来源：中国第二历史档案馆编：《中华民国史档案资料汇编》第 5 辑第 1 编：《教育》(一)，第 346—354 页。

下面具体看看数学、物理、化学、生物等学科在高校的发展情况。从 1913 年北京大学率先成立数学门以来，到 1936 年全国成立数学系的大学，国立有中央大学、北京大学、清华大学、北平师范大学、浙江大学等 11 所，省立有安徽大学、河南大学、湖南大学等 6 所，私立有金陵大学、大同大学、燕京大学等 14 所，独立学院有金陵女子文理学院、福建协和学院 2 所，共 33 所学校。[51]

通过分析主要大学数学系的创办时间及20世纪30年代大致情形可知，以北京大学、清华大学为代表的北平，不仅数学系成立时间早，有历史传统，而且早先聚集了中国数学学科的创始人冯祖荀、秦汾、王仁辅、郑之蕃，后又有熊庆来、江泽涵、杨武之等到来，然后培养了程毓淮、许宝騄、华罗庚、陈省身、樊𬭎城等人，他们都是彪炳中国数学史册的人物。另一个中心浙江大学数学系虽然成立时间较晚，但团结了一批人才，有钱宝琮、陈建功、苏步青、束星北、曾炯之、王福春等人，他们在中国数学史上也有特殊地位。特别是英年早逝的王福春，是唯一获得过两次教育部学术奖金的数学家，陈建功、苏步青两人更是培养了一批功勋卓著的学生。中央大学数学系虽成立时间早，也有大批数学家在此会聚，但由于他们如流水一般，往来转换，大多在此工作时间不长，故所取得的成就就不如北平与杭州的数学家们了。上海的国立交通和暨南大学，私立大同、光华、大夏、震旦大学都设立有数学系，但无论是培养的人才还是取得的科研成就都不能与北平和杭州的数学系相提并论。[52]

其他地方无论是人才聚集、学生培养还是科研成就，也不可与北平、杭州同日而语。同时，值得注意的是，北京大学有德国青年数学家斯佩纳（Emanuel Sperner，1905—1980）、燕京大学有英国学者赖朴吾（Ernest Lapwood, 1909—1984），表征了当时中国数学的国际性。控制论创始人、有“神童”之称的数学大师维纳（Norbert Wiener，1894—1964）1935年也曾应邀来清华大学数学系和电机工程系任客座教授，指导华罗庚等从事研究，并被清华大学派充出席第十届国际数学家大会代表。

物理学方面，除北京大学外，设立物理系的还有大同大学（1919）、中央大学和南开大学（1920）、北京师范大学（1924）清华大学和燕京大学（1925）等。[53] 北京大学物理系成立后在相当长的时间内维持着国内第一物理系的地位，但随着国外高水平留学人才不断回归，大学科研日渐展开之际，却进入动荡不宁阶段，原有教师不断流失，新的人才不能招募，教学与科研水平急剧下降。1931年得中华教育文化基金董事会（以下简称“中基会”）大力资助和1933年饶毓泰出任系主任，物理系“迎来了一个辉煌的发展时期”，周同庆、朱物华、吴大猷、郑华炽等被聘为教授，招收马仕俊、郭永怀、虞福春、马大猷等为研究生，他们后来都成长为优秀的科学家。同时，北京大学物理系在科学研究上也取得了极大成就，部分研究工作已经接近国际前沿。[54] 清华大学物理系在叶企孙的领导下，先后聘请吴有训、萨本栋、周培源、赵忠尧、黄子卿、任之恭等名家，师资力量国内首屈一指。叶企孙也非常重视物理实验教学，在创办的最初6年中建立了7个物理实验室、1个金工场和1个木工场，除一般常备实验设备外，还有X射线设备、γ射线设备和光谱仪、示波器等。

1929年清华大学率先在国内成立物理研究所招收研究生，教师也重视科学研究工作，培养了大批优秀学生，诸如王淦昌、周同庆、施士元、冯秉铨、赵九章等。严济慈在1935年列举了清华大学本科和研究部所开的物理课程后说：“其筹设周详，应有尽有，恐非法之巴黎，英之剑桥所能媲美。迩近我国大学毕业生，已有能在国内从事研究著有成绩者，我国物理学之独立，为期当不远矣。”[55] 物理教育的快速发展，已经能够使中国物理学的发展走向独立自主的道路，说明了科学教育的发展对后发展国家科学发展的重要性。吴大猷也回忆说，抗战爆发前的北平学界，虽“无日不在日本军力及政治压力下，然……学术气氛则甚高昂”。物理学方面，清华大学、北京大学、燕京大学，“不仅其教学较民国初年大有进步，而且‘研究’工作，亦迅速由萌芽展开”。并于1935年开始，北京大学、清华大学、北平研究院组成联合物理讨论会，每月轮流在三处举行，“可谓开我国此项研讨会之先”。[56]

1926—1937 年中国化学科学教育得到了迅速发展。[57] 到 1936 年设立化学系的学校，国立大学有中央大学、北京大学、清华大学、北平师范大学等，省立大学有安徽大学、河南大学、湖南大学等，私立大学有金陵大学、东吴大学、复旦大学等，私立独立学院有金陵女子文理学院、之江文理学院等。[58] 可见当时大多数高等学校都设立有专门的化学系科，由曾昭抡、邱宗岳、张准、戴安邦、裘维裕等担任负责人。1935 年曾昭抡曾说：

自 1929 年以后，国内化学教育，亦有极大之进步。即在十年前，各学校之化学设备，仍极感缺乏。彼时在专科以上学校中，所有设备，以之教学，尚感困难，研究更谈不上……迄至今日，国内已有若干学校（如清华大学、北京大学等），其化学上之物质设备，较之西洋之第二流大学，已无愧色；在研究精深上，尤有过之无不及。即经费较紧之私立学校，其进步亦大有可观。[59]

生物学由于具有地方性特征，发展较早且成就卓著。到 1933 年，国内设有生物学系、“聘用专门人才，具有相当之设备”、讲授生物学课程的大学，有北京大学、清华大学、燕京大学、中央大学、香港大学等 30 所。“上述各校，每系均有固定之预算，并占有科学馆之一部或全部”，“各系之课程，不外以下列各项为标准：（一）养成大中学之生物学教师人才；（二）教授生物学课程，为农学、医学、看护学、公共卫生学、家政学，或其他职业科学之预备；（三）培养专门人才，作生物学之专门研究”。[60]

对于当时各门科学的发展，中国植物学宗师、当时学界甚有影响的学者胡先骕，1936 年曾发表文章说：

吾国近年之各种科学研究，首以有地域性者为最为发达，地质学之研究肇始最早，二十年来，日有长足之进行，尤以古生物学之研究蜚声于世，北京人之发现，堪称为中国科学界最大之贡献焉。生物学发轫虽稍迟，而以从事者众，进步之速，非一般社会所能臆及者，如方炳文先生之于中国之爬崖鱼，秦仁昌先生之于中国与喜马拉耶之蕨类，欧阳翥、卢于道二先生之于神经学，林可胜、吴宪二先生之于动物生理，汤佩松先生之于植物生理，皆已世界知名矣。气象学虽少重要之发明，而测候所遍于全国，材料搜集日多，成绩之多可以预卜。至于普通性之科学，虽难与先进诸邦争一日之短长，然物理学界人才辈出，化学家贡献亦多，天文学最为后期，然亦初具规模矣。

对于应用科学，胡先骕也有高度评价，他指出稻麦育种成绩可以与地质学媲美，“竟在日本之上”。更令他这一辈高兴的是接续他们的青年科学家的“努力与成就”：他们“不避艰苦，公以忘身之精神”，“每每非外人所及知”，“皆天资颖异，卓有锲而不舍之精神，著手既高，成绩自见，苟能长此自强不息，则平视东邻，仰追欧美殆非难事矣”。[61] 正是通过代代科学教育工作者的努力，中国科学教育在 20 世纪 30 年代取得突飞猛进的发展，为中国近代科学的稳步发展与本土化奠定了极为雄厚的基础。

## “让科学说中国话”：教材的编写与统一

随着科学教育的发展，人们越来越认识到科学教材特别是大学科学教材建设的重要，“让科学说中国话”成为一股潮流，因此对大学科学教材建设起到极为重要的促进作用。1930年5月，蔡元培为白季眉（1895—1966）编著的《普通测量学》教本作序说：

我国自海通以来，治科学者，或远适异国，分科研求；或延聘名师，来华讲授。其间固不乏通儒硕彦，本其邃密之学术，发为伟大之事功。然比之欧美各国，瞠乎其后，其何故欤？盖其所学西籍，所用者西文，未足以广布而久传也。各种科学，惟少数者知之，后代之人，无由习也。如是而言学术，谓之其人之学术则可，谓之其国之学术则不可。犹之贷物于人，逾日而偿之，虽得一时据为己有，然非我固有之物也；而欲用得其宜，尽其利，不亦戛戛其难乎？[62]

蔡元培将中国科学发展的缓慢归结为科学家们没有尽快地将他们研究的成果用中文表达出来，以使社会明晓并供社会利用，利用西文写作与发表的成果仅仅是“其各人之学术”，而非“国家之学术”。由此出发，蔡元培进一步提出“国化教科书”。1931年4月，他在大东书局新厦落成开幕礼的演讲时指出，“国化教科书”就是要将各学校所用教科书除外国文以外，全改用中文出版，亦即“Nationalized textbook”。他认为当时中国学校自高中以上，各种教科书特别是自然科学利用外文教科书，“这固然是我们文化落伍的国家，想得到现代知识所用的苦法子。但吾人终须认为这是不得已的过渡办法。倘若将这种不良状况长时间的展延下去，则吾国学子所受的损失，将不可言喻”。其有几大弊端，一是“靡费时间与脑力”，青年学生应该花力气去掌握各种知识时，却将大量的时间花费在学习外文上；二是“与国情不适合”，外文教材多取用外国之实例，与中国国情有隔膜，因此不仅学生学习不好，即学后也不能与现实社会联系；三是“足为普及教育的障碍”，要学好外文，需花大力气，而这又不是一般学生所能达到的，“结果初中毕业而能够升学的学生，寥寥可数。实为吾国所最需要的普及教育以重大的打击”，“两年前政府毅然取消小学校的英文课程，也是这个用意”。[63]

1931 年 9—12 月，国联教育考察团对中国教育全面考察后，在其调查报告中也指出：“中国大学对于外国材料之应用，似嫌过度，而中国大学教育之一切事物，似有更加中国化之必要也……不但学生所读之书，大半仍为外国课本，即用以说明原理之例证以及教师指导学生研究之题目，亦多采自西洋，此实大可惊异者。”[64] 1933 年 7 月，任鸿隽发表文章说他们的一个调查表明，在大学一年级理科《普通物理学》《普通化学》各 20 种教材中，各仅有一种为中文，13 种《普通生物学》中也仅有两种为中文，12 种《算学》中居然没有一本为中文。造成这种状况的原因有二：

一是教者及学生们还不曾摆脱崇拜西文的心理，以为凡学科能用西文原书教授，便可以显得它的程度特别高深。于是即使在中文里有同样可用的书，他们也宁愿舍中而用西。二是中文出版的书实在太差了，而且选择又少，不容易满足各个学校的特别需求，所以不得不取材于异域。

任鸿隽以为第二个原因“更重要些”，因为当时生物学相比而言更为发达，中文教科书也相对较多，所以大学选用也就多些，“这不是证明我们只要有相当的努力，不怕没有结果吗？”[65] 最先对这一社会需求与社会潮流予以反映、作出“努力”的是商务印书馆总经理王云五。1931 年 9 月，他撰文提出编撰“大学教科书”的想法：

国内各大学之不能不采用外国文图书者，自以本国无相当图书可用；而其弊凡任高等教育者皆能言之。本馆见近年日本学术之能独立，由于广译欧美专门著作与鼓励本国专门著作；窃不自量，愿为前驱，与国内各学术机关各学者合作，从事于高深著作之译撰，期次第供献于国人。[66]

这一计划终于在“一·二八”事变后商务的“复兴编辑计划”中得以实现。1932年10月，王云五向国内著名学者教授去函，提出编写大学教科书即“大学丛书”的意义，请他们担任“大学丛书”委员会委员：

敝馆所以有“大学丛书”之出版计划，其理由有二。敝馆以为吾国专门学术之不能长足进步，原因虽多，而缺乏本国文之专门著作，实为主因之一。加以近年因金贵关系，学生负担过重，更无力多购西文参考用书。因是凡在大学肄业者，或以经济关系而无书可读，或以文字关系而事倍功半；此中困难，服务高等教育机关者类能道之。[67]

王云五组织了一个以蔡元培为主任的庞大委员会，其中有不少人是著名科学家或科学推进者，如丁燮林、任鸿隽、李四光、李书华、周仁、秉志、竺可桢、姜立夫、翁文灏、郭任远、陈裕光等，委员会的主要工作有拟定书目、征集书稿与审定书稿。商务印书馆与不少大学和学术社团签订了“大学丛书”出版合同，稿件来源主要有商务之前出版的著作和丛书、向学者约稿、各委员推荐与征集。李四光曾两次致函王云五推荐何作霖的《光性矿物学》一书，认为其“极合现今各高等及大学程度”，最终该书收入“大学丛书”出版。丁绪贤的《化学史通论》成为“大学丛书”，与郑贞文的推荐有极大关系。委员们的审稿也极其认真负责，中国近代数学奠基人姜立夫虽然先后审查了吴在渊著的《数论初步》、萧君绛译的《群论》、幹仙椿译的《方程式论》等多部书稿，但委托他审查《高级统计学》这个非自己擅长学科时，他立马将书稿奉还，商务印书馆只得另请高明，经蔡元培推介，找到了曾在英国学习过统计学的人类学家、中央研究院史语所研究员吴定良。[68]

商务印书馆“大学丛书”5年间共出版265种，每年50余种，超过计划。其中，理学39种（数学最多有18种）、农学12种、工学41种、医学10种，共102种。[69]超过百种的中文科学教科书初步构建起当时大学理、工、农、医各院系教材体系，为大学科学教材的建设作出了重要贡献，其中不少书已成为经典，影响甚为深远。如萨本栋的《普通物理学》和《普通物理学实验》二书，“一问世便被各大学选用”，1940年成为教育部部定教材，在国内流行使用20多年。[70]其最突出的特征是吸收当时世界物理学最新知识，力学、声学、光学、热学、电学的内容划分与编排，一直沿用至今。

商务印书馆“大学丛书”出版后，国立北京大学、武汉大学、四川大学等，省立安徽大学、云南大学等，私立厦门大学等纷纷选用其作为相关课程的教材或教学参考书。一个广大的市场由此被开发，激起一股编印出版大学教材热潮，形成了近代高等教育史上一场具有深远影响的大学教科书“中国化”运动，中华书局、世界书局、正中书局等纷纷跟进，它们的成效与影响自然不能与商务印书馆相提并论。中华书局“大学用书”1936年开始出版，作者多为大学教授、学者，就“试教多年的教本讲义及翻译的东西方名著、著名大学的教本编撰而成”。据舒新城所说，“大学用书”的主张在中华“不大作”，目的只是“将‘大学用书’之名叫出去，使人知道我非无大学用书，只是一般人不用耳”。[71] 全面抗战爆发前，出版相关科学类图书仅《代数方程式论》《史前人类》《高等植物分类学》《微积分学》《普通化学》《普通化学实验》等 6 种。世界书局“大学用书”绝大多数由书局工作人员在高校课程设置的基础上与高校教师约定编辑，没有专门委员会予以审查和修订，因此其涵盖范围和学术成就远不及“大学丛书”。这些书集中出版于 1932—1935 年，大致有 140 种，其中相关科学用书仅数理 9 种、地理学 3 种、心理学 3 种。与商务、中华、世界书局这些民间出版机构不同，陈立夫主持成立的正中书局完全属于党务出版社。1934 年也开始尝试大学教科书的出版，很少涉及自然科学。作为党务出版社，自然与政府关系紧密，在陈立夫担任教育部部长对大学教材实行统一过程中，正中书局取代商务印书馆成为大学教科书出版的第一大户。

1938 年 3 月，陈立夫接替王世杰出任教育部长。他发现大学“大都像外国租界，这个完全采德国学制，那个完全采法国学制，其他不是采美国制，即是采英国制……课程五花八门，毫无标准，有关中国历史的部门为最缺乏，学政治或经济的不读中国政治或经济制度史，读农的不读中国农业史，国文更是最不注重的一门功课了”。[72] 于是，他借“教育为抗战建国”服务的崇高目标再次行其教育统制计划，其中课程统一是最基本的步骤。1939 年 2 月，教育部颁布整理大学课程的三个原则：一是统一标准，二是注重基本训练，三是注重精要科目（对所设科目予以整理与集中，使学生对一种学科的精要科目有充分的修养而有融会贯通的精神）；规定共同必修、分院必修及分系必修及选修各类。[73] 陈立夫自己在回忆录中津津乐道的举措，从前面北京大学的课程设置演变看，似乎并无奇特之处。课程标准统一之后，自然要落实，编撰统一的教材成为最为重要的抓手，由此开始了轰轰烈烈的“部定大学用书”的编辑与出版。

1939年11月，教育部训令国立编译馆称："查大学各学院分院共同必修科目及各学系分系必修及选修科目，均经本部先后制定颁发施行，各科目所用之教科参考用书，关系各大学学生程度至为重要。大学用书之编译，实为刻不容缓。应即指定该馆主持办理。"[74] 1940年3月，教育部成立部定大学用书编辑委员会，聘请"各校教授及曾为教授而于某一科目学有专长、素受社会推重者"担任委员，分聘任及当然两种，前后共计53人之多。聘任委员中科学领域的有沈宗瀚、李四光、孙光远、严济慈、曾昭抡、钱崇澍、顾毓琇、茅以升、刘仙洲等。1942年，部定大学用书编辑委员会改隶国立编译馆。

教育部不仅在专家组成上模仿商务印书馆，在编撰方式上也学习商务，其稿源也分公开征求、特约撰述与采用成书3种办法。到1943年，出版特约撰述58种、公开征求88种、采用成书17种共163种，[75] 萨本栋的《普通物理学》、姚永政的《人体寄生虫学》、刘仙洲的《机械原理》、陆志鸿的《工程力学》等都曾作为成书入选。据教育部统计，1940—1947年，委员会征得书稿331种，经审查不予采用192种，[76] 淘汰率之高显而易见。当然，部定大学用书到底出版了多少，至今没有定论。研究表明，1940—1946年，商务印书馆出版了43种，其中理学20多种，诸如周绍濂的《曲面几何》《微分几何》，赵访熊的《高等微积分》等。正中书局出版34种，其中工学18种，诸如梁守槃的《内燃机》，刘仙洲的《热力工程》，萨本栋的《交流电路》，柏实义的《飞机性能学》《空气动力学》等；农学4种，如陈植的《造林学原论》，孙逢吉的《棉作学》等。[77]

陈立夫后来回忆说，1938—1944年出任教育部部长是他一生中最有意义的生命历程，对于大学课程的整理与教材的统一，他也不无得意地说："此种措施，对于学术之中国化，也即是对于所谓收回文化租界，为基本要图。”当然，他也不得不承认，“大学用书与教科书不同，只供大学教员学生之采用或参考，并未限制各校必须采用为课本，当时也有一部分学者专家，以为妨害讲学与研究的自由，实为误会”。[78]他轻描淡写的所谓“误会”，在当时可并非如此之“风淡云清”。他统一大学课程及考核学生成绩的部颁规定遭到西南联大师生的反对。1940年6月，联大公函反驳，其中称：

部中重视高等教育，故指示不厌其详，但准此以往则大学将直等于教育部高等司中一科，同人不敏，窃有未喻。夫大学为最高学府，包罗万象，要当同归而殊途，一致而百虑，岂可以刻板文章，勒令从同。世界各著名大学之课程表，未有千篇一律者；即同一课程，各大学所授之内容亦未有一成不变者。惟其如是，所以能推陈出新，而学术乃可日臻进步也。如牛津、剑桥即在同一大学之中，其各学院之内容亦大不相同，彼岂不能令其整齐划一，知其不可亦不必也……教育部为政府机关，当局时有进退；大学百年树人，政策设施宜常不宜变。若大学内部甚至一课程之兴废亦须听命于教部，则必将受部中当局进退之影响，朝令夕改，其何以策研究之进行，肃学生之视听，而坚其心志……师严而后道尊，亦可谓道尊而后师严。今教授所授之课程，必经教部之指定，其课程之内容亦须经教部之核准，使教授在学生心目中为教育部一科员之不若，在教授固已不能自展其才；在学生尤启轻视教授之念……教部今日之司员多为昨日之教授，在学校则一筹不准其自展，在部中则忽然智周于万物。人非至圣，何能如此？[79]

平心而论，正如西南联大的公函所言，教育部的统一课程与教材等规定，“或系专为比较落后之大学而发，欲为之树立一标准，以便策其上进”，真是“别有苦心，亦可共谅”。但之所以有不同程度与不同类别的大学存在，就是为了展现学术的不同样态，如果所有大学的课程与教材都趋同，那么不同特色大学的存在似乎也就没有必要了。更为重要的是，西南联大的公函对教育部官员的“不屑”更表现了他们追求学术独立的态度与精神。当然，陈立夫的这些举措并不完全都是为了教育大业与学术发展，他由此控制教育界进而实行思想统一的目的昭然若揭，并引起时人的忧惧。同年 9 月 17 日，时任中央研究院心理研究所所长的汪敬熙致函驻美大使胡适，谈及国内政治日益压制学术的现状，目标直指教育部：

教育当局是专提倡“实用”和专计划“统制”……刻下，处处是提倡“实用”，然而造就出来的人大多数是“无用”。“统制”是日甚一日。大部一个密令，学校就不得聘某某为教授。将来有学术界的人不得透一口气的日子。思想岂是可以统一的，岂是可以压制的！熙以为最好部里制成多套的有声电影发给各大学，那样学生课课有电影看，而部里也可收统制齐一的效果。[80]

陈立夫统制思想的野心也为在华外国人所看透，时为美国来华外交人员的费正清因为陈立夫对留学生思想的管控，回国后在哈佛大学等学校引发反陈立夫运动，使陈立夫对他愤恨不已。[81] 其实，费正清以为蒋介石任命陈立夫任教育部部长就是“迈向教育政治化的一个重要步骤，因此遭到了那些对国民党全无好感的北京自由主义教育者的强烈不满”。[82]

对陈立夫所实施的课程统制，费正清通过观察其效果，进而认知到国民政府的弊害之所在：

问题的实质在教育部试图控制各个高等院校的课程内容一事上显现出来。一方面，教育部发布指令规定必须讲授的课程，而另一方面，讲授该课程的教师则自行教授自认为更好的内容。而对于教育部发号施令没有人提出任何质疑，同样，教师应该按照规定教学也无人质疑。于是双方默认这样一种无效的状况。即使政府有好的想法，也无法保证其实施。情况很快恶化为一个人的独角戏，即部长想要做某件事，只有他的支持者和朋友附和，其他人则避而远之，并不照办。[83]

正如前面所述，对于陈立夫的作为，西南联大有质疑与抗争，但费正清的观察实在是精准透彻，真实反映了当时社会对“倒行逆施”的态度。

当然，自20世纪30年代初期就已开启的“大学教科书中国化”，因为社会政治变动与中国科学自身的发展现状，并没有随着商务印书馆等出版机构及教育部的努力就目标达成。抗战后期，一批幽居上海的科学家在实业家章荣初的资助下从事学术工作，他们认为“国内外文化界中最感贫乏者，莫过于大学所需严正科学之教本；补救之道则莫善于移译国外名著。盖泰西名家著述既正确可靠，且由经验所积，深合讲授之用”。[84] 他们所译多种数学、物理、化学图书，战后以“乙酉学社丛书”为名被中华书局列入“大学用书”出版。[85] 中国科学社创设的中国科学图书仪器公司，在战后内战的艰难困苦中，“鉴于我国过去各学校采用欧美教本，以价格奇高，一般学子无力购买，且依赖外国教本不适我国国情，终非善策。故际此国步艰难，百业凋零，仍不惜巨资，编纂大学用书，以为倡导”，推出其“大学用书”，“其办法以译为第一步，编为第二步，著为第三步”。[86] 中国大学科学教材的建设可谓任重道远。

# 第四章　科学名词的审定与统一

术语是学术交流、传播的基础，是学术发展不可或缺的重要工具。中国近代科学通过引进西方科学而逐步发展起来，翻译成为其间最重要的环节，对科学术语译名的确定因而成为最基本的工作。除极少数科学名词和术语可以找到对应的中文名称外，大多数的名词和术语必须另创新词。近代西方科学输入中国以来，译者或意译或音译，随着译者日众、译书译文日多，彼此所用名词自然难以一致，同一科学术语在不同的文章或不同译书中以不同的中文名出现，甚或同一书中前后译名也不一样，读者“不独读之难、记之艰，实使学者不能顾名思义”。[1] 这极不利于科学交流与传播，因此，科学名词的审定和统一成为关乎中国近代科学发展的大事。

有人说：“苟欲图存，非急起直追，谋理化学之发展不为功。发展之道，首在统一名词。否则纷歧舛错，有志者多耗脑力，畏难者或且望望然去之。如是而欲冀其进步，殆无异南辕而北辙焉。”[2] 也有人说：“译名的不统一，甚至没有译名，实在是中国文化进步的最大障碍。”[3] 正是认识到科学名词术语审定统一的重要性，晚清以来不断有人和民间组织长期致力于这一工作。政府也顺应时代需求承担起这一重任，南京国民政府成立后，创设国立编译馆专门负责这一工作。

中国近代科学名词术语的审定统一并不完全是一项学术事业，其间的困苦艰难、分分合合与利益冲突也体现了学术发展与社会变迁的关系。“合作”是名词术语审定统一的应有之义，“矛盾”是事物发展的动力，名词术语审定工作也不例外，合作与矛盾冲突自始至终贯穿于整个名词术语审定统一的过程中，只不过在不同阶段以不同形式呈现不同特征。

近代科学名词术语审定统一工作，大致可以划分为 3 个阶段，分别为晚清西人与国人的努力、北京政府时期民间组织的工作、南京国民政府时期政府与专门学术团体的合作努力。

## 中西学人肇其端

早期来华传教士在传播西学的过程中已经注意到译名问题。[4] 1834 年在广州成立的益智会（The Society for the Diffusion of Useful Knowledge in China）就拟编辑已有科学名词译名，然后加以选择，厘定标准。鸦片战争以后，首先注意到译名问题的国人是徐继畬。他在 1848 年编就的《瀛环志略》中说：

> 外国地名最难辨识，十人译之而十异，一人译之而前后或异，盖外国同音字者无两字，而中国则同音者或数十字。外国有两字合音，三字合音，而中国无此种字，故以汉字书番语，其不能吻合者，本居十之七八，而泰西人学汉文者，皆居粤东，粤东土语本非汉文正音，展转淆讹，遂至不可辨识。[5]

当时国人著作中牵涉的译名问题主要是地名、国名等，基本上用注释的办法解决。随着科学书籍的大量翻译，遇到了更多名词术语。早期，一些西人如合信、玛高温（D. J. Macgowen，1814—1893）、伟烈亚力等在翻译过程中基本上自行其是，各自创造新译名。大量不加解释的新术语为阅读带来了极大的困难，译者们也注意到了这一问题。他们往往在译著后面附录译名对照表，或者汇集为单行本出版。如美国浸礼会医生德万（T. T. Devan）1847 年在中国在香港出版的《中国语启蒙》就收录有英汉对照的解剖学、药物和疾病的名词和术语，1858 年和 1861 年该书两次修订和增补，是医学译名的第一次统一尝试。[6] 专门术语译名表以合信的《医学英华字释》为最早，刊于 1858 年，全书共 74 页，汇集了合信翻译《西医五种》所用专门术语，分类排列，依次为解剖学、内科、外科病症名目、外科手术器具、妇科、儿科和西医术语，最后是科学基本常识的“博物之理”。

真正注意到统一译名问题的是江南制造局翻译馆。主持其事的傅兰雅说，“译西书第一要事为名目”，“西人在华初译格致各书时，若留意于名目，互相同意，则用者初时能稳妥，后亦不必大更改”。因此，翻译馆中西学人都深知“名目为难，欲设法以定之”，讨论多时，拟定译名原则三条：

（一）华文已有之名。设拟一名目为华文已有者，而字典内无处可察，则有二法：一、可察中国已有之格致或工艺等书，并前在中国之天主教师及近来耶稣教师诸人所著格致、工艺等书。二、可访问中国客商或制造或工艺等应知此名目等人。

（二）创设新名。若华文果无此名，必须另设新者，则有三法：一、以平常字外加偏旁而为新名，仍读本音，如镁、钟、硛、矽等；或以字典内不常用之字释以新义而为新名，如铂、钾、钴、锌等。

二、用数字解释某物，即以此解释为新名，而字数以少为妙，如养气、轻气、火轮船、风雨表等是也。三、用华字写其西名，以官音为主，而西字各音亦代以常用相同之华字，凡前译书人已惯用者则袭之，华人可一见而知为西名；所已设之新名，不过暂为试用，若后能察得中国已有古名，或见所设者不妥，则可更易。

（三）作中西名目字汇。凡译书时所设新名，无论为事物人地等名，皆宜随时录于华英小薄，后刊书时可附书末，以便阅者核察西书或问诸西人。而各书内所有之名，宜汇成总书，制成大部，则以后译书者有所核察，可免混名之弊。[7]

非常可惜，上述译名原则，翻译馆内译书也没有完全遵守，“故各人所译西书常有混名之弊，将来甚难更正。若翻译时配准各名，则费功小而获益大”。因此，傅兰雅希望“馆内译书之中西人以此义为要务。用相同之名，则所译之书，益尤大焉”。[8]尽管如此，该馆还是在译名统一上做了不少工作，并取得了不少成效，后来益智书会早期的译名统一成果就是以该馆工作为基础的。王树槐先生说：“以该馆为政府机关，所定译名亦较合理，对于后来译名的统一，极具影响。”[9]

1872年，美国公理会传教士卢公明（J. Doolittle, 1824—1880）编成《英华萃林韵府》，第三部分汇集了在华外人提供的专门译名表，集中反映了截至1872年的科学名词术语的翻译情况，这些译名虽不足以作为当时的标准译名，但大都是当时较好、较通行的译名，因而对科学术语的统一有一定的意义，相关科学术语部分有数学、天文学、物理、化学、力学、矿物学、地质学、地理学、分类药物、解剖学、生理学、机械和航海词汇等。面临自行其是的混乱局面，进行合作以求统一名词术语自然成为从事西学传播宣扬者们的共同愿望。

晚清对科学名词术语的统一用力最多、影响最大的应是传教士组织的益智书会。1877 年 5 月，在华基督教新教在上海召开全国大会，议决成立“学校教科书委员会”（The School and Textbook Series Committee），中文名为益智书会。* 主要成员有丁韪良、韦廉臣（A. Williamson，1829—1890）、狄考文（C. W. Mateer，1836—1908）、林乐知（Y. J. Allen，1836—1907）等，他们邀请傅兰雅为会员，主要目的是为教会学校编撰初、高级两套教科书，分别由傅兰雅和林乐知负责，并要求两套教科书译名必须一致，这样统一译名便成为应有之义。该会还要求会员们广泛收集中文译著和中文原著，将其中术语列表，以备编辑总术语表。同时还通知译著者，请他们在译著时将名词和术语记下送往益智书会审查，如译名不当，由益智书会另行拟定并通知译著者，若译著者坚持自己译名请注明益智书会译名，以供读者参考。益智书会对统一译名工作进行了分工，工艺制造方面傅兰雅负责，地理名词林乐知编辑，天文数理方面伟烈亚力负责，麦嘉缔（D. Macartee，1820—1900）收集日文有关译著名词术语。益智书会成立不久，狄考文发表文章讨论了名词术语的翻译问题，批评了当时一些译著者避免使用术语的做法。他指出，每一门科学都有自己的一套专门术语，要把这门科学输入中国，不用专门术语而能准确输入是不可想象的。他认为术语翻译一是应简短，二是方便适用，三是同类术语要相互协调一致，四是每拟一新术语要给出准确定义。[10]

虽有这样周密的考虑，但益智书会的术语统一工作进展却不尽如人意。1877 年下半年，先是伟烈亚力因病回英国，不久麦嘉缔去

* 1890 年改组，英文名为“Educational Association of China”，中文名仍称益智书会。1902 年，改名中国学塾会，1905 年改名中国教育会，1916 年改为中国基督教教育会。

日本，他们承担的工作完全落空。到 1880 年，益智书会通过了以《英华萃林韵府》中伟烈亚力编译的数学、天文、力学术语和恒星表为相关学科的标准译名的议案；傅兰雅也提供了他在江南制造局积累的各种术语，并希望益智书会出版。到 1890 年，益智书会在译名统一方面所取得的成就，也就是江南制造局出版的下列四种专门术语表:《金石中西名目表》《化学材料中西名目表》《西药大成药品中西名目表》和《汽机中西名目表》。

随着翻译著作日渐增多，译名的混乱有增无减，而益智书会的译名统一工作与预期计划完全不能匹配。1890 年，在华基督教新教第二次大会召开，傅兰雅应邀作了题为“科技术语：当前的歧意与寻求统一的方法”的演讲，针对一些传教士认为西方科学不能用中文表达，只能用西文表达的观点，指出只要充分掌握汉语，了解中国丰富的文化遗产，西方科学就不难用中文表述。他向大会介绍了江南制造局的译书经验，认为音译最不可取，除非万不得已不用该方法；描述性的译名最为中国读者接受，音译与意译相结合也有其优势，并提出了自己的科学术语的译名原则：

> 第一，尽可能译意，而不是译音；第二,万一不能译意，则要尽量用合适的汉字音译，建立一个音译系统，基本词素的音译字要固定，要用官话音译；第三，新术语应尽可能同汉语本来的形式建构相一致；第四，译名应简练；第五，译名应予以准确定义；第六，译名在各种场合都要符合原意，不致矛盾；第七，译名应有灵活性。

在演讲中，傅兰雅还建议成立专门委员会统一译名，议定译名原则；委员会聘定适当人选拟定科学名词；编撰科学辞典；请译著者遵循益智书会所订立标准。[11]

1891 年，益智书会在上海召开会议，议决出版委员会负责专门术语的译名统一，由狄考文、傅兰雅、李安德（L. Pilcher, 1848—1893）、谢卫楼（D. Z. Sheffield, 1834—1913）、潘慎文（A. P. Parker, 1850—1924）组成，各负责相关学科的译名统一。出版委员会制订了统一术语章程，但工作进展实在太慢，1896 年益智书会第二次大会上，傅兰雅发表《中国科技术语展望》，再次呼吁重视译名的统一问题，引起了与会者的重视。会后成立了由狄考文、赫士（W. M. Hayes）、潘慎文、嘉约翰、师图尔（G. A. Stuart, 1859—1911）等组成的科技术语委员会，负责术语统一。由于不久傅兰雅赴美任教，统一工作主要由狄考文、赫士、师图尔负责。益智书会 1898 年发表《修订化学元素表》，1901 年出版《化学术语与命名法》，1904 年出版《术语辞汇》。至此，益智书会的译名统一工作基本完成。在化学元素的译名上，委员们不顾傅兰雅与徐寿译名系统的广泛使用，新造了 30 多个译名，但后来没有被读者接受，首次对无机化合物进行系统命名，比江南制造局译书进步不少。《术语辞汇》更是汇集了 19 世纪中期到 20 世纪初期的 12000 多个科技术语的不同译名。[12]

博医会是晚清从事译名统一的另一个传教士组织，主要关注医学名词。1886 年，传教士医生在上海成立博医会（China Medical Missionary Association）。1890 年举行第一次大会，医学译名统一成为会议中心议题之一，大会成立了由嘉约翰、威尔逊（W. Wilson）、亨特（S. A. Hunter）、波特（H. P. Porter）、高似兰（P. B. Cousland）等人组成的名词委员会。但由于这些医生们的主要精力是行医，对名词统一工作并不尽心，另外，委员会成员或去世或离开，工作无法展开，致使工作进展缓慢，仅靠高似兰一人独撑。博医会主要成果为 1894 年出版的《疾病名词词汇》，1898 年出版的《眼科名词》

和《疾病名词》等。为了进一步推动工作，博医会调整了名词委员会成员，增补师图尔等人，并在1901年和1904年召开会议，讨论审查解剖学等学科名词。在名词委员会的努力下，医学名词的统一工作有较大进展，1908年编辑出版了《英汉医学辞典》和中文《医学辞典》，并提交学部，希望得到官方支持。同时，博医会名词委员会也注意到医学与其他学科名词的联系，参与了益智书会科技术语委员会的化学元素与名词的审定工作，并致信益智书会，要求加快物理学名词的审查。[13]

与外人较早进行译名统一并且以团体组织形式开展工作不同，国人真正注意译名的统一问题起始于戊戌维新运动期间，且主要以个体努力为特色。甲午战败后，国人更加注意翻译西书，译名问题也就日益引人注目。高凤谦较早注意这一问题，他在《翻译泰西有用书籍议》中描述了译名的混乱情形，并提出了自己的统一译名方针。[14] 高凤谦关于译名原则问题提出的看法并没有超出前人之处，但提出编译名物制度和人名地名辞典以统一译名的建议应该是译名统一较好的途径。而且他深知中国社会，任何事情如果没有政府权威的推行很难通行，因此建议"若将此二书呈之译署，请旨颁行，饬令各省译局及私家撰述，一体遵照，尤为利便"。此后，梁启超等人也对译名统一问题提出了自己的看法，但总体而言，这一时期国人的译名统一与当时诸事一样，主要停留于纸面言谈，很少付诸实施。因此王树槐先生说："这一时期的统一译名的努力，尚在呼吁的阶段。政府既未注意设法谋求全国性的统一，民间书报社团更难顾及，即使是专以译书为主的机构，亦未有何计划。"[15]

新政以来，译书之风气更盛，报馆、书局、社团如雨后春笋，蓬勃发展，译名统一在政府和民间两个层面开始真正展开。张之洞和刘坤一合办的"江楚编译局"，以编译教科书为主，在译书之始就注意译名统一，先将“人名、地名编为一表，而后按表以校，始能划一不讹”。管学大臣张百熙 1902 年奏请在京师大学堂内设立“译局”，统一译名：“中国译书近三十年，如外洋地理名物之类，往往不能审为一定之音，书作一定之字。拟有京师译局定一凡例，列为定表，颁行各省。以后无论何处译出之书，即用表中所定名称，以归划一，免淆耳目。”[16] 京师大学堂的译名统一工作主要围绕普通名词，“专科学术名词，非精其学者不能翻译，应俟学术大兴，专家奋起，始能议及”。[17]

新学制颁布以来，学部对教科书进行审定，译名统一也就成为题中之义。1909 年，学部奏派严复编订各学科中外名词对照表及各种辞典，并奏定设立编订名词馆，以严复为总纂。严复以社会科学著作翻译家、启蒙思想家的角色担当这一重任，其工作成效自然可以想见。他在馆 3 年，喜欢新立名词，往往将以往译名舍弃不顾，若其统一名词颁行，结果可能是引起更大的混乱而已。

与政府在译名统一问题上主要集中于普通名词并且成效甚微相比，民间努力取得的成效更为瞩目。如在化学方面有杜亚泉的无机物命名方案、虞和钦的《有机化学命名法》和李景镐的《有机化学命名例》等。

杜亚泉的无机物命名方案体现在他所编译的、1905 年商务印书馆出版的《化学新教科书》中。杜亚泉的无机物命名方案，是中国学者发表的第一个化合物系统命名方案。[18]

虞和钦是 20 世纪初期介绍西方近代科学卓有成绩的一位开拓者。他在杜亚泉主办的刊物发表《化学周期律》《化学命名法》等，与王本祥创办《科学世界》传输西方近代科学，在其中发表《积化学名》介绍了近百个化学名词，连载《化学定名表》，共收 600 多个化学定名，按照中文定名、英文名称、化学式分项列出。在长期关注化学名词的统一基础上，1909 年文明书局出版了虞和钦所著的《有机化学命名草》，针对音译的弊病，采用意译，依据有机物的由来、性质、效用、结构等命名。全书 100 页，分“脂肪族”“芳香族”两篇，每篇 34 章，每章开头“必先述其命名之义，及其质之由来，一扫以往译名冗长而无义之弊”。这是我国首次制定有机化合物命名系统，受到化学界的广泛好评。[19]

1910 年，中国化学会欧洲支会的李景镐（原上海广方言馆学生）将国际化学界通行的有机物命名原则部分翻译，成《有机化学命名例》。惜该书流传不广，影响不大。

总体而言，晚清科学名词术语的统一，无论是外人还是国人的努力，都没有达到目的。这不仅影响了当时科学技术的传播与宣扬，也影响到中国近代科学的发展。晚清译名统一不能取得成效，本质原因应是当时近代科学在中国社会影响甚微和专门科学人才的缺乏。虽然洋务运动以来，西方科学已经大量输入中国，但正如第一章所言，无论是输入规模还是社会影响都极为有限，“老大中国”仍然处于传统社会文化包围之中，西方科学仅仅在一些大城市或沿海地区激起阵阵涟漪。需求是科学发展之母，当时能感受到译名统一需要的仅仅是从事翻译、阅读西书的极少数西人和中国人。科学名词的翻译本非容易之事，需要专门的人才。从事科学名词统一的中国学者非专门科学人才，仅仅是一些阅读翻译西书、初知西方科学知识皮毛的人；外人包括传教士可能科学素养比中国人高一些，但也非专才，要他们一人分担数门学科的名词统一，实在是勉为其难。另外，当时从事翻译和译名统一的中国人外语水平都不高，而外人的汉语水平也不是很好，译名统一自然成问题。何况这些人大都有其他“专职”，译名统一仅仅是“业余”而已。传教士忙于传教、医生忙于行医，中国学者们也有其他职业。

当然，译名统一中的意见分歧与矛盾冲突是另一大原因。西人内部对于名词审定标准也不统一。狄考文建议数学用阿拉伯数字和数学符号，而且他采用这一体系所编著的《笔算数学》《代数备旨》也深受欢迎，成为晚清流传最广的数学教科书。但傅兰雅等人就反对，坚持使用中文数字，并且在1890年的基督教新教大会上与狄考文当面争执。后来在化学元素的译名问题上，傅兰雅与狄考文等也是“水火不容”。根据益智书会的译名原则，元素译名发音应尽量不同，狄考文等因此建议傅兰雅修改他与徐寿翻译的元素译名，傅兰雅坚持不改。狄考文抱怨傅兰雅的态度使译名统一无法进行，而傅兰雅批评出版委员会无视他提供的译名表。他编好的地质学、植物学、地理学等术语表，都被益智书会出版委员会束之高阁。

晚清科学名词术语审定统一主要是个人与个人之间的合作，矛盾冲突也表现在个人与个人之间，还没有证据表明傅兰雅与狄考文的冲突，是傅兰雅代表的政府机构——江南制造局翻译馆与狄考文代表的传教士群体之间的冲突。民国建立后，随着近代科学在中国逐步发展起来，科学专门人才不断出现，科学名词术语的审定统一逐步为国人所担当，也渐渐取得一些成效。

## 民间团体接其绪

民国初年，百废待兴，科学名词术语的翻译与统一虽无专门机构主持，但专家学者们陆续提出方案。鉴于科学名词翻译的日渐混乱，且非一朝一夕、一人一馆所能完成，统一审定的呼声时有所闻：“文字为维持文化之一种工具，名词乃传播知识诱掖后进之一种利器也。欲善其事，必先利其器。且也，假使名词而不统一不规定，则学术非但无独立之时，行将萎靡不振，而无进行之日，此所以审查之不可或缓也。”[20] 与晚清名词审定与统一工作主要由外人团体、国人个体从事不同，北京政府时期，名词术语的审定与统一工作主要由外人与国人共同组织的民间学术团体进行。

中国科学社成立伊始，就将名词审定作为重要社务之一。1915年1月在上海发刊的《科学》杂志《例言》中说：“译述之事，定名为难。而在科学，新名尤多。名词不定，则科学无所依倚而立。本杂志所用各名词，其已有旧译者，则由同人审择其至当，其未经翻译者，则由同人详议而新造。将竭鄙陋之思，藉基正名之业。”1915年10月改组后，社章规定“编订科学名词，以期划一而便学者”，并成立“书籍译著部”专门管理“译著书籍事务”。

设立书籍译著部，一为“联合多数学者互相研究，择泰西科学书籍之精良者分门别类，详加译述，以供国人之考求”。二为“对于科学名词严加审定，以收统一之效；使夫学术有统系，名词能划一，国中学子不必致力于西文而有所资”。[21] 其主要目的是使科学本土化，“要科学用中文说话”。翻译书籍、审定名词成为工作重心。1916年夏，书籍译著部组织名词讨论会，“为他日科学界审定名词之预备”。《科学》发表的文章中自创新名较多，中华博物学会创办的《博物杂志》曾发表文章批评其不遵从通行的名词术语，于学术传播与交流都很不利。*

1915年，教育部也颁布了民国第一份官方化学名词草案《无机化学命名草案》，由陈文哲拟定。1919年12月，陈文哲为郑贞文所著《无机化学命名草案》作序说：

* 对这一批评，在中国科学社1916年第一次年会上，钟心煊曾予以回应，认为《博物杂志》的批评很有道理，《科学》以后作文应多备粗浅教科书，不要随意自创新词。参阅《科学》第3卷第1期（1917）。

无机名词为吾国学界聚讼纷纭，各鸣一得而莫衷一是者也。民国四年，文哲承教育部长官之嘱托，同人之推荐，参照吾国旧例，综合现学者之论著，折衷划一，拟有无机化学命名草案，经教育部颁发全国各高等专门学校化学教员讨论，以期会众殊而归一致。[22]

但这一草案“不甚祥，且未及有机名词”，并且“仅以中学所用名词为限”，因此并没有对统一化学名词带来多大影响。北京政府时期，对科学名词术语审定统一影响最大的还是由多个民间社团组织发起、聚集当时中外各专门科学人才的科学名词审查会。[23]

科学名词审查会起始于医学名词审查会。民国成立后，博医会继续开展医学名词的审定统一工作。1915 年 2 月，博医会医学名词委员会在上海举行审查会，就商于江苏省教育会，希望中国专家和热心科学研究及科学书籍的翻译者共同参与医学名词审查工作。同年 2 月 11 日，江苏省教育会副会长黄炎培在教育会召开医学名词审查会谈话会，与会者一致认为，只有医学家和科学家共同努力，医学名词的统一才能最终成功。翌年 2 月，双方在上海召开会议，议决由博医会、中华医学会、中国医药学会和江苏省教育会四团体各举代表组成医学名词审查会，每年定期开会审查名词草案，并请教育部派人与会，审查结果公布于全国医学界，定稿呈请教育部审定公布，欢迎其他团体和专家个人提出草案提交审查等。

1916 年 8 月，医学名词审查会第一次会议在江苏教育会举行，四团体和教育部代表共 23 人出席，审查中国医药学会提出的解剖学通用名词和骨骼名词。经过一天的审议，通过名词 1200 条，“每当讨论时均反复辩论，毫不相让，然苟有真理发现无不舍己从人，从公理不意气用事”。1917 年 1 月，第二次会议召开，理科教授研究会加入，分解剖学和化学两组审查。会议决定在上海设立执行部，负责处理日常工作。执行部开会起草医学名词审查会章程，规定了经费分摊办法，并呈报教育部批准组织医学名词审查会。教育部备案，并给予每年1000元补助金。同年8月，第三次会议举行，与会者深感各学科名词相互关联，必须将各学科名词一一审查，才能满足学术发展的需要。于是决议将医学名词审查会扩展为科学名词审查会，每年7月开会，并呈报教育部备案。次年，正式更名为科学名词审查会并得到教育部批准。这样，医学名词审查会扩展为科学名词审查会，审查对象也由单一的医学名词扩展为各门科学名词，并得到政府确认，具有相当合法性与一定的权威性。南京国民政府成立后，有鉴于大学院有译名统一委员会成立，欲借助国家强力推进科学名词的统一，科学名词审查会决定将科学名词审查事务移交给大学院，民间组织发起的科学名词审查工作也于1927年年底宣告结束。

科学名词审查会延续十余年，参与团体和机构超过十个，其中既有博医会、中国科学社、中国工程学会、中华农学会、中华博物学会这样的专门学术团体，也有南京高师、武昌大学、厦门大学、同济大学这样的高校，特别是晚期会聚了当时科学界的一些专门人才，如数学方面的胡明复、吴在渊、魏嗣銮、钱宝琮、陈建功等，物理方面的胡刚复、裘维裕、熊正理等，化学方面的程瀛章、宋梧生、黄鸣龙等，生物学方面的秉志、钱崇澍、胡先骕、蔡无忌、朱凤美、戴芳澜、焦启源等，这在相当程度上提高了其权威性与科学性，因此取得了相当的成就。

表4–1为1916—1925年科学名词审查会审查名词术语成果一览表。这些成果为后来的名词审查与统一奠定了坚实的基础。

对于科学名词审查会的审查成就，张大庆先生说：“科学名词审查是中国近代科学史上历时最长、参加人数最多的一项重要的科

表 4-1　1916—1925 年科学名词审查会审定名词术语成就一览表

| 已审查名词 | |
|---|---|
| 医学解剖学 | 骨骼 |
| | 韧带、肌肉 |
| | 内脏、感觉期、皮肤 |
| | 血管、神经 |
| 医学组织学、胎生学、显微镜术语 | |
| 细菌学总论、免疫学、细菌名称、细菌分类 | |
| 病理学 | 总论 |
| | 各论 |
| | 总论补遗 |
| 寄生物学寄生虫 | |
| 药理学一部分 | |
| 生理化学一部分 | |
| 外科学 | |
| 生理学呼吸·新陈代谢 | |
| 化学 | 原质名称（元素） |
| | 术语 |
| | 无机化合物 |
| | 仪器 |
| | 有机化学普通名词 |
| | 有机化学系统名词 |
| 物理学 | 力学、物性学 |
| | 热学 |
| | 磁学、电学 |
| | 声学、光学 |
| 动物学 | 分类、解剖学、胚胎学 |
| | 遗传学、进化论术语、分类补遗、分科名词 |
| | 哺乳类、鸟类种名 |
| 植物学 | 术语、分类科目 |
| | 种名 |
| | 种子植物属 |
| | 胞子植物属 |
| 算学 | 数学、代数学、代数解析学、微积分、函数论 |
| | 初等几何学、平面球面三角、解析几何、二次曲线曲面、投影几何学、直线几何学 |
| | 微积几何学、超越曲线曲面、高等解析学 |

资料来源：《科学名词审查会昨开预备会纪》,《申报》1926 年 7 月 5 日。

学活动，是中国科学史上科学界的第一次共同行动……以非官方的科学社团为主，它反映出科学社团已成为中国近代史上一支独立的、具有影响力的社会力量。”科学名词审查会自己也对其取得的成就很满意。1926年年会上，执行部报告说，“本会出版各项名词本，向来除分发各处征集意见外，绝少索阅者。近年则渐已引起各方之注意”。1925—1926年，“影响尤宏，专函索阅者，络绎不绝。远如美德日本各国留学生，川黔各省学术团体亦有函索者。此后苟能于会务方面，再图发展，不难渐达科学名词统一之目的”。[24] 1919年，中国科学社正式加入科学名词审查会，给以博医会、江苏教育会为核心的审查会注入了年轻的活力，大大提升了该组织的科学水准，极大地促进了科学名词审查会的工作。* 中国科学社对其在科学名词审查会的作用，也曾不无自豪地说：“自民国八年以来，本社参与科学名词审查会，其中已审定之名词，如数学、物理、化学、生物各科，多出本社社员之手”。[25] 任鸿隽晚年也曾回忆说，后来由国立编译馆主持的审定统一工作，其“所有材料，大部分仍是根据本社及三数团体已有的成绩”。[26]

据说，科学名词审查会对每一个名词都经过充分的讨论，化学名词审查时：

> 有一名词而费时至二三小时者，务使怀疑者有蕴必宣，然后依法表决。若两名词俱臻妥善，表决时俱不满三分之二者两存之。闭会后即以审定名词印送海内外学术团体及化学专家征集意见，至下届开会时，郑重讨论，加以最后之修正。[27]

* 除医学相关学科而外，中国科学社起草了物理学、算学和动物学草案，也积极参与化学、植物学和生理学的审查，整理化学审查名词。相较而言，除医学外，科学名词审查会其他团体代表在科学水准上与中国科学社代表不在一个水平线上。

而且，与会人员本着求真求知的态度，积极发表意见，务使科学名词精益求精："中西博硕，荟萃一堂。论辩风生，各抒意见，徇名责实，不厌精详。务使理蕴毕宣，始付表决。"化学名词审查中，博医会放弃其习用名词，改用审定名词，深受国人赞赏。[28] 1935年9月，曹惠群为鲁德馨整理的科学名词审查会《动植物学名词汇编（矿物名附）》作序说："每编之成，必历十年内外之时日，沥十百专家之精力，与夫鲁君编次之精勤，而后始克蒇事而公诸国人，噫亦劳矣！夫劳而无所获，在研习科学者固不以为病。苟有所获，而于国家之建设，民主之进展，得有裨补于万一，则用力虽多，亦至足引以自慰矣。"[29]可见，科学名词审查会工作之艰辛，与目标之远大。

虽然科学名词审查会在科学名词的审查上具有如此严谨的态度，但由于参与讨论的团体有限，并不能集合当时所有专家学者的意见，也不能代表当时各个利益集团，因此有人对教育部仅仅根据科学名词审查会的审查意见就颁布实施规定予以批评，不仅不同意教育部的作为，并对科学名词审查会的专权提出质疑，认为科学范围宽广，应该由不同专业团体编订审查本学科名词术语：

今教育部既泛称之曰科学名词，则其所包举宜若何广大繁博，岂区区一二医药学会所能胜其审查之任哉。曰分科编订，则宜令该审查会仅审查其专门范围内之名词，不宜泛用科学之名，而使之专擅一切也。既泛称科学，则宜先征集全国各科专门之学术团体，然后分科从事，不宜听一二团体之僭窃，而拒人于千里之外也。[30]

针对科学名词审查会的早期情况，这批评自然是成立的，但后来随着与会团体的增加，其权威性不断增强，这样的批评也就无的放矢了。

与晚清一样，科学名词审查会在名词审查中的矛盾与利益冲突仍然不断。相关医学团体审定物理、化学名词自然有不妥之处，但即使是审定的医学名词也会受到质疑：

我们早就听说有什么科学名词审查会，年年审查医学名词，但是我们对于这种无足轻重的举动，向来是抱这样的见解——“其审查若得当，不过备医学界做一种参考品；其审查若不当，不过多几张废纸，更与我们无关。”——所以便漠不关心。

将科学名词术语审定这样严肃的学术事业看成“无足轻重的举动”，“审查得当”是一种“参考品”，“审查不当”便是“废纸”，因此“漠不关心”。但当牵涉到自己的具体利益时，就有些出离愤怒了，要“批评批评”：

今年春，我们有一位朋友，偶然高兴，编几页解剖学教科书，碰见一位学理科的人。他说：“你这书，教育部是不能给你审定的。教育部已出审定医学名词本，你不用他的名词，照例是不能给你审定呢。”我们听了他说，方才知道审查本之外，还有审定本。而且知道这个审定本的权力是很大，竟有左右学术界的魔力与暴力。这正与我们有切肤的关系，所以不能不拿来拜见拜见。不料我们拿了审定本来一看，实在觉得太不成样子，不能不给他批评批评。[31]

名词审查中的利益冲突与意气用事，在化学名词的审查方面表现得淋漓尽致。在科学名词审查会对化学名词审查最为紧张的时候，专家学者们不断提出自己的方案。名词审查会开会时充分考虑各方面的意见，“当时到会之专家，颇多过视译名之重要，争思推行己案以扬名，于是成见甚深，议论纷纭，莫衷一是，甚至有尽弃旧案而临时起草大纲之事”。无论如何，科学名词审查会还是有定论，并由教育部颁布实行。

但因“政府威信日渐衰落”，虽经教育部颁布，科学名词审查会审查过的名词，“始终未得普遍推行”：

惟该审查会之重要人员多系中国科学社社员，故凡与该社接近者，类多先后采用此项名词。而与此种势力相抗最烈者，则为上海商务印书馆。商务之所以不采是项名词，一部分固因郑贞文先生关系（郑先生在馆日久，且对科学名词审查之案，极表不满），而其更重要之理由，则为该馆使用郑先生所定之无机及有机名词系统，已有相当时期，猝然将书中名词，另改从他种系统，殊不经济……实际上当时一般社会所习之化学译名，大都为该馆所用，而非科学名词审查会所公布者，此两派势力之斗争，迄至1932年以后，乃始终止。[32]

可见，名词审查并非仅仅是与会人士要争取自己的“发明权”，如罗家伦所谓“译名的人，多好独出心裁，自心裁独出后，便好坚持己见”。[33] 背后还有巨大的利益之争。当然，据曾昭抡说，这些人之所以“斤斤计较”于名词，主要与当时中国科学发展的状况有关：“国内学校设备，尚不足以语研究，聪明才智之士，不得不另找发挥之出路，于是名词之争，乃成为必然之结果。”意思是说，由于科学家不能将聪明才智发挥于独创的科学研究之中，只有争取在名词审定上的“创新权”。[34]“一·二八”事变中，商务印书馆书籍旧版被毁，不再反对用新名词。在教育部与国立编译馆的共同努力下，1933 年 6 月出版了《化学名词命名原则》，宣告化学名词译名的最终确立与通行。

由于政府威权的丧失，科学名词审查会的权威不能树立，北京政府时期主要由民间社团主持的科学名词审查结果命途多舛："既定好的译名，往往有人不用。往往使人看到甲书里的甲名，悟不到就是等于乙书里的乙名，因为两者之间，竟可绝不相似。这样下去，开千百次科学名词审查委员会也是没有用的。"[35] 南京国民政府成立后，科学名词审查会走向终点，其大多数审查成果虽成为未来审定统一的基础，但更大程度上说，其努力成了"政治牺牲品"，博医会就对这种结局表示非常遗憾，认为由于政治的变化，使得经年累月的努力付诸东流。当然，由民间团体组织的科学名词审查会，在南京国民政府成立后移交其责任，联系到当时许多民间组织受到政府强力挤压的情状，从一个方面说明了缺乏民间传统的中国社会，民间力量面对政府强力时的无力；[36] 另一方面说明，面对北京政府在学术发展上的毫无作为，学术界对南京国民政府似乎充满了信心，将本应由民间组织承担的责任移交给政府，希望政府在需要大量投入的科学事业上大展宏图。

## 竭力以赴：政府与科学社团的合作

南京国民政府成立后，蔡元培开始实施其教育学术独立计划。1927 年 10 月，大学院正式成立，掌管全国学术及教育行政事宜。1928 年在上海设立译名统一委员会，着手编译法律、教育、矿物、地质、岩石等学科名词。委员会聘请相关专家，广泛收集近年出版书籍，调查学界采用名词的标准，分类统计，总结学界使用名词的趋向。这项工作刚刚起步，1928 年 11 月大学院改组为教育部。同年 12 月，教育部设立编审处管理名词编译事宜。1932 年 6 月，教育部成立国立编译馆，馆长为辛树帜，专门从事教科书审查、名词编订、辞典编订、图书编译等工作。[37] 由此，科学名词的审查统一工作步入全新阶段。

自 1927 年南京国民政府成立到 1932 年国立编译馆创建，历时约 5 年之久，“在此时期内，教育当局对译名问题，虽未有具体之决定，亦未有刊物发表整理经过，然其于收集之档案，对于后来审定译名，实树一种基础”。[38] 国立编译馆主要工作分为编译和审查两大部分，编译包括编译各科名词、专著及教科书等，审查包括审查教育部令各书局呈送的学校教科用书及仪器标本等。[39]

国立编译馆成立后，名词审定成为中心工作，人员“竭力以赴”，各科名词，“均次第加以补充，重行编订，陆续呈请教育部公布”。[40] 其编订程序，先由该馆人员收集各科英、法、德、日名词，“参酌旧有译名，慎予取舍，妥为选译，复经教育部聘请国内专家组成审查委员会加以审查”，再由编译馆整理后呈请公布。“一编之成，亦有审核三四次，历时二三年者。”[41] 其名词审定遵循的准则是：第一，采用固有或已通行的名词，无适当固有名和无通行名则采用意译；第二，上述方法行不通，采用音译；第三，造新字，在化学译名中采用较多。可见，国立编译馆的方法遵循晚清译名统一工作所奠定的基本原则，表现了译名统一工作中的继承性。

到 1940 年，国立编译馆先后聘请的组成审查委员会的各学科专家具体名单见表 4–2。这些专家具有广泛的代表性，他们基本上具有两个特点：一是均为当时相关学科最权威、一流的学者；二是在名词编译审查工作上具有长期的工作经验与实践。截至当年，教育部已经公布 15 种学科名词，词条总数超过 57000 条，编订完成正在审查 19 种学科，词条超过 74000 条，正在编订中

表 4-2　国立编译馆科学技术名词审查委员会名单（以审查先后为序）

| 学科类别 | 委员会名单 |
|---|---|
| 化学命名原则 | 郑贞文（主任）、王琎、吴承洛、李方训、陈裕光、曾昭抡、鄺恂立 |
| 药学 | 于达望（主任）、朱恒璧、余继敏、李焕燊、孟目的、洪式闾、翁之龙、张修敏、黄鸣驹、黄鸣龙、陈思义、陈璞、彭树滋、万子平、赵士卿、赵世晋、赵燏黄、薛宜琪 |
| 天文学 | 张钰哲（主任）、朱文鑫、余青松、竺可桢、徐仁铣、高均、高鲁、张云、常福元、陈遵妫、赵进义、蒋丙然 |
| 矿物学 | 王恭睦（主任）、丁文江、王烈、王宠佑、田奇瑪、朱庭祜、何杰、李四光、李学清、翁文灏、张席禔、章鸿钊、董常、叶良辅、谢家荣 |
| 物理学 | 杨肇燫（主任）、王守竞、何育杰、吴有训、周昌寿、裘维裕、严济慈 |
| 细菌学与免疫学 | 赵士卿（主任）、伍连德、余㵊、宋国宾、李振翩、李涛、林宗扬、金宝善、陈宗贤、汤飞凡、程树榛、杨粟沧、刘瑞恒、潘骥、鲁德馨、颜福庆 |
| 数学 | 王仁辅、朱公谨、江泽涵、何衍璇、何鲁、段调元、姜立夫、胡敦复、孙光远、陈建功、曾昭安、熊庆来、郑之蕃、钱宝琮 |
| 精神病理学 | 赵士卿（主任）、宋国宾、汪攀桂、谷镜汧、林百渊、戚寿南、陶祖荫、陶炽孙、程玉麟、鲁德馨、卢于道、魏毓麟 |
| 动物发生学 | 秉志（主任）、王家楫、伍献文、朱洗、胡经甫、张巨伯、张作人、章韫胎、陈桢、曾省、杨浪明、雍克昌、刘崇乐、鲍鉴清、薛德焴 |
| 地质学 | 王恭睦（主任）、丁文江、田奇瑪、朱庭祜、李四光、李捷、李毓尧、李学清、翁文灏、张席禔、章鸿钊、冯景兰、杨杰、叶良辅、郑厚怀、郑振文、谢家荣 |
| 化学仪器设备 | 吴承洛（主任）、王琎、利寅、吴宪、李方训、李秀峰、李寿恒、李麟玉、杜长明、袁翰青、马杰、高行健、张江树、张克忠、康辛元、曹惠群、陈裕光、陶延桥、黄子卿、曾昭抡、庄长恭、鄺恂立、刘拓、郑贞文、韩组康、魏明初、郦堃厚 |
| 比较解剖学 | 秉志（主任）、伍献文、朱洗、何春乔、武兆发、胡经甫、陈炳湘、陈纳逊、陈达夫、杨浪明、寿振黄、闻亦传、雍克昌、刘咸、蔡堡、卢于道、欧阳翥、薛德焴 |

| | |
|---|---|
| 人体解剖学 | 鲁德馨（主任）、王子玕、王肇勋、吴济时、李宣果、沈克非、宋国宾、谷镜汧、秉志、张鋆、郭绍周、陈友浩、冯海客、叶鹿鸣、赵士卿、潘铭紫、卢于道、鲍鉴清、应乐仁、韩次明、薛德焴 |
| 电机工程 | 恽震（主任）、包可永、李承干、李熙谋、周琦、张江树、张廷金、康清桂、陈章、陶凤山、黄修青、庄前鼎、杨孝述、杨肇燫、杨简初、寿彬、裘维裕、赵曾钰、刘晋钰、潘履洁、鲍国宝、萨本栋、顾毓琇 |
| 化学工程 | 吴承洛（主任）、吴钦烈、李秀峰、李寿恒、杜长明、金开英、张克忠、张洪沅、张泽尧、徐名材、徐宗涑、徐凤石、马杰、高行健、康辛元、曹惠群、陈聘丞、陶延桥、曾广方、顾毓珍 |
| 气象学 | 胡焕庸（主任）、王应伟、朱炳海、吕炯、李宪之、竺可桢、涂长望、高均、陆鸿图、刘衍淮、刘恩兰、蒋丙然 |
| 普通心理学 | 陆志韦（主任）、左任侠、汪敬熙、沈有乾、吴南轩、周先庚、唐钺、孙贵定、孙国华、高觉敷、许逢熙、郭一岑、郭任远、程迺颐、陈雪屏、赵演、潘菽、蔡翘、蔡乐生、樊际昌、谢循初、萧孝嵘 |
| 机械工程 | 张可治（主任）、王助、王士倬、毛毅可、朱健飞、吴琢之、杜光祖、何元良、李辑祥、沈觐宜、吕凤章、林凤歧、金希武、周仁、周承佑、周厚坤、周惠久、唐炳源、梁守槃、张家祉、康清桂、陈广沅、黄伯樵、黄叔培、黄炳奎、庄前鼎、程孝刚、曾桐、杨克嵘、杨毅、杨继曾、刘仙洲、钱昌祚、魏如、顾毓瑔 |
| 病理学 | 赵士卿（主任）、丁文渊、王子玕、朱章赓、余云岫、宋国宾、汪元臣、谷镜汧、林振纲、侯宝璋、胡正详、胡定安、徐荫棠、徐诵明、梁伯强、翁之龙、高麟祥、康锡荣、黄雯、郭琦元、鲁德馨、顾毓琦、T. H. Williams |
| 植物生理与病理学 | 张景钺（主任）、王志稼、石声汉、朱凤美、吴韫珍、李继侗、李顺卿、林镕、金树章、俞大绂、胡先骕、段续川、涂治、秦仁昌、汤佩松、曾勉、陈焕镛、张珽、张肇骞、董爽秋、裴鉴、赵连芳、刘慎谔、邓叔群、钱崇澍、戴芳澜、钟心煊、钟观光、罗宗洛 |
| 自然地理 | 胡焕庸（主任）、丁骕、王勤堉、王德基、任美谔、朱炳海、吴尚时、李四光、李玉林、李承三、沈宕越、沈鲁珍、周昌芸、竺可桢、洪思齐、翁文灏、涂长望、马廷英、黄秉维、黄国璋、黄厦千、张其昀、杨克毅、叶汇、叶良辅、刘恩兰、谢家荣 |

资料来源：陈可忠《国立编译馆工作概况》,《革命文献》第59辑，第438—445页。

的学科名词也不少。

到 1949 年，除医学外，已经审定出版的学科有 18 种，其他整理付印、复审、初审的有几十种，[42] 为此后的名词术语统一奠定了坚实的基础。可见国立编译馆成立后积极开展工作，“成绩斐然，至堪赞许”。[43] 且其权威性也得到了学界承认，有人说国立编译馆 1933 年 6 月出版发行的《化学命名原则》，“习化学者几已人手一册，其在化学界之权威无劳赘述”。[44]

国立编译馆科学名词审定统一工作，主要通过与各专门科学社团的合作来实施，如数学名词的审定过程。传统中国数学历史悠久，名词术语自成体系，但基本限于初等数学范围。中国科学社参加科学名词审查会后，被推举提出数学名词草案，1923 年 7 月，科学名词审查会开始审查数学名词。这些数学词汇的确定，是“以‘意义准确’‘避歧义’与‘有系统’为原则；以旧译名与日名（指日本数学名词）为根据。凡旧译与日名之能合上之原则者，择一用之；其不合者，酌改或重拟”。[45] 科学名词审查会分 4 次（1923—1926）审查完毕。每次通过审查后陆续发表在《科学》杂志上。

1933 年 4 月，教育部召开天文数理讨论会，议决将科学名词审查会通过的算学名词发交全国各大学及专家征求意见。后经编译馆整理，印成草案一册，分普通、数学、代数解析学、微积分、函数论等 14 部，3200 多条。[46] 1935 年 7 月中国数学会在上海交通大学成立后，接受国立编译馆委托，将上述名词初稿作最后一次审订。同年 9 月进行审查，结果得名词 3426 条，10 月呈教育部予以公布。[47] 时任中国数学会董事兼《数学杂志》主编、交通大学教授顾澄说：“尽八日之力竟将数千条译名，多年悬案，完全解决，告一段落，厥功不可谓不伟。”[48] 因全面抗战爆发，直到 1945 年 12 月该书才由正中书局以《数学名词》为名在重庆出版。

另外，在数学名词审定方面，英文“mathematics”是译为“算学”还是“数学”也曾有专门的讨论。“数学”与“算学”两词晚清以来就一直并用，“实同名异，识者不免分歧之感”。1933年4月，教育部召开的天文数理讨论会虽通过不少数学名词，但到底是用“数学”还是“算学”，意见不一，没有定论。中国数学会审定时，对这两个名词采取并存的处理方式。教育部核定公布后，感觉二词同用，“事有未当”，1938年9月通令征询设立数学系的大学、独立学院教授意见。1939年6月，征询意见收集共28个单位，14个单位赞成“数学”，13个单位支持“算学”，一个单位“无所谓”，仍然“不相上下”。教育部为表慎重，将原提案及其成果交由部召集的理学院课程会议。该会认为两词中任选其一，由教育部决定，通令全国各院校一律使用，“以昭划一”。教育部鉴于“数理化”已成为通用简称，传统“六艺”中也有“数”；加之教育规程中久已习用“数学”一词，各院校用“数学系”“数理系”“数学天文系”者29个单位，用“算学系”“算学天文系”者仅7个单位，于是决定用“数学”。1939年8月通令全国各院校一律“遵用”，于是“算学”“数学”之争圆满结束。[49]

科学名词审查会时期，物理学名词也由中国科学社主稿，1919—1922年也分4次作过审查。[50] 1933年8月，国立编译馆将全部名词加以补充整理后提交至中国物理学会进行讨论。后经物理学会评议会通过，10月寄交国立编译馆。1934年1月31日，教育部核定公布了中国物理学会编订的物理学名词，后由国立编译馆印行。当年10月，萨本栋在其名著《普通物理》“订正版弁言”中说：

关于国内物理学界之进步，除各物理学家研究所贡献者外，应以中国物理学会审定全部物理学名词，及此项名词由国立编译馆呈请教育部公布一事为首要。本书前此所用之名词，虽有所根据，然究非公意，是以订正之时，编者不惜捐弃私人意见，完全采用执有全国物理学界最高权威之中国物理学会所审定之词语。编者深信物理学名词应由且仅应由物理学者公同审定。此等名词一经全国唯一之物理学会谨慎决定之后，他人实无置喙余地。[51]

在中国物理学会的审查会议上，据钱临照（时任书记）回忆当时议及“damping”一词，有译“减幅”“阻迟”等说，总觉未妥。翌日继续开会，杨肇燫一到会即说，昨夜忽得一“尼”字有逐步减阻之意，大家都称赞，遂定译为“阻尼”。[52]

化学名词的审定与统一，自晚清以来一直是工作重点。国立编译馆成立后，将历年大学院和教育部调查所得加以整理，同时聘请郑贞文负责，编成具体方案。1932 年 8 月，教育部在南京召开“化学讨论会”，会聚全国各机关代表于一堂，共商国防化学、化学课程标准及化学译名。同月，编译馆函请郑贞文等 7 人为审查委员会委员，审查整理成《化学命名原则》。11 月呈请教育部公布，1933 年 6 月出版。“十余年来迁延未决之化合物译名问题，至此乃得告一段落。”[53] 曹元宇也说《化学命名原则》“博采明辨，万非前此各方案所具有，宜其成为空前之作也”。但“原则”终究只是命名所遵循的条款，而化学名词纷繁复杂，因此曹元宇建议编译馆尽快编订化学字典以统一化学名词：

凡原则必有疑问之处，此盖尽人皆知者。本书为《化学命名原则》，于名词统一上，仅属一种预备。若以为手持一册，即可有求必应，无往不利，则大谬矣。法律条文欠明，常请最高法院解释。

以彼例此，设以译名询诸国立编译馆，吾恐馆内诸先生将不胜其烦，且亦无可应付也。为妥善计，惟有根据原则，速编字典，以解困难。盖有字典则检查方便，而名称亦确定不移，诚化学名词之利器也。[54]

除《化学命名原则》外，国立编译馆计划编订的化学名词还有化学仪器设备、化学术语、化学工程名词等。化学仪器设备及术语方面，由国立编译馆与中国化学会合作；化学工程名词由编译馆委托中国化学工程学会张洪沅等起草，请中国化学会、中国化学工程会及中华化学工业会各推举代表组成审查委员会。

国立编译馆成立后，积极与各专门学会合作，开展译名统一工作，取得了极大的成效。曾昭抡也认为，国立编译馆的译名统一工作，在教育当局与各学术机关的协助下，进展极为顺利，“同时以政府威信，日见稳定，故法定名词之推行，亦不若前之困难。此数年来译名工作的成功，诚我国学术史上光荣之一页也”。他还认为国民政府以政府强力推进译名统一工作，之所以取得如斯成就，主要有如下原因：一是“政府威信日固，不遵此项名词者，其所出之书有不予审定之险”；二是商务印书馆在“一・二八”事变中旧版被毁，“不复反对改用新名词”；三是国内化学专家渐渐着力于专门化学研究，“译名问题之争执，不若以前发生兴趣，只求其速有统一的名词，可以应用”。此外还有审查委员对学术问题研究有素，所定原则又广泛征求意见等。[55]

其实，科学名词的审定与统一在20世纪30年代能取得如是成就，与上一章所提及的科学中国化运动即“让科学说中国话”有密切的关系。当然，对于国立编译馆的科学名词审定统一，并不是所有人都表赞同。科学名词审查会审查的数学名词，到1931年审查完毕，1938年以科学审查会名义出版，名《算学名词汇编》，似乎并不承认国立编译馆之权威。负责整理的曹惠群追溯了算学名词审查及编印经过：

> 算学名词于十二年七月在上海开会时，开始审查。期前推定中国科学社提出名词草案……第一次审查包括数学、代数学、解析学等名词，刊有单行本……编者在其例言中，声明“编辑题材，暂依性质分类编序，以便比较。俟各部完全拟定，再依字典办法汇编刊印”……
>
> 所惜科学名词审查会结束过早，未能将全部算学名词审查完竣；且历届记录亦散佚无存，幸中国科学社于二十年七月在镇江举行年会，先期通知算学组专家到会，继续审查补充之名词。费用亦由该社担任。曾通过代数几何学、代数曲线曲面、高等几何学、非欧几何学、多元几何学等名词。历届审定之名词，曾先后在《科学》杂志发表。[56]

曹惠群的这段叙述展现了中国科学社在算学名词审定统一上发挥的作用，有鉴于国民政府成立初期在名词审查上的毫无成效，中国科学社自行接续科学名词审查会的工作，于1931年镇江年会期间，召集专家，将算学名词审查完竣。这些工作为曹惠群整理出版《算学名词汇编》奠定了坚实基础。

化学新名词系统也受到一些人的“质疑”，“尤以从前科学名词审查会一般旧人，深恨其昔日手定之方案，无辜随北京政府而俱倒，不惜以恶声相报”。而对于国立编译馆的“编审办法”，也有人认为“似尚不无可商榷之处”。第一，各名词大抵均重视英文名词，而拉丁、德、日、法文，“往往疏而不备，此于不谙习英文者极感不变，且吾国科学家之习德、法、日文者为数亦多，为求完备起见，宜将拉丁、德、法、日文之名词，一并列入”。第二，各科专家审查名词方法，有先期集会逐词讨论者，有寄阅个别审查者：

前者商讨，颇费时日，久而厌倦，加以审查者多为忙人，难得多数出席；后者个人披阅，索然寡趣，结果均不免忽遽了事。迨召开最后审查会时，又或以事牵或路途过远，不克赴京出席，从容商讨，结果虽形式上作正式通过，而大多数审查员之意见，恐未全体体现。

因此除呼吁各审查专家负起责任外，“更希望编译馆尽最大努力，统一审查办法”。对于国立编译馆编订名词推广应用，也“希望全国科学界工商界，对于统一名词加以绝对的赞助，自动采用。盖科学名词之统一，有百利无一弊……且于推进科学事业，发展科学教育，普化科学知识，均有重大关系”。[57]

科学名词的审定统一工作，正如论者所言，“除了受翻译者的学识背景、中国自然哲学、西方教会、学术机构及教育制度的影响外，社会环境及政治变化等因素也都会影响它们的发展”。[58]科学名词的最终统一，不仅仅牵涉到政治、各利益集团的矛盾化解，从科学发展的内部来看，更重要的是各门科学的发展。到20世纪30年代，随着中国近代各门科学的发展，各专门学会相继成立，在国立编译馆与各专门学会合作的基础上，科学名词的审查审定乃至统一才有了学术上的权威性，也就避免了北京政府时期科学名词审查会所面临的各种尴尬境况。从另一个层面上说，名词术语的最终审定与统一，并不是国立编译馆努力的结果，编译馆在每门学科术语的审定统一中，往往仅起着联络与沟通的作用。各学科术语的最终审定与统一，都是各学科的专门学会自行工作的结果。这说明，名词术语审定工作无论存在怎样的矛盾与利益冲突，最终的成功还是取决于中国近代科学的发展水平，如果没有各门学科的发展，也就没有各专门学会的成立，各专门学科名词术语的审定统一自然也就根本不能完成。

科学名词审查会虽在名词审定统一上成效很大，但没有多少社会效应。国立编译馆虽仅起着联络的作用，具体工作主要由各专业学会完成，但推广应用的社会效果却很好。究其背后的原因，前者是民间组织，没有政治的强力权威；后者是一个政府组织，有政府威权的力量。这说明，在中国这样一个社会，民间社团或者说民间力量如果缺乏政府强有力的支持，是难有所作为的。这昭示着，对当时中国民间社会的力量不能估量过大。科学名词的审定统一历程还表明，学术借助政治的权威得到了快速的发展，但在政治推动学术向前发展时，学术的发展也不得不受到政治变动的影响。明显的例子是，在国立编译馆成立以前的 5 年内，南京国民政府在译名统一工作上基本上毫无成效，就与这一时期政府机构变动与政治风潮有着紧密的关系。所以，学术的发展与政治变动紧密相关。

# 第五章 科研机构体系的形成及其特征

1984年10月10日，联邦德国总理科尔在北京大学演讲，他说：“早在19世纪末期，特别是本世纪初以来，有很多贵国年轻科学家到我国接受大学教育，波恩大学是首先将博士学位授给一位中国公民的欧洲大学。”科尔提及的这位中国公民，是1907年获得波恩大学理学博士学位的李复几。可在中国，除了科尔馈赠给北京大学的博士论文揭示了李复几与波恩大学相关的蛛丝马迹外，长期以来国民对李复几毫不知情。直到1996年，学者们还非常遗憾地说：“也许他获博士学位回国了，只是由于当时的政情与贫困落后，他未曾进入教育界，而真的起法号，入山为僧了；抑或没有回国，也未可知。”在科尔馈赠博士论文20多年后的2005年5月，上海交通大学召开“中德世界物理年暨纪念爱因斯坦发表相对论一百周年”会议，会上德国方面放映中德学术交流幻灯片，李复几的相关镜头显示他毕业于“Nanyang College”，即交通大学的前身南洋公学。这引起了有关学者的注意，他们在上海交通大学档案馆中探寻，于是这位中国首位物理学博士学位的获得者，在获得博士学位近一百年之后，在其留学国德国的一再提示下，身世终于开始浮出水面。

李复几，原名李福基，江苏吴县（今属苏州）人，1881年12

月出生于上海。接受几年私塾教育后，1897 年随叔父李维格赴长沙，就读于长沙时务学堂。李维格是中国近代冶金工业的奠基人，曾游学英国等。1898 年，李维格任南洋公学提调（相当于教务长）。翌年李复几转学至南洋公学就读，成绩优秀，屡获奖学金。1901 年 8 月，李复几作为南洋公学毕业生，被选派留学英国，专习机械。先入伦敦国王学院（King's College）学语言，再入芬斯伯里学院（Finsbury College）习机械工程。接着入伦敦机械工程师研究所实习一年，再入伦敦大学学习机械工程。1904 年，从伦敦大学机械工程专业毕业，前往德国汉尼尔理机器厂实习。4 年留学期满，申请展期，南洋公学当局以其“才品甚优，有志向学，自应展长学期，方能造就成材，以备回华效力”，同意展期到 1907 年。

实习期满后，李复几于 1906 年 5 月注册入波恩大学深造，成为艺术系自然科学专业学生。师从著名物理学家、氦的发现者凯瑟尔（H. Kayser，1853—1940）从事光谱学研究。1907 年 1 月，完成博士论文《关于 P. Lénárd 的碱金属光谱理论的分光镜实验研究》，获得博士学位。19 世纪末 20 世纪初，光谱实验及谱线规律的数学表达式成为物理学家和数学家的热门论题。李复几的博士论文否定了 1905 年诺贝尔物理学奖获得者勒纳（Philipp von Lénárd，1862—1947）的火焰中心发射说，无疑对光谱学理论研究迈向正确的方向有所助益，因此被波恩大学评为优秀论文，认为其成果“在数学、物理和地理学科里是非常难得的”。当年 3 月被授予高等物理学博士学位。

李复几求学之时，德国已经取代法国成为世界科学中心，他亲炙科学大师们的风范，敢于挑战权威，否定了新鲜出炉的诺贝尔奖获得者的陈说，取得了令人瞩目的成就。毕业当年，李复几启程回国，除短暂担任母校和复旦大学教职外，一直从事工业技术工作，在工矿企业、城市交通领域贡献力量。回国之后的李复几可谓默默无闻，未能把他在英德所学先进科学技术知识在中国发扬光大，也未能对中国科学技术的发展作出其应有的贡献。1947 年 9 月，在孤苦中病逝于四川自贡。[1]

无独有偶，师从美国本土出身的第一个诺贝尔物理学奖获得者密立根（Robert A. Millikan，1868—1953），1914 年获得芝加哥大学博士学位的李耀邦回国后也未能在物理学领域耕耘，闪耀其应有的光芒。同样，中国科学社创始人之一、中国第一个数学博士胡明复回国后，亦未能在数学研究上有所成就，而自诩为中国科学的“开路小工”。

无论是李复几、李耀邦，还是胡明复，他们都曾亲炙大师们的教诲，与先进的科学技术知识前沿“零距离”接触，但他们回国后都未能在其所学专业领域内作出应有的贡献与成就，除个人因素外，这充分体现了社会环境对一个人成长的决定性影响。当时的中国，未能给他们提供展示才华的舞台，这其中最为重要的当然是科研机构的缺失。科研机构的创设是科学体制化最为重要的条件与内容，是科学发展的基础与标志。对于通过引进西方科学逐步发展起来的中国近代科学来说，科研机构体制化更是科学本土化的根本保证。有了科研机构，科学家们就能够在其中深入科学研究，科学才能从宣传进入研究与发展的阶段，真正进入本土化时期。

## 为创建科研机构“鼓”与“呼”

中国最早的科研机构是外国人设立的。洋务运动虽以引进西方科学为名，但并没有成立科研机构，有的仅仅是一些从属于军工企业的科技人员。与国人“昧于时事”，不能认清科研机构对科学发展的重要性不同，外国人知晓要在中国获取第一手资料，必须建立专门的研究机构。1865 年，法国天主教会在上海董家渡建立气象观测站，进行气象观测，1872 年，在上海徐家汇正式建立天文台，后发展成为世界闻名的科研机构。1898 年，德国人在青岛设立观象台从事气象观测。日本帝国主义占领台湾后，广泛设立科研机构。1896 年 5 月，设立台湾总督府制药所检查课，后演变扩展为台湾总督府研究所。晚清新政以来，一些以“试验场”为名的各种农事改良机关可以看作中国自行创办的最早研究机构。到 1906 年，全国先后有直隶农事试验场（1902）、山西农事试验场（1903）、农工商部农事试验场（1906）等。[2] 这些农事试验场基本上没有科研能力，自然也没有什么科研成果。科研机构的真正创建是在民国成立以后。

1912 年 10 月，马相伯、梁启超、章太炎等仿法兰西研究院发起成立“函夏考文苑”，遴选 40 名苑士从事专业研究，但从其提出的苑士候选人名单可以看出，计划中的所谓国立科研机构，其实仅是一个传统学问家的名誉圈子。当然，这一看似轰轰烈烈的学术活动，很快归于沉寂，“刚开了头，就煞了尾”。[3] 1913 年，地质调查所成立，后发展为中国地质学重镇，也是民国科研机构的典范。此后，狼烟四起的中华大地，资源争斗远远超过学术诉求，科研机构的创建成为“被遗忘的角落”。正如任鸿隽所说：

吾国近年以来，震惊于他人学问文物之盛，欲急起而直追久矣。顾于研究之事业，与研究之组织，乃未尝少少加意。兴学已历十年，而国中无一名实相副之大学。政变多于蜩螗，而国家无纳民轨物之远献。学子昧昧于目前，而未尝有振起新学之决心。商家断断于近利，而未尝有创制改作之远志。茫茫禹甸，唯是平芜榛莽，以供楛窳民族之偷生苟息而已，所谓文明之花者，究何由以产出乎？[4]

随着大批留学生特别是留美学生的归国，他们日益感到没有学术机构供学者研究，中国科学根本不能得到真正发展。因此他们中的一些人开始高举宣扬科学研究的大旗，鼓吹科学研究。时任中国科学社社长的任鸿隽连续在《科学》发表《发明与研究》《何为科学家》等文章，[5]为科学研究鼓与呼。他介绍国外研究机构有大学及专门学校之研究科、政府设立之局所、私家建设之研究所、制造家之试验场，即现在的大学研究机构、政府研究机构、私立研究机构和工业企业研究机构。他心仪的是像法国巴黎巴斯德研究院和镭学研究所这样"以科学上之大发明为中心，为研究特别问题而设之研究所"。通过对巴斯德研究院和镭学研究所的分析，他得出结论说："科学之发展与继续，必以研究所为之枢纽，无研究所则科学之研究盖不可能。反之，欲图科学之发达者，当以设立研究所为第一义。" 1920年8月，在中国科学社第五次年会上，任鸿隽进一步指出，科学研究及其科研组织的完备，表征着一个国家的进步。[6]

时任中国科学社《科学》编辑部部长的杨铨，也撰文呼吁科学研究是发展中国科学的唯一正途。与任鸿隽基本相同，他将西方科学研究机构分为私人实验室、学校研究科、学会设立之研究所、制造厂之研究部、政府建立之局所五类。[7]他认为当时处于军阀混战时期，政府设立研究机构不可能，而工厂由于自身发展缺乏设立研究机构的动力，私人更是没有传统，因而给当时中国科学研究指出了一条道路：大学和各科学社团联合起来组建研究所。这样可以享受分工合作、节省经费及仪器、书报、设备共享的益处。

与此同时，北京大学经蔡元培的整顿，也逐步发展成为以学术为中心的高等学府。京师大学堂虽是中国近代科学教育的发祥地之一，但学生"平日对于学问上并没有什么兴会，只要年限满后，可以得到一张毕业文凭"就满足了。教员自己也不用功，把第一次的讲义印出来发给学生，在讲堂上“照本宣科”宣读一遍，“学生觉得没有趣味，或瞌睡，或看看杂书”。考试的时候，教员先期将考试题目或出题范围告诉学生。北京大学的学生，由于“是从京师大学堂‘老爷’式学生嬗继下来”，他们的目的不仅在毕业，尤其注重毕业以后的出路，“所以专门研究学术的教员，他们不见得欢迎，要是点名时认真一点，考试时严格一点，他们就借个话头反对他，虽罢课也在所不惜，若是一位在政府有地位的人来兼课，虽时时请假，他们还是欢迎得很，因为毕业以后有阔老师作靠山”。[8]

蔡元培 1917 年就任校长以后，首先大力提倡“大学学生当以研究学术为天职，不当以大学为升官发财之阶梯”，涤除盘踞在学生头脑中的“读书做官”思想，肃清千年科举制度所培育的“官本位”意识。1917 年 1 月 9 日，蔡元培向全校学生发表就职演说，指出：

大学者，研究高深学问者也。外人每指摘本校之腐败，以求学于此者，皆有做官发财思想，故毕业预科者，多入法科，入文科者甚少，入理科者尤少，盖以法科为干禄之终南捷径也。因做官心热，对于教员，则不问其学问之深浅，惟问其官阶之大小。官阶大者，特别欢迎，盖为将来毕业有人提携也……果欲达其做官发财之目的，则北京不少专门学校，入法科者尽可肄业法律学堂，入商科者亦可投考商业学校，又何必来此大学！所以诸君须抱定宗旨，为求学而来。入法科者，非为做官；入商科者，非为致富……若徒志在做官发财，宗旨既乖，趋向各异。平时则放荡冶游，考试则熟读讲义，不问学问之有无，惟争分数之多寡；试验既终，书籍束之高阁……文凭到手，即可藉此活动于社会，岂非与求学初衷大相背驰乎？光阴虚度，学问毫无，是自误也……今诸君苟不于此时植其基，勤其学，则将来……出而任事，担任讲席，则必贻误学生；置身政界，则必贻误国家，是误人也。[9]

可见，蔡元培虽然提倡学生在大学求学以研究学问为目的，但并不完全反对“读书做官发财”，欲当官的可以入“法律学堂”，要做生意的可以入“商业学堂”。至于进入北京大学法科商科的学生，就要将法学与商学作为学问来研究，以求在学术上有所作为。其实，蔡元培在这里，不仅仅批评“读书升官发财”论，而且提出了在专业分工日益细化的现代社会中的一个相当重要的问题：每个人都有自己的专业分工，因此也有其独特的社会角色，无论是在工作中还是在生活中都要时时检讨自己的角色，不要动不动就串位，学问就是学问，是以追求真理为终极目标的；是教师就专心致志于言传身教，不要汲汲于赚钱，那是商人的本职；是政府官员就一心一意尽力于公民赋予其职位的责任，不要今天吟诗作赋、明天又要读取博士学位、后天又去唱歌跳舞，将自己装扮成一个文学家、学者与影视明星。

仅凭口头的演讲自然不能将学生观念改变，需要有“制度”（仅就蔡元培在北京大学所实行的范围）保障。蔡元培按照“兼容并包”的自由精神，广泛延聘具有真才实学并真正从事科研的教师，在学校酝酿学术研究的氛围，致力于将大学变成一个教学相长、从事科学研究的场所，希望学生们一心向学的观念自然养成。他不拘一格，网罗“天下”英才。几经努力，在文科教员方面既有新思潮的引领者陈独秀、李大钊，又有极端仇视新学的复古名士辜鸿铭、刘师培；既有提倡文学改良的胡适、钱玄同，又有维护旧学的黄侃、梁漱溟；既有“只手打倒孔家店”的吴虞，又有坚持尊孔的陈焕章。理科则延聘了留学欧美的李四光、翁文灏、颜任光、李书华、丁燮林、任鸿隽等知名教授。校园一时精英荟萃，气象万千："无论为何种学派，苟其言之成理，持之有故，尚不达自然淘汰之命运者，虽彼此相反，而悉听其自由发展。"[10]

创建学术组织、创办学术刊物，促使师生进行学术交流，自然是发达学问的重要举措，也是在师生中形成科研氛围的重要工具。在蔡元培领导下的北京大学，由学生或老师共同组织或单独组织的各种学术团体纷纷成立，数理学会、地质学会、书法研究会、新潮社，不一而足；各种刊物如《北京大学月刊》《新潮》《国故》《北京大学数理杂志》等，也如雨后春笋般出现。《北京大学月刊》是一份专门刊登学术研究论文的杂志，蔡元培在其"发刊词"中指出了创刊的三个原因：一是"尽吾校同人力所能尽之责任"，为中国学术的发展作出其应有的贡献；二是"破学生专己守残之陋见"，通过这一学术性刊物之创办，打破学术界限，扩展学生视野，寻求进一步的发展；三是"释校外学者之怀疑"，通过这一学术刊物彰显北京大学学术的进步，化解外界非议。[11]

蔡元培还强调了大学教师从事科学研究的重要性，以为"进大学者，乃为终其身于讲学事业，学生如此，教授亦如此，盖大学教授，须一面教人，一面自己研究也"。[12] 大学教师从事科学研究的过程就是一个教学相长的过程。

正是在中国科学社同人的积极呼吁和蔡元培等人的努力下，北京大学、南京高等师范（东南大学）及其他一些学校和机构的科学工作者们开始积极进行科学研究，中国科学研究风气日渐形成，科研机构的创建也逐渐步入正轨。中国科学社领导层深知在军阀混战的局面下，各割据政权不可能创建他们所期望的专门机构进行科学研究。不得已，他们只得另辟蹊径。

单独靠学校创办科研机关来提倡科学研究，在当时的中国看来必定是“俟河之清”。正像杨铨所倡议的，不如先因陋就简，通过民间社团与学校的合作将研究机关创办起来，提倡鼓舞，后起者必“风起云涌”。1922年8月，中国科学社借助东南大学生物系的力量，创设了他们自己也不看好的私立专门研究机构——生物研究所。他们知道，像中国科学社这样的私立社团，并没有资金来创建专门从事科学研究的机构并维持下去，但他们还是勇敢地迈出了这一步，不想却使生物研究所成为中国近代科学史上研究机构的典范。同年，黄海化学工业社成立，从久大盐业独立出来，标志着企业科研机构的创建。

1923年，中国科学社向政府提出了建立一个庞大的科学研究机构的计划，要求政府从退还赔款和加抽的关税中拨出100万元资助学术团体开办研究所、博物馆之用，另拨300万元作为基金，设立诸如理化研究所、生物研究所、博物馆等。[13]

而从民国初年开始就一直致力于留法勤工俭学运动的所谓国民党“四老”的蔡元培、李石曾、张静江、吴稚晖，期望以派遣留学生的方法将法国教育、科学制度引进中国。蔡元培更曾汲汲于创建国家“科学院”，曾提出利用英国所退庚款在北京或南京“依照南肯辛顿科学博物馆和自然历史博物馆的方式，创办一所大规模的研究院”，这些提议和计划表现了一代知识分子对发展中国科学事业的追求，但限于当时的社会历史条件很难实现。整个北京政府时期，政府在科研机构的创建上毫无作为，这自然影响到整个科研机构的建设。南京国民政府成立后，科研机构的创建迎来了高潮，到20世纪30年代，中国科研机构体制基本形成。从创办主体看，有中央政府主办的综合性的国立科研机构和中央各部门主办的专门科研机构，也有地方政府设立的地方科研机构；有大学设立的以培养研究生为目标、师生共同从事科研的研究所，也有民间社团或社会有力人士捐助成立的私立科研机构；有企业附设的科研组织，也有列强特别是日本帝国主义创建的专门科研机构。

## 名不副实的国立科研机构

### 中央研究院

南京国民政府建立后，创建国家研究机构由言说到实践的历史机缘到来了。1927年4月17日，国民党中央政治会议决议创建中央研究院。10月1日，中华民国大学院正式成立，蔡元培就任院长，杨铨为教育行政处主任，并着手筹备中央研究院，聘请筹备委员30余人。11月20日，召开中央研究院筹备会及各专门委员会联合成立大会，确定中央研究院为中华民国最高研究机关，大学院院长蔡元培兼任院长、大学院教育行政处主任杨铨兼任秘书长，并议决先筹设地质研究所、理化实业研究所、社会科学研究所和观象台4个研究机关，推定常务筹备委员。[14]

1928年4月，国民政府公布《修正国立中央研究院组织条例》，改中华民国大学院中央研究院为国立中央研究院，并特任蔡元培为院长。6月9日，蔡元培在上海亚东酒楼召集各机构负责人杨铨、李四光、丁燮林、竺可桢、陶孟和、杨端六、高鲁、周仁等，召开第一次院务会议，宣告中央研究院正式成立。[15]一个国家最高国立学术研究机构的筹备设立，延宕一年有余，其成立大会在上海的一个酒楼召开，这无论是对领导人蔡元培还是国民政府来说，都不是一件值得宣扬与高兴的事情，反而是应该值得思量与思考的问题。由此可以度量国民政府对这样一个没有多少现实与实用价值的学术机构的重视程度。

1928年11月，国民政府颁布《国立中央研究院组织法》，规定中央研究院直属国民政府，为中华民国最高学术研究机构，从法理上宣布中央研究院成为独立学术研究机构，不再附属于其他部门。蔡元培担任院长期间，基本上实行“无为而治”，放手让手下人发挥潜力，对中央研究院发展影响较大的是总干事。中央研究院组织机构除评议机关（将在第七章具体分析）外，有行政机关和研究机关。行政机关为总办事处，设总干事一人，“受院长之指导执行全院行政事宜”，其角色相当于副院长，初期主要由总干事杨铨主政。杨铨对初期中央研究院的发展影响很大。总干事是一个更换频率较高的职位，除杨铨任职时间较长外，其他人都在一到三年之间。除杨铨、任鸿隽、朱家骅不属于职业科学家外，丁文江、丁燮林、傅斯年、叶企孙、李书华、萨本栋、钱临照都是学术中人。另外，从叶企孙开始，总干事都是物理学专业出身。

中央研究院最为重要的组织机构自然是研究所。筹设时仅有地质、理化实业、社会科学和观象台 4 个单位，到 1949 年共有数学、地质、天文、气象、物理、化学、动物、植物、心理、工学、社会科学、历史语言研究所和医学研究所筹备处 13 个单位。以下为 1948 年以前各研究所大致情状，由此可以度量中央研究院发展概况及其研究范围与水准。[16]

数学研究所：1941 年 3 月在昆明设筹备处，姜立夫任主任。抗战胜利后迁上海，因姜立夫赴美访问，陈省身负责，广泛吸收吴文俊、廖山涛、陈国才、杨忠道、张素诚、曹锡华、周毓麟等年轻人入所培训。1947 年 7 月正式成立，姜立夫代理所长。1948 年初迁南京“数理化研究中心”。研究范围限于纯粹数学，包括数论、抽象代数、级数论、微分几何学、拓扑学及数理统计等。到 1948 年 6 月，所长姜立夫，研究员陈省身、陈建功、华罗庚、李华宗，副研究员胡世桢、王宪钟，助理员曹锡华、周毓麟、叶彦谦、陈杰、陈德璜、林铣、贺锡璋、马良、孙以丰、廖山涛，管理员梁国和。另有助理员张素诚、吴文俊等出国进修。

物理研究所：原理化实业研究所物理组，1928年3月成立，7月改组为物理研究所，所址在上海霞飞路（今淮海中路）899号，1933年迁到白利南路（今长宁路）理工实验馆。抗战期间始迁昆明，继到桂林，复迁北碚，战后迁回上海岳阳路上海自然科学研究所。1946年冬迁南京“数理化研究中心”。首任所长丁燮林，迁南京后辞职，由总干事萨本栋兼任。战前设有物性、X射线、光谱、无线电、标准检查、磁学等实验室及金木工场，战后新设原子核学实验室，研究范围包括金属学、原子核学和电子学等。1948年6月，所长吴有训（未到任），代理所长萨本栋，研究员施汝为、钱临照、彭桓武、张文裕、钱三强、吴健雄，副研究员林树棠、朱恩隆、潘德钦，助理研究员齐荣濂、吴乾章，助理员汪容、屠铸材、李寿枬、殷鹏程、陈耕燕，技士程兆坚、何寿安，管理员赵介清。

化学研究所：原理化实业研究所化学组，1928年7月改组为化学研究所，所址在霞飞路899号，1933年迁到白利南路理工实验馆。抗战期间内迁昆明，战后迁入上海自然科学研究所。王琎、庄长恭、任鸿隽、吴学周先后担任所长。研究工作以纯粹学理为主，但对国家建设等重大问题亦加以重视，研究包括理论化学、无机化学、有机化学及应用化学等方面，科研成就主要集中在分子光谱、类固醇男女性激素、蛔蒿素、重要药材成分、玻璃理论与组织结构等方面。1948年6月，所长吴学周，研究员黄鸣龙、柳大纲、梁树权、沈青囊、沈昭文、卢嘉锡，副研究员朱振钧、朱任宏、黄耀曾、罗建本，助理研究员余柏年、钟焕邦、朱晋锠、郑绍基，助理员高小霞、陆仁荣、陈丽筠、张赣南，技正丁镇，技士刘亮，管理员殷葆贞、孙宝琳。

天文研究所：1928年2月正式成立，所址南京鼓楼。1934年建成紫金山天文台。抗战期间先后迁长沙、南岳、桂林、昆明，战后迁回南京。历任所长有高鲁、余青松、张钰哲。主要从事天体观测、历书编订、授时和经纬度测量等，进行理论天文学、天体物理学等方面的研究。1948 年 6 月，所长张钰哲，研究员陈遵妫、程茂兰，助理研究员龚树模，助理员王鸿昇、陈彪。

气象研究所：1928 年 2 月正式成立，在南京钦天山建立气象台。抗战期间迁北碚，战后迁回钦天山。历任所长竺可桢、吕炯、赵九章。主要从事气象预报、气候学和理论气象学的研究，地震观测及地磁测量。建所之初，与全国测候所合作，成为天气预报中心。1941 年中央气象局成立后，将日常天气预报及管理全国测候台所工作移交该局。1948 年 6 月，所长赵九章，研究员竺可桢、吕炯、涂长望、陈宗器、傅承义，副研究员陈志强、张宝坤，助理研究员朱光焜、* 陶诗言、朱和周、刘庆龄、吴椿，助理员高由禧、刘匡南、胡岳仁、张丙辰、钱骥，技士梁实夫、宛敏渭、杨鉴初、杜靖民、徐延煦、陈五凤、曾树荣、周绳祖。

地质研究所：1928 年 1 月成立，租上海闸北宝通路民房，7 月迁至霞飞路 1346 号，翌年 11 月复迁曹家渡小万柳堂，1932 年 9 月迁南京。抗战期间先后迁桂林、重庆，战后迁回南京。一直由李四光任所长，下分普通地质、应用地质和古生物 3 组，特别注重地质学理论的探讨，解决地质学上的专门问题，也兼为国内公私机关解决关于地质方面的实际问题，在第四纪冰川、古生物及地层、金属矿产的成因及地质构造等方面成果卓著。1948 年 6 月，研究员俞建章、斯行健、许杰、喻德渊、赵金科、陈恺、张文佑、张寿常、孟宪民、蒋溶、李承三、王恒升，副研究员孙殿卿、王嘉荫、马振图、

* 应是著名地球物理学家、中国干旱和农业气象研究创始人之一的朱岗崑（1916—2010）。朱岗崑 1937 年考取气象所测候生，1941 年毕业于中央大学，1941 年 7 月任气象所助理员，1945 年任助理研究员，1948 年留学牛津大学。

刘之远，助理研究员吴磊伯、徐煜坚、邓玉书、陈庆宣，助理员李铭德、谷德振、郭鸿俊、李锡之，技士钱翠麟，管理员陶善缜、侯佑堂。

动物研究所：前身为1930年1月成立的自然历史博物馆，1934年7月改组为动植物研究所。抗战期间迁湖南南岳，再迁广西阳朔，最后迁重庆北碚。1944年5月分为动物、植物二所。抗战后迁入上海自然科学研究所。一直由王家楫任所长。研究范围包括鱼类生物学、昆虫学、寄生虫学、原生动物学与实验动物学，还从事过渤海及山东半岛之海洋物理、化学及浮游生物等调查研究。1948年6月，研究员伍献文、陈世骧、倪达书、史若兰、陈则湍、朱树屏，助理研究员张孝威、杨平澜、胡荣祖、陆桂、陈启鎏，助理员易伯鲁、朱宁生、王祖熊、郭郛、顾国彦、夏凯龄、尹文英、施瑔芳，技士白国栋。

植物研究所：1944年5月成立，罗宗洛任所长。战后迁南京，再迁上海自然科学研究所。成立初设高等植物分类学、藻类学、植物生理学3个研究室。复员后，增设真菌学、森林学、植物形态学、植物病理学及细胞遗传学等研究室。研究范围包括编纂《中国真菌志》，蕨类、纤形科、高等植物，海水及淡水藻类，中国重要林木之培植及森林生态及森林经理等问题，微量元素对植物体内碳水化合物之分解与合成的影响，裸子植物胚胎发育及国产木材解剖，大豆病害防治、果实作物病害调查等，小麦及小麦属之遗传，小米属、高粱、甘蔗等之细胞遗传及育种等。1948年6月，所长罗宗洛，研究员邓叔群、饶钦止、裴鉴、李先闻、魏景超，副研究员单人骅、王伏雄，助理研究员黎尚豪、柳大绰、黄宗甄、何天相、倪晋山、金成忠、周重光、周太炎，助理员刘玉壶、唐锡华、喻诚鸿、黎功德、夏镇澳、刘锡琎、林克治、李整理，技士韦光周。

心理学研究所：原名心理研究所，1945 年 1 月改名。1929 年 5 月成立，初设北京。1933 年 3 月迁上海，租巨籁达路（今巨鹿路）秀德坊 8 号，7 月迁理工实验馆。翌年 6 月迁南京。抗战期间先后迁长沙、南岳、阳朔、贵阳等，最后迁定重庆北碚。战后迁上海自然科学研究所。唐钺、汪敬熙先后任所长。研究范围包括动物学习问题、神经解剖、神经生理、工业心理、胚胎行为的发展、哺乳类动物行为与神经系统的关系等。1948 年 6 月，研究员唐钺、张香桐，副研究员鲁子惠，助理员张汝亭。

工学研究所：前身为理化实业研究所工程组，1928 年 7 月改组为工程研究所，1945 年 1 月改称工学研究所。所址初在霞飞路 899 号，1933 年迁理工实验馆。抗战期间内迁昆明，战后迁回理工实验馆。所长自始至终为周仁。研究对象为工学范围内学理及应用问题，研究工作包括陶瓷、钢铁、玻璃、棉纺机、内燃机、木材及一般有关化学工业等。1948 年 6 月，研究员殷源之、周行健，副研究员何桂辛、王志泉，助理研究员冯思莼、施佑之、柳大维、钱善湘，技正吴体仁，技士张本茂、汪厚基、孙钟礼、雍汉庭、潘浴新，管理员文华、史继良。

医学研究所筹备处：1944 年 12 月成立筹备处，设于重庆歌乐山上海医学院内，林可胜负责，冯德培代理。战后迁上海自然科学研究所，设有生理学（集中于神经肌肉系统研究）、有机化学（从事橘霉素的抗异生素研究）、生物化学（研究营养及酵素化学）3 个单位。1948 年 6 月，筹备主任林可胜，代理筹备主任冯德培，研究员汪猷、王应睐、王世浚、萨本铁、鲁桂珍，副研究员黄兴宗，助理研究员汪凯熙、周寿恺、马家骥、李宗汉，助理员刘育民、徐学峥、徐京华、张耀英、胡旭初，技士靳观成、赵世英。

社会研究所：原社会科学研究所，1928 年 3 月正式成立，1945

年改名。所址初在上海，1932年1月迁南京，1934年7月与中基会所设北平社会调查所合并。抗战期间，先后迁长沙、南岳、桂林、阳朔、昆明，最后迁四川宜宾李庄，战后迁南京。先后由杨端六、蔡元培、杨铨、傅斯年、陶孟和任所长。初设法制、经济、民族、社会4组，与调查所合并后将民族学和人类学研究划归历史语言研究所。主要从事经济史、工业经济、农业经济、国际贸易、金融、财政、人口、统计、社会史、国民所得等方面的研究。1948年6月，所长陶孟和，研究员巫宝山、梁方仲、徐义生、丁文治、罗尔纲、许烺光，副研究员张之毅、严中平、姚曾荫、徐雍舜、张自存、韩启桐、彭雨新，助理研究员李文治、姚贤镐、佟哲晖、王永吉、汪敬虞、章有义、马黎元、邵循恺、彭泽益、南钟万、陈伯敏、万典武，助理员王植民、许钧、刘宜诚、沈佩麟、白华、罗典荣，技士杨时旺，管理员宗井滔、刘善初。

*历史语言研究所*：1928年7月正式成立于广州，傅斯年一直任所长。1929年3月迁北平，1934年10月迁南京。初设历史组、语言组、考古组，陈寅恪、赵元任、李济任组长，后设人类学组，吴定良任主任。历史方面，研究上古、中古及近代史中若干问题，编订及整理明清史料等；语言学方面，以汉藏语言为主要研究对象，进行汉语方言的调查和整理；考古学方面，调查史前及周秦两汉遗址几十处，河南安阳的殷墟遗址发掘最著名；人类学方面，对东南、西南、台湾等地区少数民族的文化、体质及人种进行分类调查研究。1948年6月，研究员陈寅恪、赵元任、李济、董作宾、李方桂、梁思永、凌纯声、岑仲勉、丁声树、劳榦、陈槃、郭宝钧，编纂芮逸夫、石璋如，副研究员全汉昇、董同龢、张政烺、夏鼐、高去寻、傅乐焕、王崇武、李光涛、杨时逢，助理研究员张琨、马学良、周法高、逯钦立、王明、王叔岷、李孝定、何兹全、孙德宣、严耕望，

助理员黄彰健、张秉权、赵文涛、赖家度、傅婧、石钟、杨希枚、于锦绣、潘绪年、程曦，技士潘悫，管理员萧纶徽、那廉君、李光宇、汪和宗、陈钝，兼任驻北平办事处主任余逊。

另外，在李庄时期，史语所人类学组曾独立筹设体质人类学研究所，限于经费等原因，未最终成立，主任吴定良也出走浙江大学。除史语所成建制、数学所大部分迁台以外，中央研究院其他机构都留待上海和南京，成为中国科学院创设的基础。

中央研究院虽然是国立最高科研机构，但其科研水平相比其他研究机构如大学与私立科研机构，成果并不特出。物理、工学、心理、天文等研究所的水平可以说与其国立机构的名声并不相匹配，仅从人员组成看，这几个所都可以称为“一人所”，即所长为所存在的主要标志；相较而言，化学、地质、动物、植物、社会科学甚至最晚成立的数学所，或在科研成就或在人才培养上都大有作为，当然史语所成果极为特出。即使如此，其动物和植物学两个所，相对私立的中国科学社生物研究所、北平静生生物调查所而言，在科研成就与人才培养上都有不小的差距。

### 北平研究院

当蔡元培正在筹备中央研究院时，李石曾在中央政治会议上提出设立局部或地方研究院的议案，拟定中央研究院经费每月 10 万元，地方研究院每月经费 5 万元。仿照中央研究院隶属大学院体制，拟议中的北平研究院划归为北平大学区，作为北平大学的研究机构。

1929 年 9 月 9 日，北平研究院作为独立的国立研究机构正式宣告成立。[17] 按照《国立北平研究院组织规程》，北平研究院“为国立学术研究机关，学理与实用并重。以实行科学研究，促进学术进步为其任务”；院长由教育部聘任、副院长需报教育部备案。[18] 虽然没有明确隶属机构，但可以看出其是教育部下属机构。另外，经费每月 3 万元，由国库于平津学款中按月拨付。北平研究院虽然名为国立研究机构，但又不像中央研究院一样直属国民政府，而受教育部管辖，反不如像地质调查所名曰实业部地质调查所这样名正言顺。从其机构及其研究范围来说，又与教育部所应管理的事务完全没有关系，可以说有些不伦不类。也就是说，国立北平研究院名为国立机构，但隶属于教育部，教育部又不能真正管理它，只是在财政拨款上和院长任命上“签字画押”而已。当然，有人认为北平研究院是地方性综合科研机构，[19]这值得商榷。其实，从经费来源、研究范围和组织规程规定等方面来看，当时学界都认为它是国立机构，不能因为它总部没设在“首都”就被定为地方性机关，也不能因为其设立缘由为地方研究院，就判断其为地方性质的研究机构。

北平研究院最初的组织结构可以说是“叠床架屋”，不知其设置是故意有别于中央研究院还是有其他独到的考虑。该院实行院—部—所（会）三级管理，院下设总办事处、理化部、生物部和人地部。总办事处设总务部、出版部、海外部，理化部设物理研究所、镭学研究所、化学研究所和药物研究所，生物部设生物研究所、植物研究所和动物研究所，人地部设地质研究所和测绘组。此外，还有与研究所平级别的史学研究会、水利研究会和字体研究会等。1935 年取消各部的设置，成正常的院—所管理层级。根据 1945 年 10 月 17 日国民政府颁布的规程规定，北平研究院设立物理学、原子学、化学、药物、生理学、动物学、植物学和史学 8 个研究所。[20]最初成立时，生物部居然设有生物研究所、动物研究所、植物研究所这样的机构，难道动物、植物不属于生物？可见，设立初期的北平研究院无论是在逻辑、学理还是在日常操作上都有不少问题。下为各研究所发展概况。

物理学研究所：1929 年 11 月成立，李书华代理主任。1931 年初，严济慈任主任。助理员陆学善、钟盛标、钱临照、吴学蔺、方声恒、翁文波、钱三强、陈尚义等先后留学法国、英国和美国等。抗战期间迁昆明，战后复员。主要从事光谱学、照相、水晶压电现象、地球物理、应用光学等方面的研究。1948 年 7 月，所长严济慈，研究员李书华、钱临照、顾功叙、钟盛标、陈尚义、王大珩。

镭学研究所：1932 年与中法大学合作办理，原设北平，1936 年迁上海，1945 年改原子学研究所。抗战期间滞留上海，设施被毁坏不少。设发射学、X 光、光谱学等研究室及化学实验室，主要研究放射学，结晶学和光学也涉及。1948 年 7 月，所长严济慈，研究员陆学善、钱三强、何泽慧。

化学研究所：1929 年 11 月成立，李麟玉、刘为涛曾任主任。抗战期间迁昆明，战后复员。主要从事纯粹和应用化学研究。1948 年 7 月，所长周发岐，研究员李麟玉、杨光弼、刘为涛、王序、纪育沣、陈光旭、蒋明谦、苏苐第。

药物研究所：1932 年与中法大学合作成立，翌年迁上海。研究延胡素、麻黄、贝母、常山等中药。1948 年 7 月，所长赵承嘏，研究员庄长恭，副研究员高怡生。

生理学研究所：原名生物学研究所，1933 年改名。经利彬任主任，设生理、细胞、生物化学研究室。抗战期间迁昆明，经利彬离职，工作停顿。战后迁上海，主要从事实验胚胎学研究。1948 年 7 月，所长朱洗，研究员李石曾，副研究员张果、陈兆熙。

动物学研究所：1929 年 9 月成立，陆鼎恒为主任。抗战期间迁昆明，陆鼎恒病故，张玺继任主任。战后迁北平。在鱼类、原索动物、软体动物、节肢动物等分类，以及金鱼受精等实验方面取得相当成就。1948 年 7 月，所长张玺，研究员沈嘉瑞、朱弘复。

植物学研究所：1929 年冬成立。抗战期间，大部迁陕西，小部迁昆明。战后迁北平，留在昆明的部分改称云南工作站。在植物地理分布、种子植物专科专属等方面有所成就。1948 年 7 月，所长刘慎谔，研究员林镕、汪发缵、王云章，副研究员夏纬英。

史学研究所：1936 年成立。抗战期间迁昆明，战后迁北平。在考古、历史与北平文献方面有所成就。1948 年 7 月，所长徐炳昶，研究员冯家昇、黄文弼、王静如，副研究员苏秉琦、钟凤年。

北平研究院各研究所，除物理学所、化学所、植物所等研究实力较强外，其他基本上属于“个人所”，主要研究工作由所长担任。吴大猷先生对严济慈领导的物理所称誉有加，认为其不仅在实验物理方面作出了重要成绩，也培养了大批人才。[21]

## 参差不齐的中央各部门和地方科研机构

### 中央各部门设立的科研机构

南京国民政府中央各部门设立科研机构不少，学术界对有些机构研究已经比较充分，如中央地质调查所、中央农业实验所、中央工业试验所等；有些机构还有待研究者的进一步努力，如资源委员会、兵工署设立的众多研究所。

1. 地质调查所

1912 年，南京临时政府在实业部矿务司设地质科，毕业于东京帝国大学地质系的章鸿钊任科长。政府迁北京后，在工商部下设地质科，由英国留学归来的丁文江主持。1913 年，在工商部成立地质研究所，招收学生，培养人才，章鸿钊任所长。同时地质科改称地质调查所，丁文江亲自从事地质调查，勘测正太路沿线地质，考察云贵川，“为中国人自行调查地质之始”。[22] 1916 年 1 月，改地质调查所为地质调查局，独立预算，实际主持人为丁文江。同年 6 月，地质研究所学生毕业。丁文江、翁文灏等因无暇继续从事教育工作，请蔡元培在北京大学恢复地质系，将地质研究所裁撤。10月，地质局改回地质调查所，以丁文江为所长。1920年7月，修改组织章程，正式成为农商部直辖机构。

从其演变看，地质调查所经历的由科到所、由所到局、再由局到所这样的过程，也是一个由政府行政机构逐渐演变为学术研究机构的过程。如果不是丁文江、章鸿钊、翁文灏等人都是学者出身，以发展中国地质事业为己任，地质调查所也许变成局后不会再变回调查所，也不会由一个政府行政机构转变为一个学术机构。像他们那样的一代人，刚刚脱离传统中国社会，深知作为政府行政机构的地质局在资源上比作为学术机构的地质调查所要丰厚得多，但他们决然投身学术，脱离官场，这是研究地质调查所历史时不得不注意的一个问题，以往相关研究者似乎没有注意到这一侧面。

因是学术机构，在北京政府时期，自然也就有当时所有学术教育机构同样的遭遇——政府资金不能到位。1923—1928年，“因经常经费不足，有时完全断绝，故所中薪额极低犹多积欠，甚赖所员牺牲一切，始终不懈”。当然，因为不是行政机关，很少受到政府“走马灯”更替的影响，“当时北京政府迭更，各机关添员裁员视如传舍，本所以学术上之成绩及能力为用人唯一标准，不纳冗员亦不轻裁减，故虽经费极穷，而研究精神差克保持未坠”。[23]

地质研究所毕业生大多进入地质调查所，在河北、山东等省测制百万分之一地质图，并对矿山开展调查，着手岩石、矿物、古生物的研究工作，结束了中国国土主要由外国人从事地质调查研究的局面。1928—1935年，是地质调查所的重要发展时期，涌现了一批著名学家，地质学家有黄汲清、李春昱、孙健初、王曰伦等，地层、古生物学家有尹赞勋、田奇瑞、赵亚曾、计荣森、潘钟祥等，岩矿专家有王恒升、程裕淇等，地球化学家有金开英，矿床学家有谢家荣、王竹泉、徐克勤等，测绘专家有曾世英、方俊等，古脊椎动物专家有杨钟健、裴文中、卞美年、贾兰坡等；地震专家有李善邦等，土壤专家有侯光炯、熊毅、李庆逵、李连捷、马溶之、朱莲青等。

1935年，地质调查所迁南京，先后有高振西、许德佑、盛莘夫、叶连俊、路兆洽、岳希新、阮维周、毕庆昌、王钰、高平、李悦言、丁毅、崔克信、秦馨菱、马廷英、侯学煜、黄懿、宋达泉等入所工作，成为国内权威性地质机构，在国际上也享有较高声誉。全面抗战爆发后，迁重庆北碚，先后有卢衍豪、彭琪瑞、朱夏、陈秉范、何春荪、王超翔、刘庆龄、曾鼎乾、关士聪、李孝芳、宋叔和、刘乃隆、徐铁良、米泰恒、刘庄、陈梦熊、李星学、陈康、顾知微、穆恩之、谢毓寿、马以思、席承藩、朱显谟等入所工作。

抗战胜利后，迁回南京，又先后增加一批新生力量，主要有刘东生、楚旭春、姜达权、李广源、张咸恭、章元龙、沈永和、沈其韩、盛金章、朱福湘、边效曾、张瑞锡、周幕林、刘秉使等，形成建所以来的最强阵容。1950年8月，中国地质工作计划指导委员会成立，李四光任主任委员，尹赞勋、谢家荣任副主任委员，统一领导全国的地质工作，地质调查所正式宣告撤销。[24]

地质调查所奠定了中国近代地质学基础，在地质基础理论、区域地质的调查研究、地层和古生物研究、造山运动和大地构造研究、矿物学和岩石学研究、水文地质和工程地质调查研究等方面都取得了创造性成果。以古生物研究来说，1929年成立新生代研究室，主要从事周口店的发掘工作，中国猿人头盖骨及其他大量哺乳类动物化石的发现，震动全世界，引起国际科学界的重视，并在国内外科学家共同合作下，开展古人类研究，发表了许多重要著作，其中《中国猿人史要》和《中国人类化石及新生代地层概论》(1933)，提出了新的新生代地层分类，初步总结了新生代地质研究成果。新生代研究室还从事古脊椎动物与史前考古的研究，后来改称新生代和古脊椎动物研究室。抗战期间，卞美年、王存义在云南禄丰下侏罗统发现禄丰龙动物群，在学术界轰动一时，引起国际上极大关注。构造地质方面，翁文灏、丁文江等提出了中国的大地构造理论，黄汲清的多旋回地质构造理论更是影响深远。在矿产资源和矿床地质调查研究方面，也作出了重要贡献，并开拓了不少新的学科，诸如地震、地球物理、土壤、制图及燃料等。

当然，地质调查所最为重要的贡献是为中国地质学的发展培养了大批人才。1948 年首届中研院地质学院士除中研院代理院长朱家骅和地质所所长李四光外，翁文灏、杨钟健、谢家荣、黄汲清都来自地质调查所。后来当选中科院学部委员（院士）的，1955 年有尹赞勋、田奇㻪、乐森璕、李连捷、杨钟健、侯德封、侯光炯、俞建章、谢家荣、黄汲清、斯行健、裴文中、李庆逵、梁树权、黄秉维、程裕淇等 16 人；1957 年有王竹泉；1980 年有王钰、王曰伦、朱夏、李春昱、岳希新、侯学煜、高振西、黄绍显、熊毅、穆恩之、王恒升、方俊、叶连俊、卢衍豪、关士聪、刘东生、李星学、宋叔和、陈国达、徐克勤、贾兰坡、秦馨菱、顾知微、沈其韩 24 人；1991 年有朱显谟、陈梦熊、盛金章 3 人；1995 年有丁天仁、席承藩、刘广志 3 人。[25]

2. 工业科研机构

工业科研机构主要有中央工业试验所、经济部矿冶研究所、资源委员会矿产测勘处等。

中央工业试验所：1930 年 7 月在南京正式成立，徐善祥、吴承洛、欧阳仑、顾毓瑔、顾毓珍先后担任所长。初以研究工业原料、改良制造技术、鉴定工业品为职责，设材料、机械、动力、化学分析四个实验室和一个小型工厂。后研究范围不断扩大，增设电气、酿造、窑业、造纸等实验室。抗战期间，内迁重庆，规模进一步扩大，研究范围进一步扩展，先后设立 17 个试验室、11 个实验工厂，有 200 人左右。宗旨为“就地取材，就地研究，就地推广，以增加生产力”，为抗战和发展后方工业技术作出了相当贡献。战后迁南京和上海，另设立有北平、重庆等工业试验所（与中央工业试验所平行），为各地各种工业生产试验、研究、改良和指导机构。[26]

经济部矿冶研究所：1938 年 3 月成立于长沙，后迁重庆。附属于矿业司，负责有关采矿、选矿、冶金、化验等研究事宜。

资源委员会矿产测勘处：1937 年，资源委员会与地质调查所合作成立矿产测勘室，专门从事矿产勘测。1940 年扩展为叙昆铁路沿线探矿工程处，以云贵川为范围，从事地质调查。1942 年改组为资源委员会矿产测勘处。勘测发现不少矿产资源，一直由谢家荣负责。

3. 农业科研机构

相对工业来说，农业科研机构比较复杂，主要有下述几个单位。

中央农业实验所：1933 年正式成立，隶属实业部，主管全国农业研究、改良与推广工作。时任实业部部长陈公博兼任所长，美国农业专家洛夫任总技师，谢家声、沈宗瀚等先后出任所长。初设植物生产、动物生产和农业经济科。1938 年，经济部成立后，改隶经济部，全国稻麦改进所、中央棉产改进所等一律归并该所，成为全国农林技术总枢，工作范围涵括农林渔牧。1940 年 7 月，农林部成立后，改属农林部。农林部成立中央林业实验所、中央畜牧实验所、中央水产实验所等机构后，相关事业划出。1947 年，技术部门有稻作、麦作、棉作等 10 个系，并附设北平农事试验场、湄潭实验茶场、等 6 单位，职员 300 人，其中技术人员占 90%，高级技术人员占全所职员的 1/6。该所成绩斐然，沈宗瀚认为，仅在抗战以前，通过该所的努力，“全国作物育种与田间试验方法趋于一致与现代化，可与英美媲美”。先后有中国近代农学奠基人钱天鹤、谢家声、沈宗瀚、赵连芳、程绍迥、吴福桢、冯泽芳、孙恩麐、孙本忠、张乃凤、马保之、朱凤美、沈骊英、胡竟良、戴松恩等在该所工作。[27]

中国畜牧实验所：1940 年 7 月设于广西桂林，旋迁四川荣昌，设畜牧、兽医两组。1944 年改组为 10 个系，抗战后迁上海，1946 年 7 月迁南京，并设华北工作站于北平，直属农林部。

西北羊毛改进处：1940 年农林部设于甘肃岷县，处理甘肃、宁夏、青海三地羊毛改进事业。1943 年总处移设于兰州，在岷县设分所。

中央林业实验所：1941 年 7 月成立于重庆，1946 年 5 月迁南京。直辖林场 4 个，并在北平设立华北试验场、海南岛设华南试验场、重庆设西南工作站、南川设常山种植场。

中央水产实验所：1947 年元旦正式成立于上海，直属农林部，设深海渔业、近海渔业、水产制造、水产养殖等 10 个系。[28]

4. 水利科研机构

水利历来是中国最为重要的事务之一，水利科研机构主要有第一水工试验所和中央水工实验所。

第一水工试验所：1933 年 12 月，黄河水利委员会和河北省立工学院合作，在工学院内设立天津第一水工试验所；次年，导淮委员会、华北水利委员会、北洋工学院等单位参加，成立筹建中国第一水工试验所董事会，改名为“中国第一水工试验所”。1935 年正式成立，1937 年毁于日军战火。[29]

中央水工实验所：1935 年成立于南京，直属全国经济委员会，作为全国水利科学研究中心。接受荷兰所拨 40 万元庚款作为筹建经费，并聘请荷兰工程师万和佛（Y. Den Heuvel）为顾问。1942 年改为中央水利实验处，执掌水工土工实验、水文测验及其有关水利一切基本设施，直隶水利部。战后迁南京，曾设立北平水工实验所、南京水工实验所和南京水文研究所等机构。[30]

5. 卫生科研机构

卫生科研机构主要有中央防疫处和中央卫生实验院。

中央防疫处：1918 年创建于北京，制备血清、疫苗以及指导全国防疫工作。1935 年迁南京，隶属卫生署。抗战期间内迁昆明。战后迁回北平，改名中央防疫实验处。伍连德、金宝善、汤飞凡曾任处长。

中央卫生实验院：1932 年，全国经济委员会设立中央卫生实验所，翌年改称卫生实验处。内设防疫检查、寄生虫学、化学药学等 9 个系，从事各地疾病及卫生保健的调查、研究、实验、示范和各类专业人员的培训，并与教育部合作设立卫生教育设计委员会。抗战期间内迁，并改组为中央卫生实验院，战后迁南京，在兰州、北平等地设立分院。[31]

6. 军工科研机构

由于抗战所需，军事工业方面设立了不少专门研究机构。

兵工署科研机构：1932 年 5 月，理化研究所成立，设有金属、弹道、光学、材料、电学等实验室，从事特种合金钢物理性质及其金属组织等研究，研制军用通信设备、感光器与无线电遥控器等。1933 年，俞大维任兵工署署长，他十分重视研究。到全面抗战爆发前，先后成立应用化学研究所、弹道研究所、精密机械研究所等，邀请高水准及一流人才专家主事。如弹道研究所高薪请到世界一流、驰名国际的弹道学权威德国克朗兹（Dr. Cranz）博士及夏定博士到南京讲学。[32]

航空研究院：航空委员会除资助清华大学设立航空研究所外，

1939年7月在成都设立航空研究所，下设器材、飞机及空气动力组。1941年8月，扩展为航空研究院，设器材和理工系，从事飞机结构、动力、飞行理论、设计制造等研究。[33]

可见，南京国民政府成立初期，十分重视科研机构的设立，除综合性的中央研究院、北平研究院外，还设立了专门性科研机构。此外，农林机构比工业机构多，特别是抗战期间农林部成立后，又分别设立了中央畜牧实验所、林业实验所、水产实验所等。这一方面说明了抗战期间对农产品的需求与依赖，另一方面也说明民国工矿业生产与工业水平的低下。其实，抗战前，政府对农业科研的投资力度就远远大于工业科研，如1934年的调查表明，中央农业实验所每年经费60万元，而工业试验所仅9万余元。[34]

### 地方政府设立的研究机构

地方政府所设科研机构，除福建省研究院外皆为专科性机关。

1. 福建省研究院

1939年春，福建省政府为积极提高科学研究，特设立福建省研究所，先后设立自然科学、医药卫生和农林3部。1940年11月，改称研究院，按照教育部指示进行机构和研究范围的调整。1944年为全盛时期，有科研人员80人左右。组织架构仿中央研究院，分行政、研究和评议3部分，曾设有理化研究所、社会科学研究所等。[35]

2. 地质机构

地质科学由于关涉矿产等资源，似乎是地方政府十分关注的事业，先后设立有河南省地质调查所（1923）、两广地质调查所（1927）、湖南省地质调查所（1927）、江西省地质调查所（1928）、四川省地质调查所（1938）、西康省地质调查所（1939）、福建省地质土壤调查所（1940）、云南地质矿产调查所（1942）、宁夏省地质调查所（1943）、新疆省地质调查所（1944）、台湾省地质调查所（1946）等，其中湖南省地质调查所成效卓著，取得不少科研成就。[36]

3. 工业机构

目前所能寻找到名称的仅有直隶工业试验所（1911）、山西工业试验所（1917）、山东工业试验所、广东工业试验所、河北工业试验所、上海工业试验所（1929）、湖南工业试验所（1933）、陕西工业试验所（1935）、广西工业试验所（1941）等。这些机构的具体情况，因资料等原因多不能知悉，如上海市工业试验所的情况，也仅知 1929 年 6 月成立，从事煤的分析，1934 年所长沈熊庆，有职员 8 人，岁入 8800 元。[37]

4. 农业机构

农业科研与改良是民国时期政府最为关注的事业之一。1934 年调查统计全国地方政府设立科研机构共 18 个，其中相关农业科研机构就有 11 个。整个南京国民政府时期，地方政府设立的农业科研机构比较重要的有以下几个。

江西省农业院：1934 年 3 月正式成立，宗旨为“谋江西全省农业技术之改进，与农村生活之改善，主管全省之农业试验，农业推广与农业教育”。[38] 1949 年后改为农业科学研究所，设作物、园艺、森林、农业化学、虫害、病害等研究组等。[39]

浙江省农业改进所：浙江省农业向称发达，1911 年设农事试验场，1915 年设立原蚕种制造所，1919 年设立棉种试验场等。1938 年，将各农业机关合并正式设立农业改进所。在稻麦、蚕丝、茶叶畜牧兽医、植物病虫害等方面都取得了极为重要的成绩。

贵州农业改进所：1938 年 4 月成立，经费由省政府和中央农业实验所平均负担，技术方面由中央农业实验所派员负责。所内先后设置农艺、森林、园艺等系及农业推广委员会，负责改进全省农业。[40]

四川省农业改进所：1938年9月成立，由省家畜保育所、蚕丝改良场、稻麦改进所等9个农事机关合并组建，负责全省的农业改良推广事业，下设农事组、林务组、畜牧组、农业经济组、江津农场等。

甘肃省农业改进所：1938年秋，由经济部西北种畜场、甘肃省第一农场等机构合并组建，直隶建设厅。设农艺、森林、农政、畜牧兽医和植物病虫害等股，具体负责全省农林畜牧改良推广事宜。

此外，还有湖南农业改进所、湖北农业改进所、陕西农业改进所、西康省农业改进所、四川省蚕丝改良场、甘肃省畜牧兽医研究所、安徽农业改进所等。

地方政府设立的其他类别科研机构，根据1934年的调查，还有江苏省立医院卫生试验所（1934）、江西陶业试验所（1932）、上海市卫生试验所等。[41] 可见，地方政府设立的科研机构中，相关的农业机构远远多于工业，而且也取得了比较重要的成就。李先闻回忆说，四川农业改进所获中央和省政府经费达到1200多万元，远超过中央农业实验所的百余万元，表明政府将四川作为后方根据地建设，“以稳定后方人心，奠定抗战的根基，足食足兵，才可长期抵抗下去，又可容纳许多学者及年轻人，可以说是一个重大完美的策划”。当时员工超过1200人，有学士学位的50余人，博士学位的超过20人，在干练有为的赵连芳所长领导下，“人才很整齐，做事都肯任劳任怨，合作无间。所中人员都斗笠一顶，草鞋一双，上身穿的是三峡布衣，下身穿遂宁织的黄色紫花布裤……上下一心，共赴国难”。[42]

## 学科齐全的大学研究所和零星的民间科研机构

### 大学研究所

现代大学既是传播知识、培育人才的地方，也是教师从事科学研究、扩展人类知识视野的园地，是基础研究的基地。大学进行科学研究的理念，源于德国人洪堡（Wilhelm von Humboldt，1767—1835）创办的柏林大学。洪堡提出大学是研究高深学问的地方，是学术和文化的中心，教师的首要任务是从事“创造性的学问”。洪堡这一理念不仅极大地影响了德国科学的发展，也对世界大学办理产生了深刻影响。

在蔡元培的极力提倡下，中国近代大学的理念深受德国大学观念的影响。由蔡元培主导制定并于 1912 年 10 月发布的《大学令》，规定“大学为研究学术之蕴奥”，并规定设大学院。后来修订的学制也同样规定在大学设立研究院。蔡元培就任北京大学校长后，积极实施其理念。1917 年北京大学就已设立研究所，相关科学方面有数学、物理、化学 3 个部门，1920 年增加地质学。这些研究所的任务主要有研究学术、研究教授法、特别问题研究、中国旧学钩沉等。[43]因当时根本没有研究基础，也不能真正从事学术研究，这些研究所被人称为研究生教育机构。[44] 1925 年清华学校设立国学研究院，王国维、梁启超、陈寅恪、赵元任等作为导师招收研究生，培养了一批国学研究者。1926 年上海南洋大学成立工业研究所，后改组为交通大学研究所。但这些研究所，不是研究对象非科学技术，就是处于“散兵游勇”阶段。

1929 年 8 月，国民政府公布的大学组织法中，有“大学得设研究院”的明文规定。当时，国立中山大学、清华大学，私立金陵大学、燕京大学等均开始筹备设立研究院。[45] 1934 年 5 月，教育部颁布了《大学研究院暂行组织规程》，规定“大学为招收大学本科毕业生研究高深学问，并供给教员研究便利起见……设研究院”。研究院分文、理、法、教育、农、工、商、医各研究所，“凡具备三个研究所以上者，始得称研究院”。各研究所依本科所设各系分若干部，如理科研究所物理部。设立“研究院”必须满足3个条件：（1）除大学本科经费外，有确定充足的经费专供研究之用；（2）图书、仪器、建筑等，“堪供研究工作之需”；（3）师资优越。[46] 这样，各校设立研究院有了基本的立法依据。

1935年4月，国民政府公布了《学位授予法》，规定学位分学士、硕士、博士3级，学士毕业后在大学研究院或研究所继续研究两年以上，经考试合格成为硕士候选人，提交论文经考核合格、教育部审查无异，由学校授予硕士学位。硕士毕业后在研究院或研究所工作两年以上，经考试合格、教育部审查无异成为博士候选人，提交论文经博士学位评定会考试合格后，由国家授予博士学位。并从当年7月开始实行。[47]

大学设立研究院不仅是为了培养研究生，还要为教师们进行科学研究提供帮助与机会。蔡元培说：“大学无研究院，则教员易陷于抄袭讲义、不求进步之陋习。盖科学的研究，收集材料，设备仪器，购置参考图书，或非私人力所能胜；若大学无此预备，则除一二杰出之教员外，其普通者，将专己守残，不复为进一步之探求，或在各校兼课，至每星期任三十余时之教课者亦有之。”[48] 大学教员从事科学研究，还有为学生树立榜样的作用：“为教授者，若对所教学科，不事研究，不能与时俱进，则其授予学生之知识，必不免陈腐而机械，亦不能得学生之敬仰。反之，则教授若能从事研究，其研究学问之兴趣与方法，均可无形中为学生所模范，则其贡献，必将超过研究中只能研究学问而无机会训练学生之人。”[49]

正如前面所言，大学招收研究生其实在政府条文出台前已经开始。陈省身 1930 年从南开大学毕业后，考取清华大学研究生，师从孙光远研究射影微分几何，1934 年毕业到德国留学。著名化学家张青莲 1930 年从上海光华大学毕业后考入清华大学，1934 年毕业。到 1936 年，全国大学设立理工农研究所情况见表 5–1，这不仅表征了当时各门学科的发展状况，也可看出各学科的学术中心。

**表 5–1　1936 年大学设立理工农研究所一览表**

| 学校名称 | 研究所及设置学科 |
| --- | --- |
| 国立清华大学 | 理科研究所物理部、化学部、算学部、生物学部 |
| 国立北京大学 | 理科研究所数学部、物理部、化学部 |
| 国立中山大学 | 农科研究所农林植物部、土壤部 |
| 国立中央大学 | 理科研究所算学部，农科研究所农艺部 |
| 国立武汉大学 | 工科研究所土木工程部 |
| 国立北洋工学院 | 工科研究所采矿冶金部 |
| 私立南开大学 | 理科研究所化学工程部 |
| 私立燕京大学 | 理科研究所化学部、生物学部 |
| 私立金陵大学 | 理科研究所化学部，农科研究所农业经济部 |
| 私立岭南大学 | 理科研究所生物部、化学部 |

资料来源：中国第二历史档案馆编：《中华民国史档案资料汇编》第 5 辑第 1 编：《教育》(二)，第 1385—1386 页。

1932 下半年，北京大学设立研究院。根据规程，本校毕业生成绩总平均分 80 分以上、外语成绩平均 80 分以上可免试入学；研究生在研究院研究 1 年以上，作够 8 个读书报告并考试及格后，学校发给乙种证书，将来教育部公布学位制度后，补发硕士学位；得乙种证书的研究生如果愿意继续研究，再研究两年以上，提出专门著作，并考试及格后发给甲种证书，将来补发博士学位；设立奖学金，每名学生 360 元。当年报考学生踊跃，但 200 多人仅录取 26 人（包括免试），自然科学录取 3 人，分别为物理学任自立、心理学雷肇唐、生物学张维汉。1934 年 5 月，北京大学研究生向校长蒋梦麟提出要求，诸如研究期限延长、指定研究院经费、增聘校外导师、设研究生补助金以资鼓励等。蒋梦麟回复说研究院不是养老院，有了成绩才给钱。当时有代表“很不客气地说了两句痛快话：‘那么我们研究生不能与学校作招牌，干脆我们不研究了’”。双方不欢而散，因有些研究生不愿意继续靠家里拿钱供养，不能安心读书，“各寻各的饭碗去了”。学生们批评蒋梦麟不重视研究生教育、不注意培养高深人才，必将被清华超过。[50]

对于大学的科研状况，教育部 1934 年开始调查，1936 年完成，以《全国专科以上学校教员研究专题概览》刊行。调查统计了 71 所学校，教员总人数共 7560 人，进行科研者仅占 14.1%。专题研究 1112 项，科学技术方面 743 项，文科、法科、教育科、商科等方面 369 项，前者是后者的两倍多，显示了当时大学科研的重点。科学技术方面，理科 260 项、农科 156 项、工科 42 项、医科 285 项，可以看出科研主要集中在理科和医科，农科次之，工科很少。

抗战开始后，各校研究生教育大受影响，1938 年教育部拨专门经费给设备较优的国立大学增设研究院，同时协助原有研究院所恢复招生。1946 年 12 月，教育部废除研究院与研究学部名称，一律改称研究所，而且与学系合并，研究所设主任，由系主任兼任，系内教授、副教授、讲师等都是研究所工作人员，不另支出薪金。到 1947 年，全国共有 33 所学校设立 156 个研究所，其中理科 42 个、工科 19 个、农科 15 个、医科 27 个，理工农医共 103 个。

国立大学方面，中央大学设立研究所最多，有 6 个理科、4 个农科、3 个工科和 4 个医科共 17 个研究所，清华大学次之，有 16 个研究所。进一步分析可知，各个大学研究所变化情况不同，如北京大学似乎停滞不前，1936 年就有理科 3 个学部，到 1947 年仅增加 3 个学科，中央大学由 2 个增加到 17 个，清华大学也由 4 个增加到 16 个。

教育部学术审议会成立后，开始审核硕士学位的授予。1943 年 5 月到 1948 年 4 月期间，共审核授予硕士学位 232 人，理农工医专业共 127 人。[51] 高校研究所在培养人才的过程中，注重师生共同研究，取得了比较突出的成就。如清华大学农业研究所 1938 年春到 1941 年春，戴芳澜和俞大绂等领导的病虫害组先后从事云南经济作物病害、云南菌类调查，小麦、大麦抗病育种试验，棉作病害，黄豆育种试验、蚕豆病害及《中国真菌名录》编纂等工作；刘崇乐领导的昆虫学组发表专业论文 13 篇，普通著述 4 篇；汤佩松等领导的植物生理组从事纯粹生理学与应用生理学研究，汤佩松、殷宏章、陈华葵等发表论文 19 篇。[52] 这些研究成果的作者中，有首届中央研究院院士戴芳澜、俞大绂、汤佩松、殷宏章。

**民间科研机构**

中国缺乏民间资助科学发展的传统，虽然艾尔曼先生的研究表明，学术资助对考据学派的诞生和发展有相当重要的作用。但具体分析他的论证，主要是朝廷大员的所谓半官方资助，如徐乾、阮元等。即使是一些大商人，如盐商对学术的资助，也不是西方近代意义的科学基金形式，而是想通过这一途径从商进入官场，以获取更大的利益。[53] 胡先骕认为，中国社会向来不知提倡科学研究的重要，陈嘉庚创办厦门大学，“可谓前无古人，而竟因其个人商业失败，致大学亦岌岌乎不能维持”。与社会资助科研的贫乏相比，“无谓之慈善事业如兴修庙宇等，则踊跃输将者大有人在，以视欧美诸邦之富豪，每以巨款捐助教育与研究机关者，其智量之相去殆不可以道里计矣”。[54] 因此，近代中国私立民间科研机构的发展非常缓慢，真正有名的仅有由学术团体创办的中国科学社生物研究所、社会捐助创建的静生生物调查所和西部科学院而已。

1922 年 8 月，中国科学社为实现其科学研究方略，在南京成立了生物研究所。秉志一直担任所长，抗战期间钱崇澍曾代理。[55] 生物研究所的发展主要受中基会资助，聚集和培养了大批科研人才，取得了举世瞩目的科研成就，与国际上 800 余家机构建立了联系。研究所导师先后有中国生物学奠基人秉志、胡先骕、钱崇澍、陈桢、胡焕镛、张景钺、戴芳澜等，培养的成名学生有王家楫、伍献文、郑集、方文培、张春霖、王希成、王以康、吴功贤、周蔚成、徐凤早、凌立、耿以礼、孙宗彭、曾省、陈邦杰、陈义、张宗汉、张孟闻、郑万均、裴鉴、欧阳翥、刘咸、卢于道、戴立生、汪振儒、严楚江、孙雄才、王志稼、方炳文、倪达书、沈其益、秦仁昌、冯言安等。他们有多人荣膺首届中央研究院院士，更有许多人当选中国科学院学部委员。胡适曾说，生物研究所在“秉志、胡先骕两大领袖领导下……为文化上辟出一条新路，造就许多人才，要算在中国学术上最得意的一件事”。[56]

中国科学社生物研究所在科研机构的创建与发展上也具有榜样作用。该所积极参与其他研究机构的创建并进行合作研究，在人才的培养模式与科研氛围的形成方面，也有典范意义，特别是它所培养的大批人才为中国科学的发展提供了必不可少的智力保障。静生生物调查所的倡立，“此间［生物所］实为其筹措规划，执事人员多为前时本所之职员，不啻为此间之新枝”。[57] 成立之初的静生所，所长兼动物部主任秉志、植物部主任胡先骕，分别担任生物所所长兼动物部主任和植物部主任；职员如动物部技师寿振黄、助理沈嘉瑞、绘图员冯澄如等都曾是生物所职员，后来进静生所的秦仁昌、李良庆、张春霖等也曾在生物所接受培训与研究。生物所还与静生所进行合作研究与采集，“关系密切有如一家”。

中央研究院动植物所的建立也与生物所有极大关系，其人才基本上是生物所培养的，它在调查研究上与生物所进行合作，“至为亲密，研制则彼此分工，避免重复，采集则互相合作，共获便利。标本互相协助，书籍有无相通。该所今日之专家技师，固即本所昔日之研究人员”。[58]

除与同类研究机构合作外，生物所还与其他机构有广泛的联系。仅 1935—1936 年，中央卫生署、北平研究院化学研究所研究的中国药用植物都委托生物所鉴定；河南省立博物馆相关生物学工作也由生物所筹划，并派人到生物所实习；山东大学派人到生物所研究鱼类，所中给予方便；中国西部科学院生物研究计划亦由生物所编订；国立编译馆委托生物所审定编译名词；中央大学更是与生物所展开各种合作。

吴大猷先生说：

一个国家的学术根基，就在于人才及学术气氛，有了气氛才能进一步谈学术水准。有了学术气氛和水准即可激动学者从事学术工作，在良性循环下，才能获致更高的学术水准……学术气氛是无法用钱来提升的，而是要让学者在学术工作中得到一种“愉快”，感到一种“名誉”。学者最需要的也就是能从学术气氛中感受到精神上的鼓励和支持，所获得的是学术声望，研究同侪的推许。这种气氛不仅会激起或维持一个学者对学术的兴趣，而且自己会从内心升起一股内在的后力，逼着自己从事学术研究。[59]

生物所无论是人才培养还是科研成就的取得，都与所内良好的学术氛围有关，学者们在这里不仅感到“愉快”与“名誉”，也感受到学术工作的重要性。生物所对中国科学研究良好氛围的形成，其人才培养机制对中国科学的发展都产生了极其深远的影响。

尚志学会为了纪念教育界名流范源濂，和中基会联合组建了民间科研机构北平静生生物调查所。[60] 范源濂（1876—1927），字静生，多次出任北京政府教育次长、总长，也曾主持清华学校、北京师范大学等，担任中基会董事兼干事长。他从政之余，以研究生物学自娱，有创建博物馆的志向。作为尚志学会发起人，曾向学会捐 30 万元从事文化事业活动。1927 年 12 月 23 日，范源濂在天津病逝后，为纪念并继承他研究生物的遗愿，尚志学会拿出他生前捐助中的 15 万元作为基金，创办了以静生命名的生物研究所。同时，致函中基会，委托其管理并请求资助常年费。

1928 年 10 月 1 日，静生生物调查所正式成立。当年，全所职员仅 9 人，秉志任所长兼动物部主任，胡先骕任植物部主任。1932 年，秉志辞所长职务，胡先骕接任。同年，蔡希陶率领云南生物采集团赴云南，开始我国近代生物学史上延续时间最长的生物采集。1934 年 8 月，静生所与江西农业院合作在江西庐山创建庐山植物园。全面抗战爆发后，静生所“因限于图书标本无法移动”未内迁，请美国大使馆保护。当年，静生所职员 47 人，是建所以来最兴盛时期。在云南生物采集团基础上，1938 年 4 月，与云南省教育厅合作成立云南农林植物研究所。太平洋战争爆发后，静生所被日军强行占据。1949 年后，静生所被接管，后改组为中国科学院植物分类学研究所，云南农林所改组为研究所昆明工作站，庐山植物园改组为研究所庐山工作站。与中国科学社生物研究所一样，静生生物调查所培养了大批人才，比较著名的有寿振黄、刘崇乐、沈嘉瑞、何琦、杨惟义、唐进、汪发缵、秦仁昌、蔡希陶、俞德浚、陈封怀等。静生生物调查所也取得了相当的科研成就，主要侧重动植物的分类与形态研究。在这些成就中，最有名的自然是胡先骕、郑万钧等发现了被誉为“活化石”的水杉。

静生所是尚志学会和中基会资助创办的民间机构，中国科学社生物所是中国科学社创办和中基会资助的民间机构，都与民间学术社团有关。中国西部科学院却是由有实力和势力的地方实力派资助创办的，中国科学社、中国科学社生物所、静生所等民间社团和学术机构在其创建过程中也曾起到相当重要的指导、联络作用。中国西部科学院在重庆北碚的创建，既有当时西部人士发展本地科学的抱负，又体现了东部地区人士开发西部的意愿，可谓是西部和东部人士共同努力的结果。[61]

四川素称“天府之国”，动植物资源丰富。中国科学社生物所等学术机构曾先后派遣生物采集团去采集标本，得到地方有力人士卢作孚（1893—1952）等的帮助。1930 年 3 月 8 日，卢作孚率领民生公司等单位职员一行出川到江浙、东北考察，8 月 30 日回到北碚。这次考察给他最大刺激的是日本人为掠夺中国资源在东北创设的科研机构，同时也感受到江浙一带科研氛围浓厚，因此在南京与中国科学社商讨成立中国西部科学院事宜。回到北碚后，卢作孚积极筹建中国西部科学院，他的努力得到了蔡元培、黄炎培等名流，翁文灏、秉志等学界泰斗的支持，四川善后督办刘湘、杨森等地方当局人士也予以资助。1930 年 9 月，中国西部科学院正式成立，卢作孚兼任院长。

中国西部科学院成立后，先后设立了理化、农林、生物、地质 4 个研究所。理化研究所从事川康矿业及工业原料成品的化验与原料研究，农林研究所着重垦荒育林及农作物的改良推广，生物研究所主要进行生物标本的采集与研究，地质研究所从事地质矿产的调查研究。经费来源主要有个人捐款、政府机构拨款、中基会等机构资助和借款等。1950 年 1 月，重庆军管会北碚分会接管中国西部科学院与中国西部博物馆，后改组为西南人民科学馆。

1940 年，中英庚款董事会在重庆北碚创办中国地理研究所，设自然地理、人生地理、大地测量和海洋 4 组。1946 年 8 月，与教育部合办，大地测量和海洋两组单独设所，分别与同济大学和厦门大学合办。1949 年后被接收改组为中国科学院地理研究所。

另外，当时民间科研机构，还有诸如 1928 年由中华农学会与德商爱礼司肥料公司合办的农业研究所，1939 年中英庚款董事会在贵州遵义创办的中国蚕桑研究所等，但大多“旋起旋停”，没什么影响。

### 企业科研机构

企业科研机构是科学技术从研究成果到开发应用最为重要的环节，是企业科技进步的钥匙、工业化的基础，也是国家科学技术发展水平的重要体现，其发达与否在很大程度上表征着一个国家的工业化程度。西方科学技术从学院理论走向工厂、走向实践，是先有科学后有技术。中国近代科学发展通过引进，最先表现为技术，然后在技术的不断发展过程中，随着现代教育制度的形成、科学人才的培养，才出现科学研究。在此前提下，随着工矿企业发展的现实需要，工矿企业逐步建立研究机构从事研发。由于资料等原因，目前学术界对企业科研机构的研究还处于摸索阶段，对企业科研机构的掌握还很不全面，下面仅先简单列举上海企业研究机构情形，再扩展到其他地方。

化学工业方面：1928 年，由天厨味精厂出资，吴蕴初兴办了上海中华化学研究所，初为天厨味精厂提供技术支撑，天原化工厂建成后，也为该厂提供了盐水精制技术。1934 年，大中华橡胶厂进口一批试验仪器，建立了物理研究室。1944 年，大丰工业原料公司建有大丰化学研究所，分有机、无机、电化、酿造 4 组，从事化工原料及医药研究。资源委员会中央化工厂上海工厂设立试验室，从事染料、橡胶加工、煤焦油利用研究，曾试验成功合成新材料，在工厂中应用。[62]

医药工业方面：1926 年，五洲固本皂药厂建立研究部，逐步发展为工程、化学、药物及编译 4 个部门的科研机构。1935 年，新亚药厂建立新中化学药物研究所，从事药理、化学合成、药物分析等研究，先后研制多种新药。1940 年 4 月，信谊药厂建立化学药物研究所，研制成功“消治龙”成药，成为当时市场上首选消炎药物。1943 年，中法药房制药厂在原化工实验室基础上建立中法生物化学研究所。到抗战胜利前，还有中联药物化学研究所、华生药物研究所、中国特效成药研究所、同仁注射药研究所等科研机构成立。1948—1949 年，亚光药物化学研究所、民生实验治疗研究所等也先后创建。[63]

可见，上海一些工业企业还是设立了相当的科研机构，但这些所谓的研究部门成效不大，没有真正起到一个企业研发机构的作用，这也表征了当时中国工业并不发达的情状。上海作为民国时期中国工业最为发达的城市，其企业科研机构情况如此，民国时期企业科研机构的整体状况可以想见。因此，抗战胜利后，中国科学社等团体一直寻求科学界与工业界的联络，以更好地让科学服务于工业，振兴中国工业。相对而言，范旭东创建的黄海化学工业社在民国时期企业科研机构中最有影响力。

1914 年，范旭东在塘沽创办久大精盐公司，迈向实业。1918 年，在北京政府的支持下，集资在塘沽创建永利碱厂。后网罗留学美国的侯德榜，从事制碱工业，大振中国化学工业声威。黄海化学工业社前身为久大精盐公司附设的化学室，1922 年独立，留美化学博士孙学悟任社长。抗战期间内迁四川乐山五通桥。战后设立有发酵与细菌学、有机化学、无机化学、化工、分析化学等研究室。1949 年后，一部分为中国科学院接收，另一部分成为重工业部综合工业试验所第三部。

研究社成立初期，对社会需求有求必应，因此工作漫无目的。后逐步收缩战线，研究范围集中农业产品制造、农业化学等 4 个方面，“大大促进了工业的发展，30 年间它所取得的成绩，在私立研究机构中是首屈一指的”。[64]

## “半殖民地科学”：外国人设立的科研机构

1985 年，美国科学史家刘易斯·佩恩森（Lewis Pyenson）出版《文化帝国主义与精密科学》，[65] 提出“殖民地科学”概念，此后殖民地科学开始进入科学社会学的研究视野。刘易斯·佩恩森指出，服务于帝国主义扩张的殖民科学活动偏重于实用，地理学家、地质学家前往调查领地的地势和地下资源，生物学家前往发现新的生物物种，气象学家、农学家去研究收获的方法和途径，医学家探讨地方病的病因等。按照他的说法，所谓殖民地科学主要以应用性科学为主，其主要目标是为殖民地的统治者即宗主国服务，至于殖民地本身的科学发展似乎不在其考虑范围。作为半殖民地的中国，列强设立了不少专门的研究机构，从创办主体看可以分为两类：一为西人创办的、不具有完全殖民意义的科研机构；二为日本帝国主义设立的、具有完全殖民意义的科研机构。

## 西人创办的机构

西方人在中国设立的研究机构主要有德国人在青岛设立的观象台，法国人在上海创建的徐家汇观象台和巴斯德研究院，英国人在上海设立的雷士德医学研究所，美国人利用洛克菲勒基金会在北京设立的协和医学院等。与殖民地科学“应用性”研究不同，这些机构大多从事的是基础性科学研究，在天文、气象、医学、生理学等方面有比较重要的科研成果。

1848年，上海徐家汇天主堂教士曾开展雨量观测。同年，英国人在上海英租界麦家圈仁济医馆也开展了气象观测。1865年，巴黎耶稣会一神父携带部分气象仪器来沪，在董家渡进行气压、气温等观测。1872年8月，天主教江南教区在徐家汇召开会议，决定由高龙鞶（Augustin Colombel，1833—1905）神父领导，在徐家汇建立一座“与耶稣会相称”的观象台。同年12月，徐家汇观象台开始气象观测。1879年7月，上海遭强台风袭击，海上舰船损失巨大，在公董局和外商轮船公司一致要求下，观象台筹设了航海服务部。1882年1月1日起，徐家汇观象台正式向上海各报发送中国沿海气象预报。1884年9月，外滩信号台正式成立，并每天定时悬挂报时和气象信号，为停泊在黄浦江和进出上海港的舰船服务。1901年，建立佘山天文台。为加强国际合作，徐家汇观象台积极开展科研学术活动，1926年和1933年两次参加国际经度联测。1933年，与北平研究院合作，测定东北、华北、华东、华南等208个重力点，成为国际重力加速度的基点。全面抗战爆发后，徐家汇观象台科研人员逐年散失，科研工作被迫中止，经费来源断绝，人员锐减，仪器得不到维修，原有刊物也停止出版。战后，也一直没有恢复到战前的水平。1949年后，中国科学院和军委气象局共同派员接管了徐家汇观象台和佘山天文台，改组为上海气象台和上海天文台。

1880年，徐家汇观象台开始任命观象台台长，能恩斯（Marc Dechvrens，1845—1923）、蔡尚质（Stanistaus Chevaliev，1852—1930）、劳积勋（Aloysius Froc，1859—1932）、田国柱（Henricus Gauthier，1870—？）、雁月飞（Petrus Lejay，1898—1958）、茅若虚（Ludqvicus Dumas，1901—1970）等先后担任此职。融天文和地学于一体的徐家汇观象台，科研领域很广，涉及气象、大气物理、天文、地震、地磁、地理、授时、重力等方面，共发表几百篇论文和学术报告，取得40余项重要成果，有些还获得法国科学院奖金，无论在基本理论还是实际应用上，都具有开创性和较大影响。[66]

北京协和医学院最初为教会学校，1915年改由洛克菲勒基金会承办，大加整顿与扩充。除医院外，还注重医学、生理、生物化学及公共卫生学研究。1921年，北京协和医学院用于建筑校舍的费用就达200万美元，以后常年费用也达每年60—70万美元，到1947年已超过4000万美元。[67]协和医学院资金充足，当然易于吸引人才，中国生理学界和医学界的领军人物基本都出自这里，如林可胜、吴宪、陈克恢、赵承嘏、李宗恩、张孝骞、袁贻瑾、冯德培、胡正详等。

协和医学院作为中国生理学研究中心，按照曾昭抡的说法，"虽以经费之充足，人才之集中，较他处开始研究之日期为早，且其研究之进行，亦较易着手；然其比较重要的工作，则始于1924年左右"。[68]1924—1925年，陈克恢关于麻黄素药性之研究，其后，吴宪关于中国食物营养价值、血的分析、蛋白质变性研究等，赵承嘏关于延胡素、贝母等中国药物的研究等都是非常出色的成果。

雷士德医学研究所（Henry Lester Institute of Medical Research）以英国著名建筑师、富商雷士德（1839—1926）遗产建造并命名。雷士德在上海去世后，遵照遗嘱将其遗产约3000万元在上海设立医药、土木工程、建筑及其他应用科学学校基金。基金保管会与香港大学商洽后于 1928 年决定在上海创办研究所。1932 年正式成立，地址在爱文义路（今北京西路）1320 号，下设生理部、病理部和临床部。在该院从事研究的中国科学家先后有蔡翘、汤飞凡、沈霁春、侯祥川、易见龙、吴光等。太平洋战争爆发后，日军占领研究所和仁济医院，仪器设备散失，其后研究几乎停止。战后也未得到恢复，1954 年为人民政府接管，移交给轻工业部工业试验所，1957 年改名上海医药工业研究院。[69] 该所注重中国食物和药物的性质及基础成分的研究，对食物营养价值、维生素含量等进行探索，是当时中国除北京协和医院外的另一个生物化学研究中心。

上海巴斯德研究院前身为 1936 年 7 月成立的公董局公共卫生救济处化验所。1938 年 1 月正式成立，地址在金神父路（今瑞金二路）207 号，设有微生物部、疫苗部、化学部等。主要研究人员先后有雷乐尔（J. H. Raynal）、富礼爱（J. Fournier）、夏博（A. Chabaub）、刘永纯、郭成周等，雷乐尔和刘永纯因研究工作卓有成效，促进中法两国学术交流，还被法国政府授予骑士勋章。1950 年，研究院被政府接管，并入 1951 年成立的中国人民解放军军事医学科学院，1958 年迁北京。

无论是徐家汇观象台、上海巴斯德研究院，还是北京协和医学院、上海雷士德医学研究所，它们的主要研究对象是理论性的基础科学。即使像徐家汇观象台这样以天气预报为目标的机构，也大量从事天文、地球物理等基础理论研究，而且在这方面成就更为卓著。也就是说，西人在中国所设立的科研机构，似乎与刘易斯·佩恩森所指称的“殖民地科学的实用性”有出入，这也许就是中国“殖民地科学的复杂性”。更重要的原因，可能是中国不完全是这些国家的殖民地，这些国家在中国设立科研机构，并不像日本在中国设立机构主要以掠夺中国资源为目的有关。另外，这些机构都有中国人参与，特别是北京协和医学院主要是中国科学家在其中工作，这自然促进了中国科学的发展，包括相关学科的发展和相关人才的培养等。

## 日本帝国主义创办的机构

按照研究者定义，所谓“殖民地科学”是指“帝国主义者以科学技术为手段，为推行侵略政策和殖民统治、掠夺财富和资源，在其殖民地所移植和发展的科学”。[70]日本帝国主义为了实现其侵略目的和巩固其殖民统治，极力在中国发展“殖民地科学”，先后建立了台湾总督府研究所、满铁中央试验所、大陆科学院、上海自然科学研究所等上百所科学研究和技术开发机构。与西人创办的科研机构不同，日本帝国主义设立的科研机构可以完全归结为殖民地科学。下面以满铁中央试验所、大陆科学院和上海自然科学研究所为例予以展现。

日俄战争后，日本为巩固其在中国东北的地位，掠夺中国的资源和财富，推行其殖民政策，于 1906 年建立了南满洲铁路株式会社即“满铁”，作为其“国家代行机构”。满铁机构庞大，从业人员达数十万，不仅管理铁路，而且还有矿山、港口、文化和科研机构及情报组织等。据研究，日本帝国主义在东北地区共设立了大小 80 多个科研机构和 12 所高等院校，满铁中央试验所仅是其中之一。满铁中央试验所 1907 年 10 月成立，1949 年被人民政府接管，改称大连大学科学研究所，1952 年划归中科院，先后更名为中科院工业化学研究所、中科院石油研究所、中科院大连化学物理研究所。

满铁中央试验所的发展，可分为 3 个阶段。第一阶段为试验和资源调查时期（1907—1912）。满铁中央试验所进行了抚顺煤炭、蒙古天然苏打、大豆和大豆油、甜菜的研究试验，还与满铁地质调查所合作，在大石桥等地发现了世界罕见的菱镁矿床等。第二阶段为工业移植时期（1913—1925）。在前期工作基础上，满铁中央试验所选择最易实现工业化的项目，引进欧洲或日本技术，在试验所试验后再进行改良，直到成功得到工业应用。主要工作有从大豆油中提取挥发油，耐火砖工业、陶瓷工业和玻璃工业等。第三阶段为独创化学工业时期（1926—1945）。满铁中央试验所已不满足于调查、试验、改良模仿已有工业，进入真正开发研究时期，主要工作有页岩油制造、铝镁制造工业、大豆工业、海绵铁制造等，除接收军方、企业委托研究以外，也利用自己的研究成果自行创办了不少企业。1945 年全所有正式工作人员 800 余人，其中高级研究人员 200 余人，无论是研究项目还是研究经费，都与日本本土著名的理化研究所不相上下。1907—1945 年，共发表研究报告约 1000 份、获得专利 140 余项，为日本帝国主义在中国掠夺资源以进一步侵略中国立下“汗马功劳”。

1932 年 3 月，傀儡政权伪满洲国成立。1935 年 3 月，日本帝国主义在长春成立大陆科学院，1948 年被接收改组为东北工业研究所，1952 年划归中科院，后改名为长春应用化学研究所。[71] 1942 年大陆科学院有 17 个研究室、1 个分院、4 个直属研究所（处）和 4 个实验室、4 个试验厂，800 多人。大陆科学院的主要研究目标是资源开发利用和工艺研究，可分为农林牧产业、工业产业和直接服务生产三大类，完全是应用性研究，理论性研究根本不在其考虑范围之内，这似乎与它作为伪满洲国国立综合性科研机构的地位不相称，这显示出其殖民性。虽名为伪满洲国国立研究机构，但行政和业务完全掌握在日本人手中，院长、副院长和研究室主任全为日本人，课题主持人也是日本人，为数很少的中国人在其中仅是配角。

上海自然科学研究所与日本在中国建立的其他殖民科研机构有

所不同：第一，筹备期间中日双方协商；第二，这个研究所有较多的“纯粹科学”研究；第三，有一些有名的中国科学家在其间工作。以“自然科学”而不是以“单一学科”给研究所命名，这不仅在当时的中国不多见，在日本也没有。可见上海自然科学研究所设立之初，是想建成一个庞大的综合性研究机构。[72] 鉴于美国等国退还部分庚子赔款资助中国教育文化事业，日本也越发感到欧美诸国对中国的文化渗透会威胁到其在华利益。1923 年 3 月 30 日，日本决定以庚子赔款的余款在中国举办文化事业，开始筹备上海自然科学研究所。筹备之初想办成“由中日科学家共同从事合作研究的场所”。1928 年 5 月，“济南惨案”发生，日方毫不掩饰其侵略政策，中方委员正式声明退出了这项计划。从此，上海自然科学研究所成了日本单方面的“事业”。

1931 年 4 月 1 日，经过 8 年煞费苦心的筹备，上海自然科学研究所终于在法租界内宣告正式成立。成立初期宗旨为“自然科学的纯粹学术研究”，下分理学部和医学部，理学部下设物理学、化学、生物学、地质学 4 个科，医学部下设病理学、细菌学、生药学 3 个科。研究所主管和主要研究人员基本是日本人，也有少量中国人如陶晶孙、陶慰孙、陶虞孙、杨述祖、曾广方等在其间工作。主要活动有对日军占领区的标本进行接收管理，协助日军占领区的医疗事务，接受日军海军部的委托对电离层进行测定，对棉花等进行改良试验等。1939 年后为配合日军侵略，对中国进行了 9 次调查，诸如矿产、气候、兽疫、植物、动物调查等。研究所的宗旨从早先宣扬的学理探求逐渐变为纯粹的技术情报收集，成为日本帝国主义的侵华工具。抗战胜利后为中央研究院接收，成为中央研究院主要办公地，所址现为中科院上海生命科学研究院。

## 科研机构的体系特征

通过分析上述民国时期各类科研机构，可以看出中国近代科研机构体制具有一些比较明显的特征，从中不仅可以看出中国近代科学发展的一些情状，而且可以发现科学发展与社会变迁之间比较复杂的相互关系。

第一，无论是从科研机构的创办主体，还是从学科门类角度来看，民国科研机构都比较齐全。创办主体方面，基本涵括了近代科学发展史上的各类科研机构，诸如政府科研机构、大学科研机构、民间科研机构与工业企业科研机构，这是目前世界上从创办主体角度分类仅有的几种科研机构类型。在学科门类方面，综合性科研机构基本上涵括了纯粹科学如天文、气象、地质、数学、物理、化学、生物等学科，也有应用科学如工程技术等；专门性机构既有纯粹科学如地质、生物，也有大量相关应用性学科如工业、农业、医学等。这些各种各类的科研机构及其开展的科学研究，直接促成了西方近代科学在中国的本土化，不仅取得了比较重要的科研成就，而且造就了大批卓有成就的科学人才（大量留学归国学者在科研机构不仅自己作出了比较重要的科研贡献，而且通过手把手的教育与示范，培养了大批后续人才），促进了各门科学在中国的发展，为中国近代科学的发展奠定了比较坚实的基础。1949年后，中国科学就是在继承这一基础上发展起来的。

第二，无论是从地域布局、学科分布还是创办主体类别来看，民国科研机构的发展极端不平衡。科研机构地域布局严重失衡，有着鲜明的地域性，无论是政府科研机构、民间科研机构，还是大学科研机构、企业科研机构、外人创办机构，都主要分布在东部沿海发达地区。中央政府机构主要展布在南京、上海和北京，有所成就的私立机构也分布在这些大城市，外人创办的机构除日本帝国主义在东北和台湾创建的殖民地科研机构外，也集中在上海和北京。整个科研机构体系中，除私立中国西部科学院地处西部，中部地区有些地方性研究机构如江西、湖南的地质调查所等外，专门科研机构基本分布在东部地区。大学科研机构因为东部地区高等教育发达，科研机构也发达，中部和西部地区相对稀少，抗战前只有武汉大学一个工科研究所的土木工程部。抗战期间，高校和科研机构纷纷内迁，对内地科学发展有相当影响。但抗战结束后又纷纷东南飞，留下的只是热闹的往昔。1947 年，在全国 104 个相关科学技术的大学研究所中，中西部地区只有武汉大学、湖南大学、重庆大学、四川大学等 6 所高校共 11 个研究所，学科分布上还没有中央大学、清华大学一个高校齐全。科研机构这种地域分布，真切地反映了地区间文化经济发展的情状，也表明政治特别是战争对科学发展的重大影响。同时，这种分布状况更深刻地影响了地区间社会文化经济的发展，这仍然是今天区域平衡、协调发展必须面临的问题和挑战。

第三，在学科分布方面，相关数学、物理、化学等所谓普遍性科学的研究机构，与相关地质、生物学、农学等地方性科学的研究机构相比，无法相提并论。即使在以从事基础性研究为特色的大学研究所里，数学、物理、化学研究所的数量也不能与生物、农学等学科相比。这一情状的出现，自然与后发展国家在近代科学发展过程中的科学发展战略有关。作为科学后发展国家，要想尽快在世界科学之林找到立足之地，必须充分考虑科学发展规律与本国国情。对地质学、生物学、农学等具有地方性特征的科学门类来说，中国“地大物博”，具有地质状况复杂、生物农业资源丰富等优势，进行地质和生物资源调查与农业研究不仅不需要复杂的试验设备与巨量的经费，而且很快会取得成果，为世界科学共同体贡献中国力量。因此，任鸿隽说，“一国科学的发展，总不免有地方关系的在先，有世界性质的居后，我国当然不是例外”。[73]张子高也认为，要真正使科学在中国生根发芽，必须先“就中国之所产，施以科学之研究，舍此无他道也。吾国之动植物、地质，其待研究至明”。因为“今假以本土之物，言科学之理，则人将见科学即在目前，不至觉其渺远，不可摸着，兴趣浓而研究者众矣”。在他看来，首先从事地方性科学研究，可以让人们实实在在地看到科学、理解科学，与科学“亲密接触”，以引起其兴趣，吸引人们从事科学研究。而且，通过对地方性科学的研究，还可以使人们认识到所有的科学具有“同一”性，从而引起对其他科学的兴趣。[74]

学科分布上的另一个特征，是应用性的科研机构压倒基础性的理论研究机构。政府研究机构中理论研究机构主要分布在两大国立研究机构中，但无论是物理研究所、化学研究所还是地质研究所，都积极关注应用性的研究。中央地质调查所虽是理论研究机构，但因牵涉到地质矿产，而且还成立有燃料研究室这样的应用性研究部门，与应用研究有比较密切的关系。而其他中央研究机构，基本上是应用研究机构。地方政府设立的大量科研机构，几乎都是应用性研究机构。大学研究所虽以基础研究为重点，但统计 1947 年的 104 个相关科学技术研究所中，工科、农科和医科研究所数量也超过理科研究所。

在应用性研究机构中，相对比较齐全的农林科研机构占据绝对地位，地质机构也不少，工业技术的研发机构和工业企业自身设立的科研机构不仅数量少，而且科研水平与科研成就也不能相提并论。农业科研机构，既有中央农业实验所、中央林业实验所、中央畜牧实验所等中央机构，更有在各省广泛成立的农业改进所，培育出大量的农作物新品种，对农作物病虫害的研究也取得了重要的科研成就，而且建立起比较完善的农业改良与推广体系。以地质调查所为名的机构有十多个，除湖南省地质调查所等少数机构外，科研水平难以恭维，但毕竟表明各地对开发本地区地质矿产资源的重视。工业科研机构方面，除中央工业试验所和一些军工研究所外，地方和工业企业研究机构无论是从科研实力还是科研成就来看，都极为孱弱。中国工业所汲汲追求的是引进机器、设备，本土化的研究开发不在工业界考虑范围，这可能是造成这一情状的主要原因之一。但这一情状，具体地表征了民国的工业化程度，说明民国政府选取工业化道路的建国策略后，并没有真正寻求到进行工业化的妙方。虽然翁文灏领导的资源委员会在国家工业化建设方面取得了相当的成就，但相对于偌大的中国而言，实在是微不足道。[75] 1937 年 5 月 3 日，中央研究院第一届评议会第三次年会在南京召开，蔡元培也讲到科学研究事业方面，专门研究机构和大学研究所都已次第设立，但工业研发机构却很缺乏。[76] 因此，蔡元培希望评议员们介绍国外各类研究机构的历史，使国人理解科学研究并不仅限于研究机关和大学，还有工业企业机构，“不但可以引起普遍的刺激，而亦可推广合作互助之机会”。

1948 年，选举的首届中央研究院 81 位院士中，“因为工商落后，很少利用高级的专门人才。所以只有化学工业公司、制药厂研究所，及银行顾问各一人……可见得中国工商业和研究工作人员，很少取得联络”。[77] 吴大猷也回忆说，民国时期科学与工业之间没有什么联系，在学术界“科学”仅指“纯粹科学”，纺织之类的工业不会与科学发生什么联系。[78] 1935 年 11 月，丁文江在中央广播电台演讲，估计中国公私用于科学研究事业的经费年约 400 万元，相较美国的 10 亿美元、英国的 2.5 亿元、苏联的 10 亿卢布，可谓微乎其微。但这区区之数工厂或公司的投资不过百分之一二。因此学者们呼吁应该建立科学研究与工业应用的良好关系，并提出了实施方略：厂家设立研究机关或与学术机关合作，“使中国进为工业化之国家，非厂家重视研究事业不可”。[79] 另外，大量农业科研机构的出现，不仅体现了“以农立国”的传统，也表现了南京国民政府在解决“民以食为天”上的努力。大多数农业改进所成立于抗战期间，显现出大后方对粮食的极端依赖。

这种不平衡还表现在创办主体方面。总体上看，政府科研机构无论是其涉及的学科范围，还是其研究实力都远超过私立科研机构。政府机构既有综合性的中央研究院、北平研究院，也有专门性的中央地质调查所、中央农业实验所等，还有地方广泛设立的地质调查所和农业改进所等。综合性的私立科研机构虽然有中国西部科学院，但那仅是一个“空架子”，研究实力与研究水平实在很低下；相对而言，专门性的中国科学社生物研究所和静生生物调查所科研成就很突出。大学科研机构方面，国立中央大学、北京大学、清华大学等不仅聚集了中国的大部分科学精英，而且有着良好的实验设备，其科研水平与实力一般私立大学难以望其项背。私立大学仅教会大学金陵大学的农学、燕京大学的物理学等有所成就，一般私立大学即使是著名的南开大学、大同大学，科研实力也不能与一般的国立大学相提并论，更不用说与中央大学、清华大学、北京大学相比了。这一情状的出现，除了政府越来越多地介入科学发展的世界趋势外，更与后发展国家在科学发展上需要政府全力支持有关，也与中国社会的政府强势传统脱不了干系。这显现出科学在近代中国发展的尴尬境地，科学本来追求真理，寻求的是人类知识视野的扩展，本质特征是要求独立，但在富国强兵的重任下，要“迎头赶上”，没有政府的强力支持，自然勉为其难。当然，这一情状的出现，也与中国社会缺乏私人资助科学研究的传统有关。当时所谓的民间科研机构还未真正体制化，即形成西方基金会形式的、具有比较理性化的发展模式。因此，一旦出现变故，私立机构往往归于沉寂，即使是中国科学社生物研究所、北平静生生物调查所这样有相对长久历史并已取得重大成就的机构也不能幸免。

第四，民国科研机构还具有“叠床架屋、因人设事”的特征，具体反映在各科研机构的派系之争中。例如国立北平研究院的成立，在相当程度上就属于“因人设事”，这应该是国民政府对李石曾的安抚。因此，在后来的发展过程中，中央研究院与北平研究院这两个名义上的国立研究机构，在共同发展中国科学的事业上根本不合作。中国科学院筹设期间，有许多科学家就认为这两个机构“各自为政，设置的研究所叠床架屋；两院只把目光局限在自己的研究所上，从未发挥计划与领导全国科学研究工作的作用；科学研究漫无计划，与大学和其他科学研究机构缺乏密切的联系合作”。[80] 派别之争在中央研究院与北平研究院的用人上也表现明显。中央研究院虽名为国家最高学术机构，蔡元培也以“兼收并蓄”相标榜，但组成人员基本上是以欧美留学生为主；北平研究院由于院长李石曾、实际负责人李书华都有留法背景，其主干成员全是留法学生，表现更为突出。

民国学界的派别问题，实在非常严重。不仅因不同留学国别造成留日、留美、留欧之间的矛盾，国内不同学校毕业也有其派别。李先闻曾回忆说，由于北平农专毕业的胡子昂担任了四川建设厅厅长，挤走一手创建四川农业改进所、金陵大学毕业的河南人赵连芳，任命北农毕业的四川人董时进为所长。胡、董两人一心一意排挤所内赵连芳引进的人，大量引进北农毕业的四川人，造成清一色的北农派和“川人治川”的局面。而董时进对业务并不热心，每天在办公室写小品文、办农报，并组织农民党，致使赵连芳时代朝气蓬勃的农业改进所的业务大受影响。[81] 当然，其间还间杂着地域之争。

第五，西人创办的科研机构和日本帝国主义设立的科研机构，表征了近代中国的半殖民地社会性质。西人设立的研究机构，主要从事基础性科学研究，为中国培养了不少人才，在一定程度上促进了中国科学的发展。而日本帝国主义无论是在台湾还是在东北设立的大量科研机构，主要是为掠夺中国财富、为其军国主义张本。

总体上看，虽然民国科研机构比较齐全，但科研实力却相当薄弱，这在相当程度上制约了民国科学的发展。从科研人员数量看，据统计，1948 年中央研究院真正的在职人员（包括大量未到任者）仅 207 人。可见，作为全国最大、最重要、唯一的国家最高学术机构，在其最繁盛时期，人员组成也只有日本帝国主义在东北设立的一个研究所——满铁中央试验所的 1/4 左右。在科研方面，吴大猷回忆说，中央研究院物理所主要做些应用性研究，“严格地说来并不是一种常规的或物理发展主流的研究”。他认为主要原因是人员训练问题，早期研究员少有现代物理学的训练，所长丁燮林除教学外，未做研究工作，“从物理学的观点来看，他并不是一位适当的物理所所长，所中的研究领域，不是……物理学的主流”。[82] 另外一些所，如周仁领导的工学所、汪敬熙领导的心理所、张钰哲领导的天文所，无论是研究人员的构成还是研究成果的取得都十分有限。

另一国立研究机构北平研究院，研究人员更是少之又少，有些研究所基本上是所谓的“一人所”，所长在研究所就在，所长离开研究所也就名存实亡。其研究成就，除严济慈领导的物理所比较突出外，其他研究所的成果难以令人满意。比较起来，倒是中央地质调查所、中央农业实验所等专门性机构，成就较为突出，也培养了不少的后备人才。地方政府设立的研究机构，除四川省农业改进所和江西农业院等少数机关外，一般经费和人员组成都存在比较大的问题。私立民间研究机构除中国科学社生物所、静生生物调查所外，一般机构人员更少。据统计，到 1949 年，全国科学技术工作者不超过 5 万人，真正从事科学研究的工作人员不足 500 人。[83] 从前面相关科研机构的具体介绍中，可以看出这一数据有些偏低，但确实表明了民国科学发展水平不高，基础也相当薄弱。

# 第六章　科学社团的发展及其功能演化

1851年，美国科学促进会早期主要领导人之一的亚历山大·达拉斯·贝奇（Alexander Dallas Bache，1806—1867）在其主席离任演讲中说："科学没有组织就没有力量。"[1] 他所说的"组织"，即指美国科学促进会这样的科学社团。科学社团是科学发展到一定阶段，科学家们为更好地发展科学，进行学术交流与合作、学术评议而自行创建的学术组织，是科学共同体自身建设的重要组成部分和科学发展最为重要的内部支撑体系之一。

## "朋党"的演化：传统社团及其近代变异

1916年9月，中国科学社在美国召开年会，社长任鸿隽发表题为"外国科学社及本社之历史"的演讲，指出虽然自孔子聚徒讲学以来，中国历史上不乏学术性组织，但没有西方近代意义上的学会：

第一，我们历史上的学会，专讲古书经史、道德伦理、正心修身齐家治国平天下之事。现在我们所讲的学社，专讲实验科学及其应用。一个偏于德育，一个偏于智育，其不同之点一。第二，我们历史上的学会，是由一个大学者、大贤人，因其学问既大，名望也高，大家蜂涌云集的前去请教而成。现在我们所讲的学社，是由多数学问知识相等的专门学者，意欲切磋砥砺，增进知识，推广学术的范围，互相结合而成。一个以人为主，一个以学为主，其不同之点二。现在要问我们历史上学会的方法，何以不适于现在学社的用处？其最大的原因，就在现在的科学与从前那种空虚的哲学不同。[2]

在任鸿隽看来，传统社团与近代社团至少有两个本质性区别：第一，研究对象或者研究范围不同。一讲伦理道德、治国平天下的所谓宏大叙事，主要与人类社会相关，特别是人与人之间的社会关系；一讲自然科学及其应用，主要与自然界相关及人类利用自然界为自己服务。第二，组织形式不同。一是在大学者周围会聚一些求学者，其实是老师与学生的聚合组织；一是志同道合者会聚在一起共同切磋学问、促进学术的发展，在学术面前人人平等。第二点还可引申开来，即一以问学求知为目标，一以学术交流、共同切磋以促进科学发展为矢的。当然，传统社团与近代社团的区别并不仅仅表现在这两个方面。与传统社团相比，近代社团具有如下特征：宗旨、目标的结合代替了情感（包括血缘、地缘、亲情）的结合；组织原则、章程纪律的严密性代替了上下单一的垂直性；社团成员的个人自主性取代了人身依附性；对外的开放性取代了自我封闭性。[3]

传统中国社会所谓的社团组织大多被冠以“朋党”称谓。而朋党的出现与皇权专制制度分不开，结成朋党或参加朋党是为了在权力斗争中获得利益，“动则争竞，争竞则朋党，朋党则诬罔，诬罔则臧丕失实，真伪相冒”。朋党的历史由来已久，自北宋欧阳修《朋党论》分辨“君子以同道为朋，小人以同利为朋”以来，“小人之为朋者，皆假同道之名”，朋党之争愈演愈烈。到明代晚期，文人学士结社运动大盛。王家范先生尖锐地指出，明末这些标榜以文会友的结社，“或明或暗，都与‘科举—官场’的角逐紧相攀援”，社团与社团之间互相攻讦，无所不用其极，“有意无意地起了恶化晚明政局的作用，与后来亡国破家不无关系”。[4]

也就是说，传统中国社会，基于“政治一体化”规则，一切具有中间势力性质的“社会组织”，都不会被政府认可，因而也就不可能存在任何代表社会分层意义上的社团。撇开会党、教派之类不谈，就是明清之际知识分子组成的书社、会社，尽管常被政府视为“朋党”或异端，实际上也仍然是传统官僚政治的延伸和变种，它们最多只能表征传统社会结构内部关系的乱象，与近代的“社会组织”实在是风马牛不相及。中国传统所谓的社团，无论其调子唱得多高，总是与权力斗争相结合，与政治分不开，甚至说本身就是一些政治性的小集团。

中国近代科学发轫于西学传播，中国近代科学社团的创建也离不开这一“套路”：外国人开其端，国人接其绪。外国人方面，主要是传教士在各通商口岸相继创建了不少学会组织，诸如 1847 年在中国香港成立的皇家亚洲学会中国支会，1857 年在上海成立的上海文理学会（翌年改名为皇家亚洲学会北中国支会），都是以学术研究、交流为宗旨的团体。[5] 丁韪良曾在《中西闻见录》报道西方专研亚细亚各国的学者集会巴黎，成立东方文会，召开学术讨论会，他也希望“中国学士，将来亦克设立西学文会，研求泰西诸学以资博考”。[6] 非常可惜的是，整个洋务运动时期，根本没有从事学术研究的需求与社会风气，因此也没有受西方科学社团影响，自行创建科技社团。

值得一提的是，1889 年秋天，在圣约翰书院卜舫济的倡导下，上海的朱玉堂、吴子良、华嗣秋、沈星垣等 13 人成立了益智会，“专论格致之理，先以一人创论，然后各以心得之要，相与讨论而折衷之。赏奇析疑，反复辩难，务使万物自然之理，深入浅出，由融会而至贯通，由贯通而臻神话，后乃分列条目，录而出之，以为世人讲求格致之助”，[7] 详细而真切地描述了益智会进行学术交流的目标，似乎深切学会学术交流的功能。这可能是由外国人倡导、主要由中国人组成的学术组织。撰写该会“弁言”的作者还追溯了西方学会的交流学术功能，这似乎比后来维新运动期间大多数论者对学会功用的认识更切合实际，也更有道理。这一组织可能亦仅仅停留于宣言与言说上，具体活动与成效不得而知。

近代中国社团组织活动的勃发期起始于戊戌维新运动期间，当时国人创办了大量以学会为名的组织，从 1895 年在北京创设的强学会开始，到 1898 年戊戌维新失败，其中以科技社团名义成立的组织，据统计有 35 个之多。[8] 但这些学会似乎并没有明显受到在中国创立的西方学术性组织的影响，也不具备科学学会的性质；既没有严密的组织条例和管理机制，也未形成促进科学研究、学术交流的运行机制，基本上是一些关注政治改进、社会改良的普通学会，延续了传统会社与政治纠葛不清的传统。而且大多数团体基本上没有什么作为，仅仅昙花一现，其中比较有成效的是上海农学会。1897 年 5 月，上海农学会由罗振玉、徐树兰、朱祖荣、蒋黻、张謇等人发起成立，初名务农会，后改名农学会。计划刊行《农学报》，讲演农学知识，购买土地采用新法试办农业，购买西方先进农具仿制并加以推广，销售和推广优良种子，举办农业展览会等。这一宏大的系统计划仅有创办《农学报》得以实现，到 1905 年 12 月停刊，《农学报》前后共发行 315 期。

这一情状的出现，与此一时期中国社会缺乏促使近代科学向体制化方向发展的科学内部与外部环境有关。没有科学教育体系、人才培养、科学研究等方面相应的发展，没有这些作为科学社团生存的环境与土壤，科学社团超前出现，其命运只能如此。因此，戊戌维新之后，社团组织活动大多归于沉寂，只有 1899 年孙冲等在浙江瑞安设立的天算学社、1900 年周达在江苏扬州创建的知新算社这两个数学团体尚存。此后，直到 1907 年，科学社团的创设才再次缓慢兴起。

## 昌明学术：近代科学社团的发展演化

中国第一个真正具有科学学会性质的团体，应是由留欧学生俞同奎、李景镐、陈传瑚、曹惠群等于 1907 年在法国巴黎成立的中国化学会欧洲支会，计划事业有“划一名词、编译书报、调查、通讯”。虽具体展开了一些工作，如调查欧洲化学及化学工业情况、统一化学名词术语等，并于 1908 年 8 月在英国伦敦召开了第一次年会，但因成员陆续回国而无形中解散。[9] 1910 年秋天，留美学界也创建了第一个学术性社团——中国学会留美支会，一为输进学识于中国，二为研究、发达学问，三为联络学习专门之人。同时呼吁留英学生成立留英支会，已回国留学生建立中国总会，“我国学子及各留学界可以联络一气，讨论研究及著作之事可以大盛”。基本上也毫无作为 。[10]

在国内创建的具有一定影响的第一个科学学会性质的团体，是 1909 年由张相文等发起成立于天津的中国地学会。该会以“联合同志，研究本国地学为宗旨”，首次鲜明提出了研究学术的口号，这是它与此前形形色色的各种团体最为本质的区别所在。该会重要活动有举行演讲、发刊杂志。但地学会无论是活动的体制化，还是学术研究与交流的成就，都离真正的科学社团有一定的距离。因此仅是具有科学学会性质的团体，还不能算是真正的科学学会。

接续地学会的是中华工程师学会。自洋务运动到中华民国成立，中国工程技术经数十年发展，已有一定的成效，工程技术人员也有相当程度的聚集。特别是在清末的铁路修筑高潮中，铁路工程技术人员更是成批涌现，他们大多年富力强。为了更好地服务于实业建设，组织学术团体群策群力、研讨学问成为当时工程界的共同愿望。借鉴国外工程学会办理经验，1912 年相继成立了三个工程性质的学术团体。负责修筑粤汉铁路的詹天佑，在广州邀集同道创建了“广东中华工程师会”，詹任会长。上海的颜德庆、吴健等人创立“中华工学会”，宗旨有三：工程营造之统一、工程事业之发达、工程学术之日新。颜德庆任会长，吴健任副会长，推詹天佑为名誉会长。徐文炯等人也在上海创建“路工同人共济会”，徐文炯为会长，也推詹天佑为名誉会长。三会各有会员六七十人。

詹天佑认为三个工程师团体“既宗旨不殊，志同道合，与其分而名称不一，或存歧视之心，何如合而学力更宏，益速工程之进步，于原会无妨，于实业有裨”，提议合并。提议得到了强烈响应。[11] 1913 年 8 月，三会在汉口召开合并成立大会，名为“中华工程师会”，选举詹天佑为会长，颜德庆、徐文炯为副会长；通过会章 30 条，宗旨为：规定营造制度、发展工程事业、力阐工程学术；议定开展五项事业：一为出版以输学术，二为集会以通情意，三为试验以资实际，四为调查以广见闻，五为藏书以备参考。[12] 1915 年 7 月，詹天佑等人有鉴于该会“原以研究学术、期有发明为唯一之宗旨”，中华工程师会名义“范围似嫌太广”，改名为“中华工程师学会”，并修改章程，增设编辑、调查、交际、演讲四股，以促进会务发展。[13]

可见，1913年合并成立的中华工程师会无论是其宗旨还是所办事业，都与此前维新时期的所谓学会有很大的区别：团结同志发达学术、共同促进中国工程事业的发展是其主要目标；规定营造制度是对本行业进行规范与约束，具有后来许多行业协会的功能与意义；阐述工程学术是为了更好地发展工程事业。所采用的办法，出版是为了输入与传播学术；集会除互通会员之间的情意外，还有互相交流学术的功能；试验不仅是科学发展的基础，也是为了进一步为实践服务；调查研究不仅能扩展视野，而且也是科学研究的基础；创办图书馆收藏书籍自然是为调查研究作资料准备。从某种意义上来说，中华工程师学会比中国地学会更具学术性，已经基本具备近代学术社团的雏形与功能。1919年逝世、长期担任会长的詹天佑也一直强调学会的性质在于联合工程界专家、研究工程学术，不仅限于铁路工程，各种机器、河渠水利、桥梁道路、土木矿山等都要予以研究。

中国地学会和中华工程师学会具有近代西方知识性会社的特征，它们以科学研究促进学术发展为宗旨，不像传统的“会”“党”那样与政治紧密相连，也不像戊戌期间的学会有广泛的社会改良目标与政治追求。中国地学会与中华工程师学会是专门性质的组织，是当时国内地学（包括地质学和地理学）、工程技术相对发达的结果。由于其他各门科学的不发达，相关专门人才也没有聚集到一定程度，成立各专门学会的条件也不太成熟。同时，由于洋务运动关注的是科学的直接利用，缺位于科学宣传与传播，清末民初杜亚泉等人虽试图在这方面有所作为，但并不成功。此时中国社会急需的是补上宣扬科学、传播科学这一课，这一任务不是任何专门性科学社团所能担当的。因此，接续中国地学会、中华工程师学会的是中国科学社、中华学艺社这样的综合性科学社团，这也是历史发展的需求。

表 6-1 是到 1934 年具有全国影响的科学社团概况。

另外，此前此后还成立了中国古生物学会（1929）、中国植物学会（1933）、中国动物学会（1934）、中国数学会（1935）、中国心理学会（1937）、中国科学工作者协会（1945）、中国科学促进会（1946）、中国解剖学会（1947）等著名团体。

由这些学会的性质及其所从事的事业，可以划分出中国近代科学社团发展的 3 个阶段。第一阶段，20 世纪 30 年代以前，主要是综合性科学社团占据主导地位，以中国科学社、中华学艺社、中华自然科学社为代表。这一时期虽然也有中国地质学会等专门性科学社团的成立，但除中国地质学会、中国生理学会以外，其他社团的组织与学术活动远未制度化，大多处于停顿与半停顿状态。第二阶段，20 世纪 30 年代，专门学会快速发展，开始占据主导地位。到 30 年代中期，中国各专门学会数学、物理、化学、植物、动物学会等相继成立，可以说，到此时中国科学学会的体制化基本完成。此后，因全面抗战爆发，学会成立受到影响。第三阶段，1945 年以后，科学社团的发展又进入一个发展期，此时综合性社团与专门性社团同时发展。从活跃程度看，应是有组织化背景的中国科学工作者协会和中国科学社、中华自然科学社这样的综合性团体影响更大，这与战后整个国际学术界和国内政治情状等有关。

近代中国比较重要的综合性科学社团，抗战以前最有名的有中国科学社、中华学艺社和中华自然科学社 3 个，战后以中国科学工作者协会最有影响。

1914 年 6 月，中国科学社成立于美国康奈尔大学，最初仅是一个股份公司形式的杂志社，主要是以股东们的股金发行宣扬科学的《科学》杂志。1915 年 10 月 25 日，改组为学术性社团，宗旨为“联络同志，共图中国科学之发达”。除发刊《科学》外，还召开年会

**表 6-1　1934 年全国主要科学社团概况一览表**

| 名称 | 成立时间 | 地址 | 主要工作 | 主要出版物 |
|---|---|---|---|---|
| 中国科学社 | 1914 年 | 上海亚尔培路 | 发刊杂志、设立研究所与图书馆等 | 《科学》《科学画报》等 |
| 中华学艺社 | 1916 年 | 上海爱麦虞限路 | 发刊杂志、学术交流等 | 《学艺》等 |
| 中华林学会 | 1917 年 | 南京鼓楼 | 因经费短缺，大部分会务停顿 | 《森林》《林学》 |
| 中华农学会 | 1917 年 | 南京鼓楼 | 刊行杂志、学术交流等 | 《中华农学会会报》 |
| 中国天文学会 | 1922 年 | 南京鼓楼 | 出版书报、举办学术会议等 | 《中国天文学会会报》《宇宙》 |
| 中国地质学会 | 1922 年 | 北平西城兵马司 | 刊行杂志、举办学术会议等 | 《中国地质学会志》 |
| 中华化学工业会 | 1922 年 | 上海蒲柏路 | 发刊杂志、举行科学演讲等 | 《化学工业》 |
| 中国气象学会 | 1924 年 | 南京北极阁 | 发刊杂志、学术交流等 | 《中国气象学会会刊》 |
| 新中国农学会 | 1924 年 | 南京梅花巷 | 发刊书报、农事咨询等 | 《新农通讯》等 |
| 中国生理学会 | 1926 年 | 北平东单三条胡同 | 刊行杂志、举办学术会议等 | 《中国生理学杂志》 |
| 中国建筑师学会 | 1927 年 | 上海南京路 | 研究学术、互助营业发展 | 《中国建筑》 |
| 中国矿冶工程学会 | 1927 年 | 南京国府路 | 发刊杂志、研究学术等 | 《矿冶》《年会专刊》等 |

续表

| | | | | |
|---|---|---|---|---|
| 中华自然科学社 | 1927 年 | 南京城北蓁巷 | 发刊杂志、举行通俗科学演讲等 | 《科学世界》 |
| 西北科学考查团 | 1927 年 | 北京景山东街 | 考察研究西北地区地质与考古等 | |
| 中华矿学社 | 1928 年 | 南京管家桥 | 研究矿学、调查矿产等 | 《矿学周报》 |
| 中国营造学社 | 1929 年 | 北平中山公园 | 调查研究古建筑等 | 《中国营造学社汇刊》等 |
| 中国纺织学会 | 1930 年 | 上海爱多亚路 | 发刊杂志、统一名词等 | 《纺织年刊》 |
| 中国度量衡学会 | 1930 年 | 南京下浮桥菱角市 | 推行新度量衡、发刊杂志等 | 《度量衡同志》 |
| 中华地学会 | 1931 年 | 上海赫德路 | 发刊杂志、交流学术 | 《地学季刊》 |
| 中国工程师学会 | 1931 年 | 上海南京路 | 试验工业材料、科学咨询等 | 《工程》《工程周刊》 |
| 中国科学化运动协会 | 1932 年 | 南京城北蓁巷 | 发刊杂志、举行科学通俗演讲等 | 《科学的中国》 |
| 中华医学会 | 1932 年 | 上海爱文义路 | 发刊书报、研究学术等 | 《中华医学杂志》等 |
| 中国化学会 | 1932 年 | 南京平仓巷 | 出版书报、举办学术演讲等 | 《中国化学会会志》《化学》 |
| 中国物理学会 | 1932 年 | 北平东皇城根 | 发刊杂志、学术交流等 | 《中国物理学报》 |
| 中国航空工程学会 | 1934 年 | 杭州 | 航空技术人员登记等 | |

资料来源：《全国文化机关一览》，世界书局，1934 年。

讨论社务、进行学术交流，组织图书部、书籍译著部和分股委员会，为回国后从事科学研究奠定资料基础、建立人才网络。[14]

随着主要领导群体相继学成归国，中国科学社也于1918年秋搬迁回国，分别在上海的大同学院和南京的南京高等师范学校设立临时社所。与大多数在国外成立的学术社团回国后的遭遇一样，中国科学社也面临消亡的窘境。老社员们因各种各样的原因不再热心社务，新入社社员又很少，社会环境更不利于科学社团的生存与发展。更重要的是，维持其机关刊物《科学》正常出版的经费和稿源都出现了问题。幸运的是，中国科学社有一个强有力的致力于社务发展的领导群体，他们没有被眼前的困难所吓倒，而是通过各种途径和方法，逐步搬掉了前进路上的"绊脚石"，使社务渐渐走出低谷，并逐步发展起来。

通过胡明复等人的努力，得蔡元培的帮助，1918年10月，中国科学社开始获得北京大学每月200元的资助，使《科学》得以继续发刊。通过王伯秋等人的活动，得到张謇的支持，有了固定的社所。《科学》的继续刊行与固定社所的获得并不足以保证中国科学社的继续生存与发展，中国科学社领导人知道只有拥有雄厚的资金才是真正的保障。因此，回国伊始，领导层主要精力用于发起5万元基金募捐，蔡元培、范源濂分别写了启事。从1918年年底开始，任鸿隽南来北往，东西奔走，先后在广州、上海、南通、南京、北京、武汉、成都、重庆等地历访各界名人，进行募集，但结果与期望相差甚远。不得已，对组织自身进行改革，以适应中国社会，成为领导群体努力的新方向。

第一，中国科学社进行第二次改组，宗旨改为"联络同志，研究学术，共图中国科学之发达"，明确提出"研究学术"的科学研究口号，社务重心也从科学宣传向科学研究与学术交流为中心转换:(1)设立研究所，进行科学实验以求实业和公益事业的进步;(2)设立博物馆与图书馆，以供学术研究和参观;(3)举行通俗科学演讲，以普及科学知识;(4)组织科学旅行研究团，进行实地调查与研究;(5)受公私机关委托，进行科学咨询。

第二，成立由社会各界名流组成的新董事会，对外代表该社募集基金和捐款，对内监督财政，审定预决算，保管及处理社中各种基金和财产，并将基金募集及其保管情况每年报告于年会。董事会的更替虽有明确规定，实际上并未照章办事，到1937年，仅孙科、吴稚晖、宋汉章、孟森分别代替去世的张謇、严修、范源濂和梁启超，马相伯、蔡元培、汪精卫、胡敦复、熊希龄等长期在位。

第三，1922年8月，在南京社所创建生物研究所，具体从事科学研究，以实现其学术研究的目标。

第四，规范年会制度，扩展年会社会影响，使之成为民国科学界的学术交流大会，各门科学的后起之秀与老一辈科学家相互争辉的场所。

正是在自身的制度化建设过程中，中国科学社走上了蓬勃发展的道路，也在世界学术界占据了一席之地，在中央研究院成立前成为国际学术界的中国代表。除继续发刊《科学》、扩展生物研究所规模等已办事业外，还创建明复图书馆、设立科学图书仪器公司、发刊《科学画报》和《社友》、成立科学咨询处、设立多种学术奖励基金等。在社务不断扩展中，中国科学社对中国科学体制化，无论是在社团建设、科研机构创建、学术交流系统乃至科学家社会角色的形成等方面都作出了极为突出的贡献，其社会地位也不断提升，逐渐成为民国时期民间科学的象征。

中华学艺社是当时与中国科学社齐名的留日学生社团。1916年12月，留学日本东京的陈启修、王兆荣、郑贞文、许崇清、周昌寿等 47 人发起创办了丙辰学社，“不分畛域，不拘党见，专以研究真理、昌明学术、交换智识为宗旨”。设立社员总会、执行部、评议部，主要社务有发行杂志、举行演讲、刊布图书等。[15] 1917 年 4 月，《学艺》杂志在日本创刊发行，以“昌明学术、灌输文明”为宗旨，内容比《科学》更为广泛，包括科学技术、社会科学、人文科学和文学艺术。范岱年先生因此认为作为综合性学术刊物，《学艺》对于促进人文与科学的交融，可能有积极作用。[16]应当指出的是，在科学与人文日益隔膜、渐行渐远的今天，如何促进人文与科学的融合是学术界共同面对的难题。但在 20 世纪初期，无论是世界还是中国，社会发展的前进方向是不断专业化，特别是科学还没有多少发展基础的中国，学术社团的刊物也应是专业化，而不是综合化。因此，这样内容包罗万象的期刊，可能沦为罗家伦所谓“毫无主张毫无选择，只要是稿纸就登”的“杂乱派”。[17] 也就是说，《学艺》杂志内容的“庞杂”，在某种程度上正表征了当时中国科学发展的低水准状况，是《学艺》因为专业性稿源的缺乏，不得已地“妥协”，而不是其具备清醒的“融合”理想认知而主动“选择”。中国科学社的《科学》杂志内容早期也有这样的特征，后来才逐步走向了专业化阶段。认为《学艺》的“杂乱”是促进人文与科学的交融，在一定意义上是从当下社会现实出发，加给《学艺》的一个后设结论。

随着社员归国日多，1920 年 10 月，丙辰学社在上海设立事务所。1922 年，《学艺》改在上海发行，由任职商务印书馆的郑贞文、周昌寿、范寿康主持。1923 年 6 月，学社改组为中华学艺社，宗旨为“研究真理，昌明学艺，交换智识，促进文化”；社务主要有组织各种研究会以研究学术，刊布图书，发行论文专刊，举行通俗科学演讲，设立图书馆和博物馆等。[18] 1924 年，中华学艺社开始筹备学艺大学，郑贞文为董事长、王兆荣为校长、范寿康为教务长、郭沫若为文科主任，翌年9月开始招生。但仅一年，1926年10月就因经费等原因停办。

1934年4月，中华学艺社在北平举行第五次年会，进行改组，成立董事会和理事会，才真正制度化。全面抗战爆发后，学艺社总部留在上海，社务停顿。战后恢复活力，社员在接收台湾事务中贡献甚大。一直苟延残喘到1958年8月，才正式宣告结束。[19]

中华自然科学社是另一个比较重要的综合性科学社团，其成员以国内毕业生为主体。前身为华西自然科学社，1927年9月成立于中央大学。当时四川籍学生赵宗燠、李秀峰、郑集等，鉴于西部科学比较落后，联络川籍同学毕业后回四川发展科学事业，因而发起成立。1928年7月召开第一次年会时，深感整个中国科学都相当落后，社友籍贯也不限于四川，改组为中华自然科学社。“从此以后，历年社友人数迅速增加，各人的学识能力不断提高，大多数已成为专家、教授，形成了我国科学技术界的骨干力量。”[20]当然，回川效力的原初目标也完全丢失，后来的发展演变与“初心”完全背道而驰，这也是众多社团组织发展的共同特点。

从1927年成立，到1951年发表宣言解散，该社的发展分为4个阶段。从成立到九一八事变前为第一阶段。这一阶段社员大多为在校学生，以学术报告讨论会为主要工作。九一八事变到抗战全面爆发为第二阶段。社友们认为科学救国之途不外研究、普及和应用，科学普及是扩大科学影响，提高国人文化素质和生活水平的前提，决议以科学普及为社务中心。1932年11月，创刊科普读物《科学世界》。抗战期间为第三阶段，本着抗战建国的目标，进行科学宣传的同时，举办战时技术训练班、通俗军事科学讲习班、战地科学服务团，编纂《国防科学丛书》，组织西康和西北两个科学考察团，为介绍国外科学前沿，刊行英文《科学文汇》，为向国外介绍中国科学成就，出版英文《中国科学》等。战后到 1951 年结束为第四阶段，为恢复时期。1951 年 4 月，该社发表《中华自然科学社结束社务宣言——为全国科学界的大团结而奋斗》。中华自然科学社到 1950 年有社员 2600 余人，除南京总社外，在上海、长沙、北京、济南、成都、青岛、杭州、广州等国内城市和英国、日本、美国等国设立有分社。

中国科学工作者协会名义上由中国科学社、中华自然科学社、中华农学会、中国工程师学会等发起组织，1945 年 7 月 1 日在重庆沙坪坝成立。实际上它是由中共地下党领导、以团结科学工作者为目的的组织，前身是 1939 年 4 月由中共地下党组织创办的“重庆自然科学座谈会”。创办人认为中国向外国学习科学七八十年，结果需要学习的反而越来越多，仍是个缺乏科学的国度，主要原因是学习归来者没有起码的研究条件和生活保障，很快“老旧无用”，必须换上一批新的留学者，“这仿佛像一个人过了一年半载须要添做一套新衣服一样”。* 因此，其主要目标有三：联络中国科学工作者致力于国家建设、促进科学的合理利用、争取改善中国科学工作者的工作条件与生活待遇。主要任务有协助政府动员科学工作者从事科学建国工作、促进国内外科学工作者联络与合作、促使国内科学工作者职业上的互助等。[21] 这是抗战胜利后，面对中国科学工作者基本的科研和生活条件没有保障、原子弹爆炸对科学的伦理要求等国内国际环境，中国科学界发出的声音。

* 除“衣服论”外，吴大猷先生有一个“苹果论”：“要发展学术，一个最基本的条件是自己要培植出一个合适的环境，而不是继续从外国输入留学生。换个比喻说，不是继续不断地买外国的苹果，而自己却种不出一个苹果来。如果你需要一个苹果，你自己想要种植的话，当然必须产生那个环境，我们除了需要一个物质的环境之外，还要一个传统，人的因素很大。”吴大猷述，黄伟彦、叶铭汉、戴念祖整理：《早期中国物理发展之回忆》，第 14 页。

对各门科学的发展真正起作用的不是综合性社团，而是专门学会。中国地质学会是成立较早、活动非常频繁而且制度化、对地质学的发展有重要作用的专门社团，被其领导人之一的尹赞勋称为“在世界上是一个小弟弟，在中国各专科学会中还算是老大哥”。1922 年 1 月 27 日，学会在北京成立，主要活动有召开年会进行学术交流，另一重要社务是发刊西文《中国地质学会志》，另从 1936 年起发刊中文《地质评论》，全面而系统地记载了中国地质学界的活动，成为研究当时中国地质学事业的资料宝库。[22]

1932 年 8 月，国民政府教育部为讨论化学名词、国防化学和课程标准三大问题，邀请各地化学人才与会。大家认为应该团结起来共赴“国难”，决议成立中国化学会。[23] 创刊学术期刊、审定化学名词、召开年会进行学术交流成为化学会的重要工作。1932 年 8 月，中国物理学会在北平清华大学成立。会务主要有发刊《中国物理学报》，审定物理学名词，加入国际纯粹与应用物理联合会，邀请国际物理学大师来华讲学。[24]

1935 年 7 月，中国数学会在上海交大宣告成立，会址设在中国科学社的明复图书馆美权算学图书室。抗战期间因顾澄投靠伪政府担任教育部次长等职，并利用该会名义活动，大后方的数学家们在昆明成立新中国数学会，以示与中国数学会决裂。战后，两会合并为中国数学会。[25]

## 综合社团与专门社团的合作与冲突

从西方近代科学发展的历程看，早期科学社团的成立，是为了满足科学家们日益增长的学术交流需要，由社团组织学术讨论会、举办实验演示、发行科学期刊等。如英国皇家学会的成立就是为了满足其在“无形学院”阶段不能满足的日益增长的科学交流需求。为了更好地进行科学研究、交流以图学术的进步，英国皇家学会规定每周集会两次讨论科学实验等，以达到“增进关于自然事物的知识和一切有用的技艺、制造业、机械作业、引擎和用实验从事发明……”，发行期刊登载科学研究所得等。[26] 法国、德国科学社团成立的背景与模式虽然有所不同，但成立的原初目的是一致的，都是为了学术交流。西方科学社团的成立，是科学研究发展到一定阶段后，为了适应科学发展的需求而出现的。也就是说，科学社团与科学之间正常的发展顺序应是先有科学发展，科学发展促进科学社团的创立，科学社团创立后促进科学发展。如英国科学促进会、美国科学促进会这些 19 世纪成立的团体，更是科学相当发达后，为了从宏观上协调和奖励、评议及调查科学发展而创立的。中国近代科学社团的发展与西方科学社团的发展存在相当的差异，与近代中国社会的发展之间也关系复杂，不仅存在综合性社团与专门性社团发展之争，而且学术社团之间有合作也有矛盾，学术与政治、科学自主发展与富国强兵的救国目标等各种因素缠绕在一起。中国科学社的发展就是一个很好的例子，展示了综合性社团与专门学会之间的张力。

1915 年 10 月 25 日，中国科学社改组后，有团结各学科人才以规划和领导中国科学技术发展的目标，专门设立了分股委员会这一组织，将社员按学科分股以促进各门科学的发展，试图成为联合各专门学科人才的综合性科学社团。[27] 中国科学社以英国皇家学会为楷模，领导人十分看重皇家学会的分股组织事业，因此成立和完善分股委员会成为当时社务重心之一。1916 年 1 月，除电机股外，各股长已大部选出。中国科学社俨然成为囊括中国数学会、中国物理学会、中国化学会、中国农林学会、中国生物学会等在内的专门学会联合会。除加强社员联系和发展社务外，分股委员会还设法与世界各专门学会联络，“以发达学术，为社会谋幸福”。

正在这时，留美学界兴起建立专门学会的思潮，这对分股委员会的发展是一个巨大的挑战。1917 年，第二次年会前，中国科学社召开特别职员会议，对这一问题进行了专门讨论，社长任鸿隽认为“为学界大局计，非有专门学会，各专门学术未必能自由发达。本社对于此种建设，当表赞成之意与扶助之义。唯此时国内专门人才尚少，合为一会尚难于有为，分之则两败俱伤，故本此当取联合主义”。胡明复认为日后社务扩张，各分股可以发展成为专门分会，没有设立专门学会的必要。[28] 分股委员会负责人陈藩虽已回国，但仍有报告在这次年会上宣读，与任鸿隽、胡明复等人想法不谋而合，他也认为我国科学人才尚少，不宜组建专门学会，各分股将来可以发展成为专门学会，分股长就是专门学会会长，这样中国科学社就成为各专门学会联合会，并指出分股委员会“实为本社未来命运之重要关键”。[29]

虽然中国科学社领导层不赞成专门学会的成立，其分股委员会中也有机械工程、电机工程、土木工程、化学工程这样的工程分股，但留美学界的中国工程学会还是宣告成立了。其他专门学会的设立难见踪影，也许中国科学社的态度影响了它们的创设。当然，中国科学社分股委员会虽面对挑战，但其自身建设实在难见成效。任鸿隽、陈藩等一再顾忌的“两败俱伤”局面并没有出现，本质原因可能与他们仅是一群留美学生有关，主要精力还是求学，无论是社会影响力还是学术能力都不足以轻易创建一个学术社团并维持其运行。

应怎样理解中国科学社与当时专门学会的关系？从西方近代科学发展史来看，早期的学会都是些综合社团，因为那时还无学科分类，后来各专门学会的建立是各门科学发展的自然结果。留美学界兴起专门学会创建热潮时，各门科学已经独立发展，一个国家科学的发展表现为各专门科学的发展，组织专门学会促进科学发展是"不二法门"。作为后发展的中国，从逻辑上讲，没有重复西方近代科学发展历史的必要，一开始就创建专门学会有其道理，然而，西方无论是综合性学会还是专门学会的创建，都是科学发展到一定程度的产物，是科学发展的自然结果。特别是专门学会的创建需要一定数量专门人才的聚集与一定的专门科研成就。

当然，即使是后发达国家，科学发展的某些阶段也是不能超越的。当时国内除地学（包括地质学与地理学）和铁路工程、矿冶工程等方面有一定的人才聚集，因而有中国地学会、中华工程师学会等组织外，其他学科无论是人才聚集还是人才培养体系，无论是研究机构还是科研成果，都很难有成立专门学会的条件。此时，留学生们向先进国家学习，建立专门学会以促进各专门学科的发展，是否符合科学发展的规律，是否有利于中国科学的发展？要简单回答这一问题十分困难。至少，任鸿隽、陈藩、胡明复等人的分析合情合理，很有见地，他们已认识到专门学会对各门科学发展的重要作用，当各门科学还处于萌芽状态时，中国科学社应该对各专门学会的创立发展进行扶持与帮助。但由于当时中国专门科学人才奇缺，"合之尚难有为，分之将同乌有"，因此他们并不赞成成立专门学会。当时各专门学会成立的实际结果也说明了成立专门学会的时机还不成熟。退而言之，一个国家还必须有像中国科学社这样的综合性社团，不仅从事科学宣传与传播，还要从整体上把握与协调整个国家科学的发展。

其实，随着各专门科学的发展，在约瑟夫·班克斯（Joseph Banks，1743—1820）担任皇家学会会长（1778—1820）期间，皇家学会也面临专门学会纷纷创设的局面。新成立的专门学会若愿意从属皇家学会，班克斯表示欢迎，否则他予以强烈反对。有人在1820年写道，班克斯“对皇家天文学会发起进攻，天文学家却非常勇猛地反击了他。他对地质学会的建立发起更为猛烈的攻击，对皇家研究院也是这样做。这只不过更加坚定了这些学会创建者们的决心，使他们团结得更牢固”。[30] 班克斯之所以反对各专门学会的建立，自然是害怕这些学会成立后与皇家学会竞争而威胁到皇家学会的地位。当然，历史发展表明，这些专业社团创设后发展迅猛，在极大地促进了本学科发展的同时，也推动了科学的整体发展，而且并没有威胁到皇家学会，反而促进了皇家学会的进一步发展。[31]

当时的中国，科学社团的发展就这样徘徊于综合与专门的两难境地，这也许是后发展国家在科学社团的创建方面所共有的窘境。唯一的出路就是大力培养专门科学人才与发展各门科学。正是因为各专门学科并没有顺利地快速发展起来及中国科学社自身的一些问题，中国科学社分股委员会回国后基本上归于沉寂。1922年改组后，分股委员会从章程中消失。而留美社员还是不愿放弃，当时美洲分社的负责人叶企孙向总社来信说：“本社原为研究学术而设，社员之同科者，宜常接触，以资切磋，故分股委员会宜积极整顿以副此旨。”[32] 终因留美分社活动的沉寂，叶企孙的欲求无法实现，分股委员会也就在中国科学社的发展历程中消失了。

中国科学社分股委员会成立后未能正常运行并最终消失，不仅不利于其自身的未来发展，而且也影响了整个中国科学的进步。自分股委员会停顿后，中国科学社虽有学术分组，但一直名存实亡，“社友精神极为涣散”。[33] 1924年7月，美籍地质学家葛利普（A. W. Grabau，1870—1946）应邀出席在南京举行的中国科学社第九次年会即成立十周年庆祝会。他在会上提议将中国科学社英文名改为“Chinese Association for the Advancement of Science”（可译为“中国科学促进会”)，使中国科学社真正成为促进中国科学发展的组织。* 讨论结果是赞成与反对呈对峙状态，只能留待来年年会解决。翌年，北京年会提出修改社章，英文社名同意葛利普的意见，同时增加“其他科学团体会员入社办法”一章，丁绪宝、叶企孙还提议与其他团体联合召开年会，以“联络国内学术团体”。[34] 本来，接受团体会员是将中国科学社转变为中国科学团体联合会这一角色最基本的要求，也是最好的手段。但这些提案由于社员难以集中，社章修改没有合法性而再次成为悬案。1926 年，广州年会提出改组社内组织系统，[35] 但这一组织系统也没有真正建立起来。

此后中国科学社一直致力于角色转换。1934 年年会上，陈立夫鉴于中国科学社处于学术团体的领导地位，鼓励扩大参加年会团体数目，担负起发展中国科学的重任。任鸿隽认为，中国科学社由于范围较广，组织上应有改变，像葛利普建议的那样称“中国科学促进会”。总干事杨孝述认为，中国科学社现行组织及计划都是 10 年前制定的，现在各专门学会与各研究所纷纷成立，主张尽力联络各专门学会，成为国内科学家的集中机构。张景钺、胡刚复认为应尽力发展已有事业，推行社员分股办法以联络各学会。[36] 方案众多，虽无一定论，但主旨只有一个，就是将中国科学社发展成为中国科学的协调领导组织。

1935 年年会上，胡刚复代表社长发言，“在本社的指引和领导下，国内公私各研究机构已成立，各专门学术团体也相继成立，同时公私学术研究设备也羽翼渐丰，故本社以为提倡研究，已告一段落”，转而提倡科学普及，而且“深感科学各团体彼此有密切关系，

* 葛利普 1929 年在中国科学社第十四次年会上作了题为“中国科学的前途“的演讲，还是建议中国科学社应建设成为像英国科学促进会（B.A.A.S）和美国科学促进会（A.A.A.S）那样的全国性科学团体，在世界上组织一个科学运动的大 A.B.C，专事科学普及、科学奖励与世界科学合作。《科学》第 14 卷第 6 期，第 759—777 页。

科学社居于母体的地位，更觉有与各团体合作联络之必要”。再一次提出中国科学社向“中国科学促进会”或专门科学团体联合会的角色转变。[37]

1936年北平联合年会上，任鸿隽在会上指出由于科学的专门化发展，各门科学有分开召开年会讨论学术的必要，这也是中国科学发达的表征。但也有隐忧：

理由乃是分析的过于细微，不免有些寻流忘本的危险。正如人家弟兄有因别离太久，分居太远，以致睹面若不相识，甚至还要彼此争执不下的。因为我们晓得，一个题目，一种材料，有用某种方法得不到的结果，用另外一种方法往往有意外的收获……显示我们学科学的于本门之外，非同时留心他门科学的进展不可。

因为这些原故，我们以为如其为了交换智识与意见，一个学术团体的年会是需要的，那末为了同样的原故，许多学术团体联合开会，尤为需要。[38]

正当中国科学社试图进一步向中国专门科学团体联合会或中国科学促进会角色转换时，全面抗战爆发，中国近代化道路受阻，中国科学社的角色转换自然亦随之流产。中国近代科学社团的发展历程表明，综合性科学社团与专门科学社团的发展一直呈交叉状态，在专门社团大力发展的同时，也曾有中国科学化运动协会、中国科学工作者协会和中国科学促进会等综合性社团出现。中国科学化运动协会是民族主义高涨的产物，其宗旨虽是“研究及介绍世界科学之应用，并根据科学原理阐扬中国固有文化，以致力于中国社会之科学化”，但其发起也是“感觉科学已不是各个独立的了，科学的研究和发明，有相互的关系，某种科学的进步，可以影响其他科学的变迁，其他科学的新方法的发见，亦可支配某种科学的前途"，"所以希望各门专家共同合作"，"共同起来在各地分担这种科学化运动的重任"。[39] 有团结各门科学专家共同致力于中国科学化运动的目的。

这些综合性科学社团都有一个目标，就是团结科学界发展中国科学事业，但它们都没有预备成为各专门学会联合会的目标，也不试图在中国科学的发展过程中起"联络、评议与指导"作用。像中国科学社、中华学艺社这样的综合性社团不能凭借其历史优势及成员众多成为中国科学界的领导团体，而在专门学会大力发展后创建的中国科学工作者协会、中国科学促进会也不向中国科学界领导学会努力。这样，民国时期，虽然综合性社团数目不少，整个科学界却没有一个统一的具有代表性的民间声音。

近代中国科学社团的发展，表面看有一个"专门→综合→专门→综合"的过程，似乎与西方科学社团"综合→专门→综合"的发展模式相差不大。但具体分析，内里的实质却完全不同。西方早期的综合性学会，与当时科学还无学科分类有关，成立是为了学术交流；后来综合向专门的发展，是各门科学自然发展的结果，也是为了更好地进行学术交流，以促进本学科的发展；其后专门向综合发展，是在科学不断分化的过程中，为了协调各门科学的发展，成立了联合各专门学会、承担"指导、联络、奖励"功能的综合性社团。可见，西方科学社团的发展，是科学发展自然演进的结果；其发展的不同阶段对应于科学发展的不同阶段，既是科学发展内在逻辑的结果，也适应了科学不同发展阶段的需求。

中国最早的专门学会是在西学影响下，当时相应专门学科发展的结果；综合性社团则以宣扬与传播科学、提倡科学研究为主旨，并不以学术交流为唯一目标，其后随着社会的演变与科学的发展，才促成了各专门学会的创建。因此，中国科学社团由综合向专门发展的过程与西方这一过程完全不同。后来专门向综合发展，也不是联合各专门学会成立作为协调发展的综合性组织，还与最初成立的综合性社团具有基本相同的功能，并没有真正完成专门与综合的社会整合，成立一个统一的综合性社团，最终形成统一的民间科学社团力量来制衡政府强力。同时，中国科学社团除专门学会的创建发展与各门科学发展有直接关系外，综合性社团的发展在更大程度上是科学之外的力量促成的，特别是战后成立的综合性组织又有传统社团组织追寻政治目标的特色。这自然与当时政治环境不良相关，但也与中国社会政治是唯一要务这一传统脱不了干系。

整个民国时期，没有建成一个统一的民间学术组织来“指导、联络、奖励”科学，将之拱手让渡给了“国立中央研究院”这样的政府组织，而中央研究院自身也未能很好地行使这一职能。作为私立综合社团的中国科学社、中华学艺社、中华自然科学社、中国科学工作者协会等自身都面临存在的合理性危机，而其他专门学会通过整顿后相对兴旺发达。这就是中国科学社团综合与专门学会发展的最终结果与宿命。

社团之间的合作与矛盾也一直贯穿于整个近代中国科学社团的发展历程中。中国科学社在美时期虽然不同意专门学会的成立，但对中国专门学会的创设影响很大。中国工程学会是留美学界专门学会思潮的结果，深受中国科学社的影响，无论是组织原则、组织结构，还是会务展开都借鉴中国科学社甚多。1922 年 2 月，中国地质学会在北京成立，与中国科学社 1921 年 9 月在北京召开的年会有何关系还有待考证，但它的主要领导人丁文江、翁文灏等与中国科学社有密切关系，丁、翁二人后来还做过社长，其领导成员多数也是中国科学社的领导人或骨干。由高鲁发起，1922 年 10 月在北京成立的中国天文学会；由吕炯、蒋丙然等发起，1924年10月在青岛成立的中国气象学会；由林可胜等发起，1926年7月在北京成立的中国生理学会，它们与中国科学社的关系很难定位，但其领导人当时或后来都是中国科学社的重要成员。中国化学会、中国物理学会、中国植物学会、中国动物学会、中国地理学会、中国数学会，无论是组织形式、成员还是领导层，也都与中国科学社有相当密切的关系。

召开联合年会也是社团合作的表现。1934年，中国科学界首次联合年会在江西庐山举行，参加社团有中国科学社、中国植物学会、中国动物学会和中国地理学会。此后，召开联合年会成为学术界会议通例。1936年，七团体联合年会是中国科学界的盛会，与会团体有中国科学社、中国数学会、中国物理学会、中国化学会、中国动物学会、中国植物学会、中国地理学会，显示了“国难当头”科学界的大团结。他们希望广大国人也如科学界一样团结起来共赴“国难”，这样任何强权与“暴力”都是可以打败的。本次年会在国防前线北平召开，科学家以自己的良知昭告天下：“北平乃是我们的，而且我们亦决不愿意放弃。”[40]可见，该次年会不仅具有学术交流的意义，还有向外敌“示威”的态度，这也许是当时科学界最为广泛的呼声。抗战期间或战后，学术界联合年会的声势与影响更大，如1948年，先后在南京、北平、武昌、广州、成都召开有十多个团体参加的联合年会，就关心的科学与社会问题提出广泛的讨论。

民国科学社团虽有合作，但更多的是矛盾。社团之间的矛盾反映了民国学术界的派系与互相之间的壁垒，化学社团的发展情况可以作为参考。留学生界早有化学社团组织，其中以留法、留美最为著名。1907年，中国化学会欧洲支会在巴黎成立，很快归于沉寂。1918年，留法学生又创建了中国化学研究会，社员有李书华、李麟玉、周发岐等，返国后预备扩大为全国性团体而不得，无形中解散。1924年，留美学生庄长恭等发起成立中华化学会，1924—1926年连续在美与中国科学社美洲分社、中国工程学会美国分会联合召开年会，1926年7月回迁国内，1927—1928年连续两年在上海召开年会，1929年后会务停顿。当初欲与国内唯一的化学社团中华化学工业会（1922年成立于北京）合并，但化学工业会只愿兼并该会，且不愿意改名，中华化学会以其名称比化学工业会范围广而不愿意放弃，于是宣告合并失败。留德学生也有类似组织，回国后也归于沉寂。曾昭抡说：

考留法、留德及留美学生先后所发起之化学组织，其原来目的，均在将其扩充成为包括全中国化学家之团体，并无划定留学界之成见存乎其间……然事实上的推演，多少终至成为一种留学界集团，兼以国内当时化学研究，尚在萌芽；时机既未成熟，成功自然倍形其难，此各团体之所以终未成功之故也。*

留学生在国外创建化学团体的主要目标是回国后扩展为中国化学会，但有留法、留德与留美的区别，不期然成了“留学界集团”。而且还有国内成立的中华化学工业会，这样更存在着“海龟”与“土鳖”的矛盾了。一个学科内部社团的合作与合并已是如此困难，囊括各学科的综合性社团的转型与发展的难度可想而知。

传统中国社会有大量同乡会等地缘性组织，以籍贯为纽带。曾

* 曾昭抡：《二十年来中国化学之进展》，《科学》第19卷第10期。其实，1932年8月中国化学会成立时，曾就已经成立的各种化学社团进行了激烈争论，提出了恢复已有学会并相互合并，或者选择其中历史悠久者作为中坚并改组成为新的具有代表性的全国性团体两种办法，“辩论良久，均以困难甚多”而没有采用，最后只得另行组织成立中国化学会，以示其全国性与权威性。参阅《中国化学会成立会记录》，《化学》第1卷第1期，第121页。

昭抡的述说透露了当时留学生因不同留学国别而造成的不同留学集团，这是以“求学国别”为“地缘”标识的组织。应该说，留学生们成立各种起联谊作用的“同学会”“校友会”无可厚非。但是，如果在具有近代意义的“业缘性”学术组织中还存在着这样的“地缘性”畛域，对学术界来说未必就是幸事，对学术的发展可能造成不可言说的伤害。这些应该都是接受了近代教育的留学生们了然于胸的事体，但当时中国社会现实就是，在许多学术团体中，“地缘性”压倒了“业缘性”。据说主要由留日学生组成的中华学艺社及其发刊的《学艺》杂志与主要由留美学生组成的中国科学社及《科学》杂志就是取对立态度的。[41] 竺可桢后来说他回国初期在武昌高等师范学校任教时，因同事多为留日学生，作为留美学生“有点格格不入”；他也认为中国科学社的《科学》与中华学艺社的《学艺》两种月刊：

性质完全相同，照理应该合并起来，既省力、又省钱，但是因为科学社的主脑人物统是留美学生，而学艺社是留日学生创办的，所以口头上虽经几次接触，总没有能成事实。这也可以见半封建半殖民地社会的作风了。[42]

竺可桢的述说虽有其特殊的话语背景，而且也可能有失实之处（中国科学社与中华学艺社在民国时期根本不可能接触并进行合并），但还是可以说明宗派主义与小团体思想在近代中国科学社团发展过程中是不可避免的。其实，关于留学生留学国别畛域问题，1920—1921 年在中国访问的罗素已敏锐地观察到这一点，他在 1922 年出版的《中国问题》中说：“从不同国家归来的留学生之间时有分歧；特别是那些到日本的留学生并不为到欧美的学生平等对待。我有一种印象，美国比起其他国家来说给它的学生盖上了更明显的印记。”[43]

当时留美、留欧与留日学生还有不同的口碑，“学生注重教员留学资格，欧美最优，日本次之，本国毕业生常被轻视”。[44] 因此留日学生有中华学艺社，留欧学生虽然没有专门的综合组织，但在中国科学社和中华学艺社中都有其相应位置，留美学生与留欧学生同时还有欧美同学会联谊。既然有不同留学背景的学术团体，那些没有留学背景的国内毕业生呢？ 1928 年由华西自然科学社改组而成的中华自然科学社，特别标识其成员基本上是国内大学毕业生或在校大学生，以青年社友为中坚，而且注意不断从学生队伍中吸收新鲜血液，也发刊通俗性期刊《科学世界》。[45]

张朋园先生认为像中国科学社这样由留学生创建的科学社团，“没有地缘的成分在内”。[46] 在中国科学社、中华学艺社这些综合性社团内部也许可能没有表现出以籍贯为“标志”的地缘性（即使这一点也要实证研究后才能判定），但其外部却明显地表现出以留学国别为“标准”的“地缘性”，这样任何一个以留学国别为特征而建立的社团都不可能成为中国科学社团的合法性领导团体。于是，中国近代科学发展史上影响最大的三个综合性团体——中国科学社、中华学艺社和中华自然科学社成为三足鼎立、互不统属的组织。其实，当时由于不同的留学背景结成不同的集团，不仅表现在学术团体的组织上，在科研机关人员组成上也有极为明显的表现，第五章已有分析。医学界也存在着所谓英美派与德日派的派系之争。[47] 北京大学也有英美派与法日派的对抗，英美派左右《现代评论》和《晨报副刊》，法日派主持《语丝》和《京报副刊》，相互谩骂，无休无止。没有留学经历而“暴得大名”的顾颉刚因此致函其师胡适说：“校中党派意见太深，在极小的地方倾轧得无微不至，和旧家庭的妯娌姑媳一般，消耗精神于无用之地。”[48] 李先闻回忆说：“当时从日本留学回来的，法国勤工俭学的人回来的，美国留学回来的，自以为都有学问，就非常骄傲，互相排挤。反之就互相团结，另成一派，我茫茫然在这混乱局面中，派别的分歧中回来，真是鸟儿入网，孤军奋斗。”[49] 当时学界还存在着所谓北大派与清华派的对立，南方派（南京高等师范及后来的东南大学、中央大学派）与北方派的对立等，不一而足。民国科学社团之间的矛盾反映了整个学界的派系争斗。成立科学学会的原初宗旨是联络学界同人共同致力于科学的进步，表征的是学界的合作与协作，结果在相当程度上又成为小团体与宗派主义的滋生地，这就是初始目标与最终结果的背离，所谓“种下龙种，收获跳蚤”。

## 目标与功能演化（一）：内部建设

关于组织科学社团的作用，前引任鸿隽在中国科学社 1916 年年会上的演讲中还说：

> 第一，科学的境界愈造愈深，其科目也越分越细，一个人的聪明材力断断不能博通诸科，而且诸科又非孑然独立，漠不相关的……世界上的智识，譬如一座屋宇，各种科学，譬如起屋筑墙，四面八方，一尺一寸的，增高起来。但是若不合拢，终不成屋宇。一人的力量有限，只好造一方的墙壁，不能四方同时并进。今要墙壁成为屋宇，除非大家合在一家……共力合作。此现今的科学社，必须合多数人组成而成的理由一。第二，现在的实验科学，不是空口白话可以学得来的。凡百研究，皆需实验，实验必须种种设备。此种器具药品，购买制造，皆非巨款不办。研究学问的人，大

半都是穷酸寒畯，那里有力量购办得来。所以要学问进步，不为物质所限制，非有一种公共团体，替研究学问的人供给物质上的设备不可。此现今的科学社不得不合群力以组织的理由二。[50]

组织科学社团争取经费购置实验设备，这一点可能是早期科学社团成立时没有注意的一个方面，当时主要还是考虑同道聚在一起，切磋砥砺学问，以求学问的共同发展与进步。提供物质设备这一点，应该是科学发展到相当程度上出现的新变动，特别是大科学时代对大型、精密因而价格高昂的实验设施的极端依赖。

任鸿隽回顾英国皇家学会历史时，也指出皇家学会的四大功能：一是以实验的方法，谋科学的进步。这应该是任何科学社团成立的宗旨。二是辅助政府改良国内科学事业。三是收集各国书籍标本，以供学者们研究之用。四是出版刊物，以供学者们交流之用。其实，作为科学社团，最重要的功能应该是学术交流（包括举行学术会议与创办学术期刊）、学术评议（特别是对本科学）、学术自律等。但在中国，学术社团还有另外的目标与功能，就是要在国际学术界争取中国科学自身的独立，在国内社会经济和政治环境中争取科学的独立地位。

中国近代科学社团无论是综合性社团，还是专门社团，主要目标是致力于中国科学的发展，寻求中国科学的独立，其会务不外于出版刊物、召开学术会议等。中国科学的独立，有两个方面的含义：一是在世界科学共同体取得独立的地位，为世界科学作出中国的贡献，这是面对外部世界的独立，其实就是中国科学的发展即科学的本土化。二是在中国社会获得自身的位置，取得独立的社会地位，这是对内意义上的独立，在相当程度上就是科学的体制化，获得科学自身发展的制度空间，科学的发展不因社会政治经济的变动而变动。

召开学术会议和创办学术刊物，是科学社团进行学术交流最为重要与普通的方法与途径。表 6–2 是综合性科学社团中国科学社 1916—1948 年召开的 26 次年会情况一览表。通过对中国科学社历次年会的发展演变分析表明，其演变历程在一定程度上就是中国科学交流系统正规学术会议成长的缩影。1916—1918 年在美的 3 届年会，虽是初创，还停留于学生会联谊性质上，但年会的各个事项与程序基本定型，特别是科学交流已经从开始的一般性论述进化到专门学术讨论，客观上已经要求学术交流的规范化。

1919 年国内的第一次年会是对中国社会的一种适应，年会模式也由此定型。1921 年年会在科学交流系统的发展史上具有里程碑意义，促成了国内地质、生物两门显学科学在年会学术交流形式上的联合，更重要的是年会西文专刊的刊行，成为中国科学进入世界科学共同体的通道之一，使中国科学与国际科学连接，这对后发展国家、科学落后之邦具有划时代意义。在此次年会的推动下，科学交流系统一直顺利发展，到 1925 年又有论文分组讨论的要求。

因国民革命的干扰，1926—1927 年两次会议具有过渡性质。到 1929 年，年会的科学交流又恢复到 1925 年水平，在某些方面还有进一步的发展。1934 年开始的联合年会既是中国科学社内部发展的需要，特别是以中国科学团体母体地位自居的形势，又是中国科学发展的客观需求（各门科学迅速发展，要求综合性团体年会分科讨论，又需要协调各门科学的发展）。随着中国科学社年会的逐年发展，数学、物理、化学等各门学科也相继进入该学术交流圈，各门学科的后起之秀与老一辈科学家在这个舞台互相争辉，到 1936 年形成了一个囊括数学、物理、化学、生物、地理、气象等学科的全国性科学交流网络，成为各门科学的学术交流中枢。正如中国科学

**表 6–2　中国科学社年会一览表**

| 届次 | 年份 | 地区 | 具体地点 | 具体时间 | 备注 |
|---|---|---|---|---|---|
| 1 | 1916 | 美国麻省 | 菲力柏学校 | 9月2—3日 | |
| 2 | 1917 | 美国罗岛州 | 布朗大学 | 9月5—7日 | |
| 3 | 1918 | 美国纽约州 | 康奈尔大学 | 8月30—9月2日 | 与中国工程学会合办 |
| 4 | 1919 | 浙江杭州 | 省教育会 | 8月15—19日 | |
| 5 | 1920 | 南京 | 社所 | 8月15—21日 | |
| 6 | 1921 | 北京 | 清华大学 | 9月1—3日 | |
| 7 | 1922 | 江苏南通 | 南通俱乐部 | 8月20—24日 | |
| 8 | 1923 | 浙江杭州 | 省教育会 | 8月10—14日 | |
| 9 | 1924 | 南京 | 社所 | 7月1—5日 | |
| 10 | 1925 | 北京 | 欧美同学会 | 8月24—28日 | |
| 11 | 1926 | 广州 | 中山大学 | 8月27—9月1日 | |
| 12 | 1927 | 上海 | 总商会 | 9月3—7日 | |
| 13 | 1928 | 江苏苏州 | 东吴大学 | 8月18—22日 | |
| 14 | 1929 | 北京 | 燕京大学 | 8月21—25日 | |
| 15 | 1930 | 山东青岛 | 青岛大学 | 8月12—17日 | |
| 16 | 1931 | 江苏镇江 | 焦山 | 8月22—26日 | |
| 17 | 1932 | 陕西西安 | 省政府 | 8月13—20日 | |
| 18 | 1933 | 重庆、成都 | 川东师范等 | 8月16—21日 | |
| 19 | 1934 | 江西庐山 | 青年会 | 8月22—26日 | 四团体联合 |
| 20 | 1935 | 广西南宁 | 省政府 | 8月12—15日 | 六团体联合 |
| 21 | 1936 | 北京 | 清华大学 | 8月17—21日 | 七团体联合 |
| 22 | 1940 | 云南昆明 | 云南大学 | 9月14—18日 | 六团体联合 |
| 23 | 1943 | 重庆 | 北碚 | 7月18—20日 | 六团体联合 |
| 24 | 1944 | 成都 | 华西大学 | 11月4—6日 | 十一团体联合 |
| 25 | 1947 | 上海 | 社所 | 8月30—9月1日 | 七团体联合 |
| 26 | 1948 | 南京 | 中央大学 | 10月9—11日 | 十团体联合 |

资料来源：《科学》各次年会报道及几次年会记事或报告，另见任鸿隽：《中国科学社社史简述》。

社自己总结所说，其年会不仅具有科学宣传普及、学术交流等功能，还促进了专门学术性学会的成立，第十八次年会创立中国植物学会在，第十九次年会创设中国动物学会和中国地理学会，第二十四次年会还成立了中国牙医学会和中国遗传学会，第二十五次年会成立了中国解剖学会。[51]

中国工程师学会由中华工程师学会和中国工程学会于 1931 年合并组建，是近代中国影响最大的综合性工程团体，下属十多个专门学会。茅以升说，中国工程师学会“各专门学会内部联络方便，学术性强，自己办专门刊物，又与总会互相交流信息，协同行动，合开年会，对于解决科学技术上的困难，确是好办法”。[52] 表 6–3 是 1931—1947 年中国工程师学会历届年会情况。中国工程师学会年会已很制度化，几乎每次年会都集中讨论一些相关中国工程及国家建设等比较重要的论题。

中国化学会主要领导人之一曾昭抡认为，一个学会的任务有许多，但“最重要的，要算发行刊物，联络会员间的感情，促进本门科学的发展和传播这门科学的知识”，“这几件事，彼此很有联系；他们表现的方法，却都是集中在刊物上面，所以我们确认，一个学会的好坏应该至少大部分从它的刊物上去判断……一个学会，没有其他活动，只有一种好的刊物，还可以生存。若是刊物很坏，就是别的方面都很成功，也就失去了它存在的意义了”。[53] 可见，创办学术刊物对科学社团是何等重要。表 6–4 是 20 世纪 30 年代各主要科学团体所办期刊情况一览表。由表可见，第一，综合性团体主要从事通俗性的科学宣传，普及科学知识。专业性团体主要进行学术交流，提高科学研究水平，促进本学科的发展；同时也创办通俗性期刊向公众普及宣传本学科知识。第二，更重要的是，学术交流的载体专业期刊大多以西文刊行，统计 11 种专业期刊，10 种以西文发行，

**表 6-3　1931—1947 年中国工程师学会年会简况**

| 时间 | 地点 | 讨论主题 | 备注 |
|---|---|---|---|
| 1931 年 8 月 | 南京 | 大学工科课程标准、开发西北之责任、调查江淮水灾、统一数字读法等 | 论文 40 余篇，会长韦以黻、副会长胡庶华 |
| 1932 年 8 月 | 天津 | | 论文 20 余篇，会长颜德庆、副会长支秉渊 |
| 1933 年 8 月 | 武汉 | 通过会员信守规条、向有特殊贡献工程师赠金牌、发起航空学术运动、调查国产材料、组织国防工程设计委员会、整理汉阳钢铁厂、禁止钨砂出口等 | 论文 20 余篇，会长萨福均、副会长黄伯樵 |
| 1934 年 8 月 | 济南 | | 论文 20 余篇，会长徐佩璜、副会长恽震 |
| 1935 年 8 月 | 南宁 | 广西考察与开发 | 论文 10 余篇，会长颜德庆、副会长沈怡 |
| 1936 年 5 月 | 杭州 | 讨论专门学会联络办法、拨款补助实用研究、援助有关国防之发明、注意建设与国防、设立工程材料试验合作委员会、研究发展工业及统制方法等 | 论文 64 篇，会长曾养甫、副会长沈怡 |
| 1938 年 10 月 | 重庆 | 设军事工程委员会、奖励独立创造之工程师、开除附逆会员、慰问殉职工程师家属 | 论文 20 余篇，会长曾养甫、副会长沈怡 |
| 1939 年 12 月 | 昆明 | 号召各地举行定期学术讲演、试用工程标准等 | 论文 50 余篇，会长陈立夫、副会长沈怡 |

续表

| | | | |
|---|---|---|---|
| 1940 年 12 月 | 成都 | 规定工程师节、奖励中国人从事工业发明并保障其专利、编辑工程标准、编审工程名词、研究工业专利法、培养技术人员等 | 论文 80 余篇，会长凌鸿勋、副会长恽震 |
| 1941 年 10 月 | 贵阳 | 举行工业标准化运动、设中国工程标准化协进会、设天佑工程奖学金、组织工程史料编纂委员会、设公路技术研究机关、筹设钢铁材料研究试验所、推行代汽油车、划定标准铁路轨距、重审建筑工程标准等 | 论文 160 篇，会长翁文灏、副会长茅以升 |
| 1942 年 8 月 | 兰州 | 西北开发与建设 | 论文 204 篇，会长翁文灏、副会长胡博渊等 |
| 1943 年 10 月 | 桂林 | 中南地区建设 | 会长曾养甫，副会长侯家源、李熙谋 |
| 1945 年 5 月 | 重庆 | 战时生产与战后交通 | 14 个工程专门学会联合会，会长曾养甫、副会长顾毓琇等 |
| 1947 年 10 月 | 南京 | 战后北平情况、黄河堵口工程、电动中文打字机、东北资源与工业、制度与建设、南京市建设、全国铁路等 | 1100 人大会，会长曾养甫，副会长顾毓琇、徐恩曾 |

资料来源：茅以升《中国工程师学会简史》。

表 6-4　20 世纪 30 年代主要科学社团所办期刊

| 类别 | 学会 | 期刊 | 内容性质 | 文种 |
|---|---|---|---|---|
| 综合社团 | 中国科学社 | 《科学》(1915) | 通俗兼专门 | 中文 |
| | | 《科学画报》(1933) | 通俗 | 中文 |
| | 中华学艺社 | 《学艺》(1917) | 通俗兼专业 | 中文 |
| | 中国科学化运动协会 | 《科学的中国》(1933) | 通俗 | 中文 |
| | | 《中国科学化运动协会会报》 | 会务消息 | 中文 |
| | 中华自然科学社 | 《科学世界》(1932) | 通俗 | 中文 |
| 专门学会 | 中国地质学会 | 《中国地质学会志》(1922) | 专业 | 西文 |
| | | 《地质评论》(1936) | 专业兼通俗 | 中文 |
| | 中国天文学会 | 《中国天文学会会报》 | 专业 | 西文 |
| | | 《宇宙》 | 通俗 | 中文 |
| | 中国气象学会 | 《气象杂志》(1925) | 专业兼通俗 | 中文 |
| | 中国生理学会 | 《中国生理学杂志》(1927) | 专业 | 西文 |
| | | 《营养杂志》(1935) | 通俗兼专业 | 西文 |
| | 中国物理学会 | 《中国物理学报》(1933) | 专业 | 西文 |
| | 中国化学会 | 《中国化学会会志》(1933) | 专业 | 西文 |
| | | 《化学》(1934) | 专业兼通俗 | 中文 |
| | | 《化学通讯》(1936) | 会务消息 | 中文 |
| | 中国植物学会 | 《中国植物学杂志》(1934) | 通俗 | 中文 |
| | | 《中国植物学会汇报》(1935) | 专业 | 西文 |
| | 中国动物学会 | 《中国动物学杂志》(1935) | 专业 | 西文 |
| | 中国生物科学学会 | 《中国植物学报》 | 专业 | 西文 |
| | | 《中国实验生物杂志》 | 专业 | 西文 |
| | | 《生物学杂志》 | 通俗 | 中文 |
| | 中国地理学会 | 《地理学报》(1934) | 专业 | 中文 |
| | 中国数学会 | 《数学杂志》(1936) | 通俗 | 中文 |
| | | 《中国数学会学报》(1936) | 专业 | 西文 |

资料来源：曾昭抡：《中国科学会社概述》,《科学》第 20 卷第 10 期，第 798—810 页；《概况》,《科学》第 20 卷第 10 期，第 811—839 页。

主要是英文、法文和德文。专业期刊文种不仅表明该学科中国科学工作者主要留学国别，而且在某种程度上反映了该学科的世界发展状况。

科学论文大多以西文发表或者投寄到国外发表，这是科研成果进入世界科学共同体的捷径，也是后发达国家科学发展的方略之一。但这在很大程度上阻碍了国内科学交流，对国内科学的发展与普及极为不利，而且若真正有影响的科研成果都投寄到国外权威刊物发表，国内刊物的权威性如何建立？这对于科学的本土化，中国科学独立地位的取得都很不利。1936 年，化学家袁翰青发表文章认为，研究者喜欢将论文送到国外杂志发表，“一经登载每有身价十倍之感”，“这种情形，多少还是过渡时期的变态”。他指出，中国科学落后是事实，但国内刊物论文水平并不见得低，国外刊物论文水平也不是都高，国内发表的许多论文也很有影响。他希望“造成一致的舆论，来矫正并消灭这种变态的心理”。[54] 1939 年，曾在华盛顿卡内基学院访学研究期间发现核裂变缓发中子的王普，以物理学为例对此也作了评说：

我国物理学犹在妊育时期，刊行唯一之物理杂志，而使用英文，理由何在？若其目的为对外的，外国物理学家几许肯费其宝贵之光阴，对此加以涉猎？吾人试自审，现时国内研究结果，堪入外国学者之目者，又有几许……如谓其目的为对内的，则国人互相研磋，理应使用国文。[55]

在中国科学社等团体及相关机构的引导和影响下，到全面抗战爆发前，各专门学会已大多创建，它们不仅或单独开年会或联合召开年会进行学术交流，而且各自创办专业或通俗刊物，进行学术交流或科学宣传，形成了一个较为完善的交流网络。此外，各大学如北京大学、清华大学、中央大学、武汉大学、中山大学、交通大学等都拥有自己专门的自然科学学报，各研究机关如中央研究院和北平研究院各研究所、中国科学社生物所、静生生物调查所等也有自己的专门刊物，刊载学术成果进行学术交流。* 同时，各专门学科的学术专著、文献摘要、目录索引也逐渐成为现实。到此时，中国科学的交流体系已经全面建立起来了。

学术评议与奖励也是学术社团最为重要的功能之一，中国近代科学社团在学术评议特别是科学奖励方面也有不少作为，具体参阅第七章第二节。同样，因为中国近代科学是通过引进而逐步发展起来的，在寻求中国科学的独立过程中，统一科学名词、使科学说中国话也是科学社团最为重要的工作之一，第四章已作专门分析。

科学社团是科学共同体的"啄木鸟"，监督科学共同体行为，对科学共同体的不当与不端予以谴责，同时对社会的吁求予以回应，近代中国科学社团在这方面也有所作为。对于学术团体年会不专注于学术而旁骛，《科学》曾发表文章专门予以批评，指出"科学团体之举行年会，其主要目的，不外乎集各方硕学专家，晤对一堂，各出教研所得，著为论文，到会宣读，俾得多数同道之讨研，获切磋观摩之实益"，而不是游览观光，奔酒赴宴。[56] 对科学研究及科学论文的发表等方面亦曾有建言。在科学研究方面，袁翰青提出了两

* 1932年，汪敬熙对这些刊物进行了点评，说"学报"是"杂货堆"，"自数学到生物学，往往是件件俱全"；各研究机构专刊虽内容单一，比"学报"好，但"印行零星片段"。造成这种状况的原因是"我国人顾自己的体面心太重。学校自己有季刊，研究所自己有杂志，办大学或研究所的人便可以此示人，夸耀成绩！至于杂志中的研究报告，究竟在科学的进步上有无一点贡献，是他们所不问的"。因此他建议国内各专门学会应学中国地质学会，办专门的学术刊物，设立专门的审稿委员会对稿件审理，以提高我国科学论文的质量。翁文灏也同意汪敬熙的看法，指出当时国内科研成果发表的"方法与形式"，"太不讲究，不足以引起人家的注意与重视"。并举例说日本自从设立了国家研究理事会后，全国用西文发表的重要论文都要经过筛选后集中在几个期刊上发表。参见汪敬熙：《论中国今日之科学杂志》，《独立评论》第19号（1932年9月18日）；翁文灏：《中国科学的工作》，《独立评论》第34号（1933年1月8日）。

个“最低限度的标准”。第一，“所做的既然是科学工作，就得绝对的严谨，一点不含糊，做了多少说多少。要从实验的事实里得理论，万不可歪曲了事实去凑理论”。第二，了解科学前沿，不做低水平的重复劳动，“是不是有一点新东西在里面？有没有重复别人的工作？这也是最低限度的标准之一”。对于论文的发表，他除建议国内各团体与学科应该通力合作、集中发表论文，批评前述研究者喜欢将论文送到国外杂志发表之外，对“一稿多投，重复发表”也予以警醒。他认为这种“为世界学术界最不取”的现象，国内“虽不是司空见惯，却也不是绝无仅有”。他还举了一个例子，一位留学国外者一篇论文同时在国内与国外两份杂志发表，结果使国内杂志的总编辑“受了许多朋友的责难，而投稿者却为多人所齿冷”。因此他希望科学工作者，“应当包［报］了扎硬寨，打死仗的决心，绝不应急近功，图近利”。[57]

## 目标与功能演化（二）：外部吁求

除上述外争学术独立、内争科学体制化以求科学发展以外，中国科学社团在建言国家建设，争取科学的合理利用与民主自由等方面也曾多有努力。1930 年，国民政府号召学术机构设立科学咨询处，并订立了“科学咨询处办法”。与其他机构反应冷淡不同，中国科学社积极与政府合作，设立科学咨询处，“凡实业团体以及青年学者遇有科学上疑问无处咨询者，均可函本社咨询处，由本社专家详为答复，务使疑难冰释”，[58] 并将咨询的问题和答案刊布在《科学》杂志上。《科学画报》创刊后，移载该刊，咨询问题数量大为提升，1936 年度曾超过 1000 个。后改为“读者来信”，成为《科学画报》几十年不变的特色栏目。

因科学技术在国家建设与国防事业中的作用，面临九一八事变以来的国势危局，象牙塔里的学人们主动介入当日社会现实，不仅要求政府利用科学的理性精神与方法使政治科学化、强化国家科学政策，而且对科学家个人也提出了利用知识建设国家、献身国防事业的要求。卢于道、刘咸在《科学》的“科学论坛”栏目发表文章《迎民国二十五年》，如是开篇：

驹光如驶，又是一年，吾人懔国难之严重，逢兹岁首，本无可说，更无足庆，惟是古人有言“多难兴邦”，时贤亦云“科学救国”，然则吾人终年埋头从事科学事业者，宜体会时艰，发奋迈进，以期达到“科学救国”之鹄的。

面临国难，新年也难说庆祝，终年埋首科学事业者也要“多难兴邦”，由此提出了几点期望。一是“政治科学化”。鉴于“科学先进”，翁文灏出任国民政府行政院秘书长，“国内有数学者”蒋廷黻担任行政院政务处长，开“科学家施行执掌中枢要职”的嚆矢。希望中国政治从此走向“科学化道路”，“应用科学方法，严密政治机构，发挥其最大效力”，以科学理性精神处理政务，“以洗从前踏泄散漫之积习”。二是推行“科学年”。“使国民了然于科学之重要，对科学发生信仰”，这样一方面可使民众掌握科学常识诸如防毒面具的使用、飞机大炮的躲避等，还可以促进科学建设事业的发展；更为重要的是，可以将风起云涌的学生运动引导到科学上，使他们“切切实实与继续不断的注意问题，讨论问题，裨补国家”。第三，设立科学实业研究部。他们以为当时中国最急切需要的是“解除国难”与“建设国民经济”，而“科学实业之研究”是“二者之基本”。因此“亟宜参考欧美各国过程，考量国家‘此时此地’之需要，于现有研究机关外，添设大规模、有计划、有目的、组织统一，指挥若定之科学实业研究部，专门担任复兴民族、保全领土，富国裕民之研究”。文章最后总结，面临世界发展的紧急形势和日本对中国的“步步紧逼”，1936年是中国“非常时期中之非常时期”，是“吾民族国家生死存亡之关键”，只有采取“最有效应之科学”才能自救。[59]科学作为救国工具至此有了更为具体的目标与更为清晰的救国途径——利用科学的理性精神，使国家政治科学化，使政治走上科学化道路；同时利用科学研究成果，促进实业发展。

当时苏联计划科学体制取得了举世瞩目的成就，不仅像英国这样的老牌资本主义国家的左派知识分子如贝尔纳等深为其巨大成效所倾倒，也引起了像中国这样的后发达国家的倾慕。刘咸就撰文呼吁政府学习苏联，建立一个像苏联科学院一样的机构：“苏联科学院……其规模之宏伟，使命之重大，与乎其政府人民对于科学之信崇心与期待情绪，至堪赞叹。吾国需要科学，较之苏联尤为迫切，良以拯救危亡，复兴民族，舍科学莫由。所望吾国政府，对于科学事业，应效苏联作大规模之建置，使之负起改造国家之重任，非徒为时代之装饰品；全国国民，应对于科学事业，尤应寄以极大之同情心与期待心，则十年之后，科学建设渐生效验，国家前途，有厚望焉。”[60]

当然，科学界面对如此艰难时世，他们对自己在其间的责任也有深刻的认知。曾昭抡对九一八事变后科学界的工作予以高度评价：“自从九一八以后，到今四年半当中，我们科学界在中国各业当中，可算是比较的对得起人的……在危迫的情势下，许多研究科学的人，还是埋头工作，不受动摇，实在是很好的现象。”因此，在这国难的“非常时期”，科学界“还是应该继续在专门工作上努力”，因为“这是我们的专责”。“我们绝不可以此便自满足”，“还需要更大的毅力和更大的自信，才能够不辱我们的使命”。他希望科学界同人，能够像阿基米德一样，在敌人的刀剑架在脖子上时，还能说“不要弄坏我的圆圈”！除专意于自己的本职工作之外，曾昭抡还以为在此非常时期，科学界一个非常重要的任务是“积极地训练科学人才”:“要把国家积极的建设起来，求一线生机，那就非要大批的科学人才不可。我们能有少数的科学家，苦心孤诣的做一点比较好的专门研究，替国家争一点名誉，固然也是一件极好的事。但是这并不是我们目前所最需要的。我国现在所要的，是要有较多数受过科学训练的人，可以分别担任各种专门工作。”更为重要的是，曾昭抡号召科学界同人不要忘记自己也是国民的一分子，不能以为自己掌握了科学知识，就与普通国民不一样，只应该“在专门事业上负特殊的责任”，而是要“对于一般国民应尽的义务，不但千万不可规避，而且应该自告奋勇的担负”，“只有我们大家拿碧血来贡献给国家，我们的民族才不致做敌人的奴隶”。因为“世界上任何重大的科学，它的价值不能超过殉国”。[61]

1935 年，中央研究院评议会成立后，刘咸在《科学》发表《国立中央研究院评议会成立》，恭贺之余，对中央研究院的组成提出了两点批评。关于研究所设立地点方面，他指出研究所分设南京、北平、上海，“北平学术机关林立，复有北平研究院之设立，设所于此，事实上实嫌重复；上海环境错杂，商业中心，并非研究学问之适当处所，设所于此，亦非所宜。而各所分立，精神散漫，管理困难，考绩不易，且各自为政，增加许多可避免之耗费及不需要之职员”。刘咸这一说法，似乎与 1930 年蒋介石要求中研院各所集中南京“遥相呼应”，[62]但更大可能性是受到当时世界性“统制”产生效率的潮流影响，正如前面所言，他呼吁学习苏联。关于组织结构方面，他指出拟设的“国文研究所”“教育研究所”，已设的“历史语言所”与组织条例相违背，与“实行科学研究”之宗旨尤相悖谬，应添设数学、地理、人类学、考古学、医学等研究所，裁并不合理的机构：“现有之历史语言研究所，应即裁并，其中属于科学范围内为条例中所有者，如人类学组应即扩充为人类学研究所……语言组……应归入人类学研究所”云云。* 中央研究院本来包括自然科学与社会科学，认为“国文研究所”“教育研究所”与组织条例相违未必有道理，但人类学、考古学等归属历史语言所确实也有些不伦不类。

在“民族复兴”的时代话语中，中国科学社也从其专业立场出发奏出了属于自己的和弦，其主持编纂的《科学的民族复兴》一书，就是其中一个重要的音符。该书邀集国内对于民族学各方面素有研究的学者各就其专业分别撰写论文，从科学角度观察“中华民族复兴之道”。除竺可桢高屋建瓴的《序》外，卢于道的《中华民族之史的观察》、张其昀的《中华民族之地理分布》、吕炯的《中华民族与气候的关系》、孙本文的《中华民族的特性及其与他民族的比较》、刘咸的《中华民族之人种学的检讨》、卢于道的《中国人脑及智力》、李振翩的《中华民族的血属》、吴宪的《中国之营养》、徐世瑾的《中华民族之健康》、卢于道的《中国人种之改良问题》和最后全书编者的《结论》，从民族史、地理、气候、人种、智力等方面，全方位讨论了中华民族复兴之道，并相当尖锐地指出当时“对于各项民族复兴之工作，有开始者，有尚未开始者，总之离奏效之期尚远”。[63]

九一八事变后，开发西北成为国家战略。中国科学社不顾鼠疫流行的危险，1932 年第十七次年会毅然于 8 月 13—20 日在西安举

* 《科学》第 19 卷第 6 期（1935），此文署名观化，其实为刘咸所作。文章一经发表就激起了傅斯年等的抗议，造成风波。

行，传播科学而外，还进行实地科学考察和研究，积极介入国家战略，“帮助政府之建设”。[64] 同时，国民政府大举入川，筹备建设大后方。1933 年，中国科学社在重庆举行第十八次年会，与政府行动遥相呼应，会后并到成都考察。对于此次年会，川省当局甚为注重，希望中国科学社此次会议，能将科学知识输入惯于内战的军阀脑筋，使之“趋向建设事业”以外，更希望中国科学社帮助川省调查“富源”，改进科学教育。年会期间，中国科学社通过了“建议四川当局组织四川富源调查利用委员会”“政府对于全国医药须用纯粹科学人才改进及整理案”等相关四川建设和全国科学规划的 6 个重要议案。[65]

全面抗战爆发后，1938 年 3 月，国民党在武汉召开临时全国代表大会，提出“抗战建国”方略，在大会宣言中将科学的作用提高到国家战略层面，“科学的探讨与设备，为抗战持久及抗战胜利之决定因素”。[66] 由此，“科学建国”日渐成为思潮，中国科学社团也积极介入相关科学与教育、科学与建国、抗战建国与科学研究等问题的讨论。1939 年 2 月，中国科学社与《申报》合作，在《申报》开设“科学与人生”专栏，宣扬以科学抗战报国、抗战救国、抗战建国。[67] 随着内迁，学术界日渐稳定下来，中国科学社等团体先后于 1940 年、1943 年、1944 年召开联合年会，不仅进行学术交流，更为抗战建国献计献策。

1943 年是中国命运转折之年，抗战胜利只是时间问题，抗战救国已转向抗战建国，国家建设成为未来中国的重任。[68] 7 月 18—20 日，中国科学社、中国数学会、中国动物学会、中国植物学会、中国地理学会、中国气象学会等六学术团体在北碚召开联合年会，向外敌宣示“飞机炸弹不能毁灭”学术研究，也向国人宣示“学术研究并不因国难而中辍”。联合年会在学术讨论之外，专门进行了“科学与建国”“国际科学合作”两个专题讨论。其中“科学与建国”被改变为“怎样使科学发展起来”，并分解为“科研机构的发展”和“科学研究中注重应用科学抑或纯粹科学抑或两者并重”。最终决议以大会名义致书中枢，请求增加经费，加强各优秀学术团体和中央研究院的研究工作，增加理论科学留学生名额，并陈述改善教育方法，促使政府在国家科学战略上有所作为。[69]

1944 年 11 月，在成都召开多团体联合年会，在学术交流研讨、科学通俗演讲宣传之余，也进行了“科学与四川建设”“科学与社会”“科学教育”三个专题讨论。其中“科学与四川建设”形成决议：拟请政府每年在国家预算中列入科学研究实验费；川民科学教育应重质不重量。“科学与社会”决议也为两条：为策进科学之效用起见，战后应有科学的国际组织；为策进科学效用起见，吾人应注意社会之需要。“科学教育”专题对大学、中学、小学和社会四个层面的科学教育提出了一系列的主张。会后，年会将这些决议提交给了相关机构。同时，发表《中国科学社成立三十周年宣言》，指出有鉴于抗战及战后建设之“迫切与紧要”，中国对科学的需要更为急切，科学是国家建设最为倚重的基础，必须全力以赴发展科学，并为人类知识视野的扩展作出中国人的贡献，以寻求科学的独立；科学是为人类谋福利快乐而不是侵略杀伐的工具，因此应对科学应用制定善恶标准。[70]

随着原子弹的爆炸，大科学时代真正到来，科学家们适时提出了国家科学战略问题。1945 年 3 月，任鸿隽发表《我们的科学怎么样了》，认为中国科学之所以不发达，并不是中国科学家才智不如人，根本原因是国家对科学未尽其倡导辅助之责任。政府没有将科学作为国策之一，因此也就没有发展整个中国科学的规划，这在近代科学萌芽时代还可以，但大科学时代，国家对科学应该像对经济等其他事业一样，有计划地促进其发展。[71] 第二次世界大战使人类及其文化遭受空前浩劫，科学武器的毁灭性力量和原子弹的爆炸，给人类心灵蒙上了恐怖的阴影，也深深地刺激了以爱因斯坦为代表的原子能理论发现者、原子弹制造的倡议者和参与者，他们组织“原子科学家非常委员会”，发刊《原子科学家公报》，反对利用原子能进行战争，呼吁原子能的和平利用。以英国科学工作者协会为代表的世界各国科学组织积极行动，于 1946 年 7 月成立了世界科学工作者协会，共同关心科学的合理利用和科学工作者的自身命运。[72]

中国科学界也不甘落后，中国科学工作者协会提出“缘起”说，认为随着社会历史的进步，科学技术也日益发达，科学技术对人类社会的影响也亦愈深远，已经成为“日益具有决定人类前途命运的力量”。科学技术本身是中性的，如果人类利用不当，“也可以构成人类自招毁灭的因由”。“科学技术的服务有渐为少数人所垄断的趋势，而许多的人并不能充分享受到科学技术的利益，甚至反愈加陷于苦海……多数的科学家也渐成为大公司大工厂的雇员，失去了他们过去的尊严和独立地位……更有一层，科学的利益被少数人所垄断以后，科学的向前发展也遭受到阻碍。”因此科学工作者必须组织起来，“对于所服务的科学尽保护之责，并谋爱护之道”，“使科学的进步能依照健全的轨道，防卫科学的成果不致为武力主义者与金钱主义者所误用，并保证自己的庄严地位不致为社会中不合理的势力所压倒”。[72]

中国科学工作者所处环境特别艰苦，社会缺乏科学风气，科学工作者的物质待遇菲薄，精神待遇冷漠。中国科学工作者协会要为科学工作者争取权益：“具体说来，我们要使每一个中国的科学工作者的物质报酬能达到适当的水准，要使他们的生活能安定而具有保障，他应该有工作所必需的图书仪器设备，他必须能获得相当的研究费用的供给，他要有进行研究以及和别的科学工作者集会讨论的充分自由，他也应该有发表的种种方便。”[73] 这些社会科学工作者们理所应当具有的基本权利却需要团体为其争取，可见当时科学工作者面临的恶劣环境与可悲境遇。

1947 年的七科学团体联合年会上，与会人员专门讨论了“原子能与和平”“改进我国科学教育之途径”两个专题。会后发表了《七科学团体联合年会宣言》，表达了科学家们对世界和平的愿望与国家富强安康的追求：

**（一）原子能问题** 吾人以为科学研究，应以增进人类福利为目的，原子能之研究亦非例外。原子核可以分裂之发现，适值民主与独裁国家进行生死奋斗之时，科学家乃将原子能用之于战争武器，原子能之不幸，亦科学研究之不幸也。今大战既已告终，民主国家正在努力合作，吾人主张此种研究，应为公开的、自由的，向世界和平及人类福利之前途迈进；不愿见此可为人类造幸福之发明作成残酷之武器，更不愿见因原子能武器竞赛，或保守原子弹制造秘密之故，而破坏民主国之团结或危及科学研究之自由。为此，吾人对于爱因斯坦教授所倡导的原子能教育委员会，及美国原子科学家所组织的同盟，愿予以支持。

**（二）国内科学研究问题** 我国人民在原子能时代，仍在饥饿线上挣扎，其原因之一，乃由于科学的落后。盖科学发达之意义，原为提高人民之生活水平，其提高之程度应与科学发展的程度为正比例。吾人对于基本科学向来既不重视，一旦进入原子能时代，乃皇皇然欲输入一二原子能制造仪器，与当世科学先进国家并驾齐驱，是乃不可能之事。吾人以为欲谋我国科学之发展，宜先从根本上着手，如科学教育之图书仪器应尽量予以充实，实行研究及教育人才之科学家，其生活宜有保障。尤要者乃科学事业宜有确定之经费与长久之计划，不可如三峡水利工程之旋办旋止，庶几提倡科学不至如前日之船炮政策，徒供世界人士之讪笑，而科学乃可成为我建国利民之重要因素。[74]

1948年10月，南京召开的十团体联合年会通过提案:（1）建议政府按捐资兴学奖励办法奖励民间兴办科学研究及发展科学事业;（2）建议政府确定总预算的千分之五为科学研究经费;（3）建议政府设立科学基金会奖助科学研究，选拔青年人才;（4）请政府与美国政府交涉，准许放射性同位素元素输入我国。并进行了“如何促进我国科学的发展”的专题讨论，大家一致认为中国科学不发达的根源在教育的不合理：学生们的功课太忙，教育当局“恨铁不成钢”观念太浓，结果不仅泯灭了学生的求知欲望，更败坏了他们的身体。[75]

这些吁求面对正致力于两党决战的国民政府无异于缘木求鱼，但通过了这样一些提案，发出如是的“吁求”，真正表达了中国科学社团建设祖国、希望祖国富强的良好愿望。无论如何，正是在众多科学社团的努力之下，中国科学获得了相当的发展，在国际学术界争得了一席之地，为中国科学在世界科学界赢得了相对独立的学术地位；同时为科学在国内社会生活中也赢得了相当的地位，为科学体制化的最终完成奠定了坚实的基础。

# 第七章　学术评议与奖励系统的形成

牛顿晚年与莱布尼兹（Gottfried Wilhelm Leibniz，1646—1716）关于微积分发明权的争论，是科学史上优先权之争的典型事件，不仅影响了牛顿的声誉，更影响了英国科学的发展。论争期间，牛顿利用自己英国皇家学会会长身份的便利，成立专门委员会，甚至偷偷修改调查报告，把剽窃的罪名强加在莱布尼兹头上。莱布尼兹据理反驳，也攻击牛顿剽窃自己的发明。实际情况是，牛顿和莱布尼兹各自独立地发明了微积分。微积分优先权的争论不仅是牛顿、莱布尼兹个人的名誉问题，还牵涉民族、国家利益等，闹得整个欧洲学术界沸沸扬扬，造成两个极其严重的后果。一是两派数学家关系破裂，百年间互不理睬，本来他们可以通过相互交流促进数学的进一步发展；二是欧洲大陆的数学在莱布尼兹微积分基础上突飞猛进，远远超过了英国。因此有人说，莱布尼兹输了与牛顿的这场战役，却赢得了整个战争的胜利。

科学史上这样的优先权争论无处不在，对这一现象出现的根源，通常的说法是人性使然，因为人类天生是自我中心主义的，科学家是人，自然不能免俗。另一种看法认为这是少数人身上存在的自我中心主义癖好。可在科学社会学创始人罗伯特·默顿看来，优先权的争论根源不是人性问题，是科学本身天生具有的。科学作为一种社会制度，“它具有独特的可发挥道德权威作用的规范体系，如果感到有人正在违背这些规范，人们就会特别援引它们”，以维护自身的权益。因此，有关优先权的争论，“从本质上讲”，是对违反知识产权制度规范的行为所做出的反应。科学的发展源于独创性，源于科学家们对人类知识视野的扩展，科学规范时时提醒科学家，“增进知识是他的任务，实现这个任务亦即大大增进知识则是他最大的幸福”。[1] 科学家的独创性需要得到承认，“科学家的个人形象在相当程度上取决于他那个领域的科学界同人对他的评价”，因此，优先权的争论其实就是科学共同体对独创性的承认争论。这种对独创性的承认，就是学术评议和奖励。

学术评议和奖励，在科学规范内部有其独特的结构，最为有名的自然是以科学家命名的奖励方法。第一等级是诸如哥白尼宇宙体系、牛顿力学、爱因斯坦相对论这些科学发展的时代性标志；第二等级是某门学科之“父”或奠基人；下一等级是分支学科的奠基人；再下一等级是将发现者的名字缀在某种发现物的后面；还有以名字命名一些计量单位等，不一而足。这些都是科学规范内部对科学独创性的崇高奖励，是任何其他世俗的奖励都不能替代的。但科学发展史上大多数独创性的发现并不能得到上述极为崇高的奖励，这就需要科学共同体或专门的社会组织对科学发现进行评议和奖励。中国近代制度化的科学学术评议奖励体系的建立，有民间社团的努力，但更重要的是政府作为，最终结果是本来应该由民间特别是科学共同体自身扮演的角色却为政府所占取，这既有中国传统的原因，也与当时中国的社会历史环境有关。[2]

## 超前制度设计的失败：民初学术评议

共和制度的初建，给文人学士们极大的想象空间，他们以“学术独立于政治”的理念要求政府仿照西方先进国家制度设立函夏考文苑或学士院，进行学术奖励与研究。诡异的是，政府却以选举参议员的欲求设立学术性社团中央学会；后更有奖学基金、学术评定会与学术审定会等筹设欲开启学术评议工作。

### 文人学士们的理想：函夏考文苑与学士院

马相伯、章太炎、梁启超等于1912年10月发起的“函夏考文苑”是当时学界建立学术评议机制的第一个样本，可以看作文人学士们发展学术的理想之一。按照马相伯的设想，作为中国最高学术机构，函夏考文苑仿照法兰西研究院而设，一是选举“苑士”专门从事学术研究，二是设立基金奖励著作与奖诱凡民。

“苑士”是考文苑主体，按计划选举40名，由发起人推举三分之一，其他人由被推举人“通信公举”。第一，“苑士”选举立有尺度，首次被举者须有“精当佳作”行世；“轮补者”须有“清真雅正之著作”，经全体“苑士”鉴定后公诸天下“无愧者”，否则“宁缺毋滥”。“著作”是当选“苑士”的唯一标准，“权势”与“情托”都行不通。第二，“苑士”是名誉性的终生职位，“皆终其身，故号称不朽”。因此，当选者虽然在考文苑专门从事研究工作，但俸禄“极微”，以表示当选“苑士”是对他们以往学术成就的承认与推崇，而不是对薪俸的追求。第三，总统需接待当选“苑士”，“以重其选”，而“苑士”需要当场演讲以显示其志趣。无论如何，在马相伯看来，当选“苑士”是极为崇高的荣誉，需要隆重的仪式与之相适配，国家当以“国士”相待。

作为发起人，马相伯推举了包括自己在内的19位“苑士”，与章太炎、梁启超商量后，1912 年 12 月确立了一个 12 人的“苑士”名单，当时有报道如此称：

章太炎、梁任公、马相伯发起函夏考文苑，苑制悉仿阿伽代米，设额四十名。兹由三君推举刘师培（群经）、沈家本（法）、陈庆年（礼）、杨守敬（金石）、陈三立（文辞）、黄侃（文辞小学）、陈汉章（群经）、沈曾植（目录）、李瑞清（目录）、屠寄（史）、钱夏（小学）、王露（音乐）十二人为苑员。由十二人各举所知以充余额，务得绩学之士，宁缺毋滥，皆以科学专家而又博古长于著述者为最难得。算学一门专拟推无锡华蘅芳氏，惜华已殁，今尚无足当此席者。[3]

从推举的名单看，“苑士”仅仅是传统学问家圈子，新闻报道中虽有“科学专家”的说法，但实际上却没有法兰西研究院所崇尚的近代科学诸如数学、物理、化学以及工程技术等。他们虽然非常推崇算学名家华蘅芳，但华仍然是一位传统算学家，而不是近代意义上的数学家。当然，如果再让这 12 位苑士推举其他人选，最大可能性还是集中在他们自己的圈子内。因此，当时已经取得重大科技成就的铁路工程师詹天佑、因防治东北鼠疫赢得国际声誉的伍连德等都未能入他们的法眼。

函夏考文苑更为重要的学术评议计划是设立基金进行学术奖励。与名誉性的“苑士”薪俸“极微”相较，奖励学术的“奖励金则甚巨，非富有基本金不可”。奖励包括奖励著作和奖诱凡民两个方面。著作分为两类，一类是有补风化，“以道德言：一私德，应从不自欺，不惮改下手；二公德，应从报恩始”。学术性不是著作奖励的标准，从个人私德和社会公德两个维度进行社会教化才是目标。另一类是启发民智，奖励范围包括，“一凡关于借物以自养者，二凡关于通国之自治者，三凡关于人之常识者”。著作既可以奖励已有成品，“准功以犒之”；也可设定一些需要研究的题目，公诸天下，“悬金以待之”。[4] 奖诱凡民，一是“有道义者”，二是“道义之艰贞者”；奖励“一以财物，二以文字。一加其身，二及其嗣”。[5]“奖诱凡民”，就是奖励与“劝诱”双管齐下，通过这些世俗的榜样力量以“成美社会”。

可见，函夏考文苑的学术评议与奖励，无论是门类还是层次，全关“风化”，即从道德伦理及社会风俗上着手，真正的学术奖励并不在其考虑范围。他们要求从提倡社会道德角度奖励道德说教著作，而不是学术研究成果，这与他们所要仿效的以学术研究为天职的法兰西研究院宗旨完全背道而驰，也与考文苑以学术为标准选举“苑士”脱节，成为毫无关系的“两张皮”。引进的学术评议这个新瓶装上了“敦化道德”与社会风气的“旧酒”。

在马相伯的强烈要求与不断努力下，函夏考文苑的成立似乎得到了袁世凯等人的支持，马相伯向政府要求大量经费作为基金、要场地作为办公处所，并宣称“不干政治，上不属政府，下不属地方”。[6] 翌年 10 月，有报道称，考文苑，“现已筹有大宗的款，即日开办，其位置在中央学会之上，会员名额拟以四十名为度”。[7] 实际情况却并非如此，无论是办公地点还是款项的划拨，都在各种“扯皮”中，根本不得要领。[8] 1913 年 11 月 22 日，被袁世凯软禁的章太炎上书袁世凯（限期 3 日内答复），声明既不愿做他的门客，也不愿就职史馆，唯愿在“考文苑”一事尽心尽力，并提出 24 万元的开办费。“若大总统不忘宗国，不欲国性与政治俱衰，炳麟虽狂简，敢不从命？”[9]

当然，对于章太炎的“哀的美敦书”，大总统也不是毫无反应，他派人与章在具体款项数目上纠缠，说考文苑“苑士”无论如何也选不出20人来。章太炎让步，“十余人亦足主办”，“费亦可少损”，至少得8万元。[10] 区区8万元，大总统也不愿给。只让人给章太炎个人送去薪金500元，这自然被严词拒绝，最终演变成章太炎大闹总统府。[11] 无论如何，经章太炎这一波动作，考文苑的设立似乎走上了正轨。1914年3月，“发起于马相伯，议决于政治会议，责成于教育部”的考文苑，在“南苑堪地兴筑屋宇，以继汉之兰台东观，唐之昭文集英，宋之崇文秘阁，奖文学闳著述”，并颁布《组织法》，以马相伯长苑，被认为是“盛事”一桩。[12] 无论马相伯如何宣称考文苑理念来自西方，仿照法兰西研究院而设，但在媒体人看来，不过是传统“兰台东观”等的再现而已。根据《组织法》，考文苑设长苑1人“综揽苑务”，秘书2人、办事员若干人处理日常事务；修撰员10人“常川到苑，研精学术并掌考订、评议、撰述等事”，不支薪苑外修撰10名。其职责，一为“研精学术”，学科既有“百家六艺”，泰西“诸科学亦均在研究之列”；二为“评奖新著”；三是“旌劝节行”。每年俸给及车马费6万元、奖金3000元、出版费3000元等共71200元。[13] 与马相伯等初始设计几乎背道而驰，“苑士”变成修撰员，人数从40人变成正式10人、编外10人；职责主要是研究与评议；费用似乎与章太炎8万元的欲求相差不大。关节点是考文苑已隶属教育部，与当初所标榜的“上不属政府，下不属地方”南辕北辙，发起人心目中考文苑的独立地位，“苑士”的崇高也就随风而逝。

问题是颁布了《组织法》，马相伯似乎也走马上任了，但其“后效”却完全没有。到5月，《申报》报道称，“考文苑之拟设……至今尚未见诸施行”，大总统“以中国国学根底实为各国所不及，辛亥政变以来，全国人士对于此事多淡漠视之，长此荒废，未免国粹尽归湮没，殊为可惜"，于是与黎元洪商量，"仍拟从速设法组织"。[14] 似乎完全与马相伯等无关，完全是大总统与国务卿的"奇思妙想"，以恢复"国粹"为目标。即使是大总统与国务卿的想法，似乎也是"一时兴起"，很快就烟消云散。自 1914 年 5 月以后，由马相伯等筹划的函夏考文苑，就走完了它口谈笔画的历史进程，完全消失。因此，函夏考文苑仅成为"民初的学术理想"。

无独有偶，当时预备在国家层面建立学术评议制度者并非仅有马相伯一派文人。1913 年 3 月，已日益走向保守的前激进思想家、被马相伯等人排斥在考文苑"苑士"之外的康有为，从国家制度设计层面上，在其所拟定的《中华民国宪法草案》中提出国家设立"学士院"的设想。康有为的"学士院"虽然"或仍旧名曰翰林院"，但他毕竟曾游历各国，目睹各国学术发展情状，其实质已与翰林院有所不同，是一个完全的学术机构。"法国、日本皆有学士院，即吾国古之兰台、史馆、翰林院，以文学为职，宜采之"，康有为将法国、日本的"学士院"等同于中国的"兰台、史馆、翰林院"，可见他虽旅居国外十数年，还是不能正确地认知法国、日本学士院的本质属性，它们完全不是"以文学为职"的学术机构，而是"以学术为职"的国家最高学术研究或评议机构。无论是马相伯的函夏考文苑还是康有为的学士院，其关注的重点仍然是传统的辞章与史学等门类，新的科学技术不在他们关注范围之内。

正如马相伯等人看重法兰西研究院的学术评议功能，康有为也指出他心目中的"学士院"具有国家最高学术评议机构的功能，学士入选标准不是考试成绩，而是"所著书及制作图器创获实迹者"。同时，学士院也要对国家的其他学术事务进行评议，大学校长与大学的"总教授"由学士院选举，国人所著书籍也由学士院评定。与马相伯等一样，康有为也强烈要求"学士院"的学士们与政治绝缘，强调其独立性。学士院的学士、大学校长与总教授，必须独立于教育部以独立于政治。因为教育部总长会跟随政府总理的进退而进退，造成其“未必久任，则变多而成事难”。而且，作为官僚的总长们“多年少望轻”，而学士、大学校长与总教授都是“一国之硕学魁儒”，他们自然不能屈居于权力之下以造成大学弊端丛生。他建议学习英国牛津、剑桥大学校长多由退休的首相担任的成例，以提升大学的地位。[15]

民国初年，文人学士们似乎更能体会到共和初建带给他们抛却枷锁的“学术自由”，因此他们要求政治远离学术，以为学术高于政治。他们对学术超越政治的欲求，不仅在现实政治面前寸步难行，更令他们意想不到的是，政治反而会利用学术来达到政治不能达到的目的。

### 政治的试验场：中央学会

1912 年 8 月 10 日，袁世凯颁布《中华民国国会组织法》，其中第二条第五款规定，中央学会为选举机关，选出参议员 8 人。中央学会突然出现在《国会组织法》中，而且有 8 个参议员名额，每个行省仅可选 10 个参议员，其地位可以想见。同一天颁布的《参议院议员选举法》第五章《中央学会》规定，“选举人以中央学会会员充之，但被选举人不以该会会员为限”，选举监督由教育总长“充之”。[16]

对于陡然出现在《国会组织法》之中的中央学会，教育总长范源廉似乎也有些措手不及。9 月初有报道称，颇费一通研究之后，范源廉有意将中央教育会当作中央学会，会员由各种其他学会选举而出，因此要求各地多设各种学会，已成立的法学会、尚志学会等可以推选中央学会会员。会员资格门槛似乎很高，除大学校长外，只有各学科声名卓著者可以候选。在范源廉看来，一两个月后就可以宣告中央学会的正式成立。[17] 对于中央学会到底如何组织与成立，《国会选举法》起草委员会在讨论时，也是意见纷纭。如以为中央学会“应有独立之性质”，如果隶属教育总长，“则似为教育部之附属品，非所以示尊重学术之意”。讨论结果认定其“为全国最高之学术团体”。

中央学会没有先参议员选举而独立创设，现却因参议员选举需要在参议院议员《选举法》之下颁布《组织法》，并由参议院拟定草案，把一个完全学术性的组织变成了一个完全以政治选举为任务的工具。这样，先要等待参议院拟定《组织法》草案，再根据《组织法》选举会员组成学会，最后由学会选举出参议员，征途辽远，“不无旷日延久之弊”。经过长时间的讨论与延宕之后，11 月 29 日，《中央学会法》颁布。依照该“法”，中央学会的组成，首先要在全国通过资格认定后选举出会员，由会员们组成学会，再由他们选举参议员。会员是学会主体，国家学术事务是其中心任务，选举参议员仅仅是其并不重要的一项临时性事务而已。

候选会员的资格认定是选举会员的第一步，也是最为关键的一步。因为与选举参议员联结一起，很平常的学术选举就与具有权力象征的政治选举纠结一起，造成了各种不可意料的情状，中央学会也最终因会员资格认定问题而走向破产。大学预科学生要求获得资格，以保存国粹自居的“旧学派人”要求以著述资格入围，工商各界人士也纷纷“争欲参入中央学会”，教育部“为此事几于应接不暇”。[18] 一面为资格认定闹得不可开交，一面选举细则迟迟不得公布。按照袁世凯颁布的参议员选举日期，中央学会应于 1913 年 2 月 10 日选举。可是一个多月后的 3 月 17 日，《中央学会互选细则》才颁布。《细则》公布后，资格认定风潮一波接一波，最终在 3 月 19 日，兼署教育总长的农林总长陈振先被控告上法庭，并被殴打，实在不堪忍受，只得以身体原因辞职，于 4 月 30 日获准。争执的焦点是无资格的毕业生、在校生要求降低资格认定。

纷纷扰扰中，终于有清醒者出现。11 月，有在校大学生联合呈请取消中央学会选举，更有北京大学法理农工四科学长教员联名要求废止由中央学会选举议员，并将中央学会取消。国务院批转教育部，已深刻认识到将议员选举的奔竞之风引入学界的巨大危害，但不同意废止《中央学会法》，更不同意废除中央学会。要教育部拟定《中央学会法》修正条款，提交国会议决。[19] 1914 年 1 月 10 日，教育部呈报袁世凯，认为中央学会是全国学者荟萃机关，“其目的在研究学术增进文化，并非专为选举参议员而设”。[20] 同一天，早已对国会忍无可忍的袁世凯宣布解散国会，中央学会也就自然失去了选举议员的功能与公用，其《组织法》也就不废而废了。

半年后，据称政府设立中央学会，以汤化龙为会长，由各部、各省等派驻代表，这与选举会员相比完全是另一番景象，不再经过学术评议选举而直接派驻。[21] 1918 年国会选举中，中央学会似乎终于有了选举议员的资格与举动，但完全成为贿选的标志。[22] 因此，具有学术评议功能的中央学会 1914 年初就已走进了历史，其所宣扬的“研究学术，增进文化”的宗旨也就烟消云散。按照伍连德的说法，中央学会的筹建是为了便于与“美国和西方国家的文学艺术学会接触”，他因扑灭东北鼠疫的巨大成就，名列最初的推选名单，被分在科学家组中。[23] 可见，与考文苑虽号称模仿法兰西研究院却对西方科学弃之如敝屣不同，中央学会还是对伍连德这样的人才予以重视。

无论如何，因选举参议员而陡然出现的中央学会，还没有真正涉足议员选举就已宣告破产，其高悬的学术评议功能与研究发展学术的旨趣也就自然消解。

## 纸面言说：学术评定会与学术审定会

就在袁世凯立意设立他自己心目中的考文苑时，也准备设立储材馆，拟消纳“各机关收罗不尽之新旧人材”。旋改称学术评定会，会员至少有四五百人，每人每年津贴 500 元。[24] 1914 年 7 月 8 日，袁世凯与徐世昌发布《重教奖学令》，颁布《奖学基金条例》和《学术评定委员会组织令》，揭示他们创设基金奖励学术的缘由：

> 自辛亥革命，兵祸相连，民不安井，士多军业。狂者妄为进取，狷者安于不为，学问之事殆于废坠。循是以往，吾国民将益趋于愚闇，削弱之途，驯至无以自存，遑问其能与东西各国日新月异之民族竞也。

二次革命后要收拾人心的袁世凯，在财政紧缺的情况下决心以大额经费奖励学术。《奖学基金条例》规定国家设置奖学基金 1200 万元，每年以利息作为奖学经费，基金从 1917 年开始每年划拨 30 万元，40 年完成，此前每年由国家作为财政支出“如数补充”。根据《条例》，最初每年 300 人，年费 12 万元；4 年后足额 1200 人，年费 48 万元，以 1200 万元基金利息充用，年息须 4%。每年以国家经费 48 万元养学人 1200 人，确实是一个非常大胆的国家学术奖励设想。

为配合“奖学基金”，他还颁布了《学术评定委员会组织令》，规定委员会“掌校阅各学科论文著述，奖励学问事务”，设委员长一人“总理会务”，设常务委员 5—10 人。对论文著述评定结果随时“以其应补学资名额及加奖或特派外国留学费之数知会奖学基金监”，如果认为审定对象“学问优异可资考证者得汇刊发行之”。可见，学术评定委员会具有相当的权威性，委员长和常务委员由大总统直接选派，他们的评定结果是奖学基金监发放“经费”的依据。[25]

根据同年8月颁布的《学术评定委员会分科评定规程》，分文科、法科、理科、工科、农科、商科、医科7科，论文和著述“应以对于各该科有系统之研究且确有心得者为限”，日记、讲义、翻译等不得入围。[26] 同时颁布了《学术评定委员会受验毕业证书细则》，规定由该委员会检验本国或外国高等专门以上学校毕业证书。

学术评定委员会人员组成虽然地位崇高，但作为教育部附属机构，主要承担学术评议、奖励及毕业证书检验的职责。从其规定来看，其奖励对象主要是大学毕业学有成就者，奖励他们在学术上继续研求，以4年为期，有工作后即停止资助。而且对获得资助者要求极高，“于受领学资期内须提出论文或报告学程及其心得诸记录于学术评定委员会，每年至少两次，旷者除其学资”。[27]

8月初，报载汤化龙已择定教育部教育会议会场为学术评定会事务所，选定委员。相比此前的考文苑与中央学会，学术评定会似乎开始真正运行了。可事与愿违，9月，委员、书记薪俸及杂费3000元财政部也不划拨。[28] 翌年元旦《申报》称，学术评定委员会作为教育总长汤化龙的得意之作，成立以来，仅得“开办经费三千元，其常年经费至今尚未支领分文”，因此教育部与财政部“稍起冲突”。最终“暂定为每月由财政部拨给该会经费一千元，即自该会成立之日起算，按月照拨”。[29] 可到了3月，学术评定会有被裁撤之说，原因是：

（一）以此会成立以来成绩殊无足观，献书者类多摭拾外人，著述毫无新出机杼之言论；（二）以具有学识之东西洋毕业生多已投身政界，此等人士因限于既有薪俸不再给奖之规定，又以劳于公务无暇撰述，故无有出其所学以餉评定；（三）此次留学生既经考试，其有才能足录者无不分别任用，亦可无须此会以为容纳；（四）该会经费异常困难，凡在该会办公者均有不可终日之势。[30]

此后，学术评定委员会日渐不见踪影，也就在无形中消散，由此奖学基金也就无从发放，中国第一个国家层面的学术奖励制度烟消云散。无论如何，上述四点理由，可谓切中了袁大总统“奖学基金制度”的要害：当日毫无学术基础，无论是国内大学毕业生还是国外留学归国者，怎能拿得出具有创新性的学术成就？提出评定的论文或著述自然“殊无足观”，不是“摭拾外人”就是“毫无新出机杼”；更重要的是，当日学术研究风气未形成，无论是国内大学毕业生还是海外留学生，无不是社会的佼佼者，有多少工作等待着他们，他们哪里会因“400 元学资”安心于学术研究？

学术评定会杳无声息不几年，1918 年 3 月，北京政府教育部又颁布《学术审定会条例》，不期然间学术评定会已改名为“学术审定会”，其职责为“处理……学术上著述及发明之审定事务”。根据该条例，会长、会员由教育部延请或派充，地位已经大大下降，完全成为教育部的下属或附属机关。审定范围为哲学及文学、科学、艺术三个方面的“著述或发明”。与学术评定委员会相比，学术审定会至少在规定与规程上已经有长足的进步。第一，在评议范围上，除著述（包括论文）外，增加了发明创造这一近代科学技术最为重要的方面；第二，在规定上更加严密，对不能入围者有更详细的规定；第三，评议奖励对象大为扩展，面向整个学术界。从所颁布的规定与规程看，学术审定会与抗战期间才成立并真正运作的教育部学术审议委员会在功能与目标上已经非常接近了。学术审定会与学术评定委员会一样，也仅仅停留于纸面条例与规定。

民国初建，文人学士与政府机构都想在学术评议与奖励方面进行制度化建设，提出了一个又一个方案与设想，但无论是文人学士们欲借助政府力量达其学术评议理想、政府欲借助学术力量完成其政治目标，还是政府想通过制度设计来开启学术评议，最终都归于沉寂，具体成效难见。除诸如政府忙于政争无暇学术建设等因素外，其本质性原因是当时毫无根基的近代学术发展现状，无论是传统学问的近代化还是西方近代科学的本土化或处于起步阶段或还未起步。因此，这些方案都是超前的制度设计，自然失败的命运从开始就已确定。与此相对应的是，中国最早本土化的学科地质学，却以中国地质学会这样的民间社会力量于 1925 年开始相继设立了一些关乎学术评议与奖励的奖金、奖章等，建立起多层次学术评议机制，开启了中国学术评议的本土化历程，彰显了学术发展与学术评议之间的先后与互动关系。

## 科学社团的学术评议实践

学术评议与奖励是科学社团的基本功能之一，中国近代科学社团在这方面也有突出贡献，中国地质学会不仅有开启之功，而且成效也最为突出。

### 中国地质学会学术评议

中国地质学会先后设立葛利普奖章（1925 年，简称“葛氏奖章”）、纪念赵亚曾先生研究补助金（1930 年，简称“赵亚曾奖金”）、丁文江先生纪念奖金（1936 年，简称“丁文江奖金”）、地质学生奖学金（1940 年，简称“学生奖金”）和许德佑先生、陈康先生、马以思女士纪念奖金（1944 年，简称“许德佑奖金”“陈康奖金”和“马以思奖金”）。这些奖章与奖金按照奖励对象与目标可以分为四个层次：第一，葛氏奖章，属于最高荣誉性的终身成就奖。第二，丁文江奖金，专门奖励研究成果突出者。第三，为纪念在地质工作中遇难的赵亚曾、许德佑、陈康、马以思等人，设立纪念奖金。这些奖金又分为两个亚层，一是赵亚曾奖金和许德佑奖金奖励取得重要成果、年轻有为的青年科学家，二是陈康奖金、马以思奖金奖励刚刚在科学研究中起步的年轻人。第四，专门设立了大学地质系高年级学生奖学金，鼓励他们投身中国地质事业。中国地质学会通过设立这些奖章与奖金，构成了一个相对完善而有层次的学术评议与奖励系统，促进了中国地质学的发展，同时拉开了中国学术评议与奖励的大幕，并成为模本与榜样。

1. 最高荣誉奖：葛氏奖章

1925 年 1 月召开的中国地质学会第三次年会上，矿冶工程学家王宠佑当选会长，为表彰其师葛利普对地质学的卓越贡献，他提出设立葛利普奖章，并捐款 600 元作为基金，按期定制金质“葛氏奖章”颁发。

德裔美籍地质学家葛利普，一生以 1920 年来华为界，可以分为两个阶段。来华前，他长期担任哥伦比亚大学等校教授，在地层学和沉积学上取得巨大成就，被认为是现代地层学和沉积学之父。1919 年，他被迫离开哥伦比亚大学，翌年受丁文江邀请来华，担任地质调查所古生物研究室主任兼北京大学地质系教授，开创了中国古生物学研究的新局面。* 广东东莞人王宠佑（1879—1958），生于中国香港一个基督教家庭，1895 年入天津北洋西学堂习矿冶。1901 年留美，先在加州大学攻读采矿工程，后转学至哥伦比亚大学，1904 年获得采矿和地质学硕士学位。其间师从葛利普习地质，建立深厚感情。1908 年回国，致力于采矿冶金事业，创建中国第一座炼

* 葛利普抗战期间坚守北平，遭到日本帝国主义者的残酷摧残，虽迎来了胜利却因病不治身亡，按照遗嘱安葬在北京大学地质馆，后迁现北京大学校园。他一生著述近 300 种，在中国撰述就达 146 种，创建了大地构造学说“脉动论”等。参见孙承晟：《海进海退和大陆漂移之地球“沧桑”史——葛利普的脉动和极控理论》，《自然科学史研究》2015 年第 4 期。

锑厂，先后担任大冶铁矿经理、汉口炼锑公司总工程师、汉冶萍铁厂厂长等。[31] 1922 年 1 月，与葛利普在北京重逢，积极参与筹建地质学会成为重要领导人。王宠佑设立葛氏奖章的提议激起反响，拟定“奖章规则”7 条，主旨为：第一，奖章颁发给“对于中国地质学或古生物学之有重要研究或于地质学全体有特大之贡献者”；第二，成立奖章委员会管理基金与审议著作并最终确定获奖人；第三，每两年颁发一次，宁缺毋滥；第四，注重国际交流，得奖著作以中、英、法、德文字或至少有这些文字的详细提要。[32] 从“规则”看，该奖章似乎仅仅奖励“重要研究”或“特大贡献者”，但在具体颁奖过程中逐渐演化为“终身成就奖”。表 7–1 是葛氏奖章获得者情况一览表。

**表 7–1　中国地质学会葛氏奖章获得者情况一览表**

| 年度 | 获奖者 | 获奖理由 |
|---|---|---|
| 1925 | 葛利普 | 《中国地层史》及对地质科学特别是中国地质学和古生物学方面的贡献 |
| 1927 | 李四光 | 完成《中国北部之蜓科》，以此为基础建立了中国北部石炭系海相地层层序 |
| 1929 | 步达生 | 在周口店中国猿人研究中的卓越贡献，及在其领导下德日进、杨钟健、裴文中等密切合作，各自作出的卓越贡献 |
| 1931 | 丁文江 | 地质调查所创始人，所著《正太铁路沿线地质报告》为第一篇中文地质报告 |
| 1933 | 德日进 | 知识渊博的地质学家，在古生物学、地文学、构造地质学、岩石学以及史前考古学等方面都作出了重要贡献 |
| 1935 | 翁文灏 | 对中国地质学的重大贡献 |
| 1937 | 杨钟健 | 关于古脊椎动物学的卓越研究成果 |
| 1946 | 章鸿钊 | 对于中国地质学的提倡及推进 |
| 1948 | 朱家骅 | 推进中国地质学发展 |

葛氏奖章于全面抗战爆发前照章颁发了 7 次，抗战期间停顿，战后恢复。9 位获奖者中有 3 位外国学者，除葛利普外还有加拿大人步达生（Davidson Black）和法国人德日进（Pierre T. de Chardin），显示了中国地质学会的开放性与国际性，充分体现了地质学界积极向国际学术界靠拢的决心与期望，无形中提升了地质学会的国际影响。

2. 成果突出者奖励：丁文江奖金

1936 年 1 月 5 日，年仅 49 岁的丁文江在长沙湘雅医院病逝，“不仅为地质界之大损失，亦是全国之大损失”。当月举行的第十二届地质学会年会上决定募集基金设立丁文江奖金，并通过了翁文灏起草的“规则”：第一，奖金为法币 6000 元；第二，奖金“优先用于继续及发展其地质工作”，不能挪作他用；第三，获奖人不仅要有著述、对地质学及其相关学科有创新性的研究成果及推动作用，而且要求专心“从事科学研究不分骛其他工作”；第四，奖金只授予具有中国国籍者；第五，候选人的推荐除奖金委员会委员以外，会员 5 人以上连署和重要的地质机构都可以推荐；第六，两年颁奖一次。

1940 年 3 月，中国地质学会第十六届年会召开，将首届丁文江奖金授予湖南地质调查所田奇瑰。李四光在授奖词中指出设立丁文江奖金的意义：“一方面是纪念丁先生生前对于中国地质学术事业的努力和贡献，一方面是要使后起的中国地质学者，对于地质学上的努力和贡献，得着一种表彰和安慰：这里含着一种意思，就是大家对于受奖者的贡献表示钦慕。”到 1948 年，先后还有李四光、黄汲清、尹赞勋、杨钟健获奖，李四光、杨钟健同时获得葛氏奖章，说明这一奖金在地质学界的影响力与公信力，对获得者来说也是不小的荣誉。

5 位丁文江奖金获得者中，李四光、黄汲清、杨钟健 3 人当选首届中研院院士，全部当选 1955 年学部委员，其学术上的权威性不言而喻。从代际分布来说，如果以章鸿钊、丁文江、翁文灏、李四光为中国地质学第一代真正科学研究者，出生于世纪之交的杨钟健、田奇㻪、尹赞勋、黄汲清等则是第二代中坚和代表者。也就是说，除李四光外，丁文江奖金奖励对象是中国地质学第二代代表人物，与“上继前贤开拓之业，下启后进精研之门”相契合。

3. 青年科研工作者奖励：遇难者纪念奖金

作为地方性科学，地质学与数理化等普遍性科学不同，需要艰苦的野外工作，风餐露宿在所难免。更为重要的是，除需要克服恶劣的自然环境之外，地质科学工作者有时还面临各种人世间的险恶。杰出的青年地质学家，被葛利普、丁文江、翁文灏、李四光等前辈极为赏识的赵亚曾 1929 年在野外地质考察中遇害，成为第一个为科学献身的地质才俊，在中国地质学和中国近代科学发展史上留下一道深深的血痕。这样的悲剧一再上演，1944 年许德佑、陈康与马以思 3 人野外考察时一同被害，为近代中国学术发展增添了更为悲戚的色调。为了纪念他们的学行与罹难，鼓励年轻的地质科学工作者继续前行，地质学会专门设立了纪念奖金。

根据赵亚曾奖金规则，第一，奖励对象为在研究上已有成绩，并能“证明其确有精研深造之能力者”；第二，能利用奖金继续研究并有成果发表；第三，前 5 年奖励与赵亚曾生前研究领域古生代地层及古生物学相同的学者，此后研究领域由委员会确定；第四，奖金 1200 元，可一人独享也可两人均分。另外，对奖金的用途也有专门规定，获奖者只能从事专门科学研究，不能兼任其他职务；奖金只能用于研究，不能挪作他用。可见，无论是丁文江奖金还是赵亚曾奖金，都对获奖者“专意科研”予以强调。

赵亚曾奖金 1932 年开始实施，到 1949 年，每年颁发，共有 22

人获奖。获奖者中，除英年早逝的徐光熙、计荣森、孙健初、许德佑、南延宗，流落海外的卞美年、陈恺外，黄汲清当选首届中研院院士；黄汲清、俞建章、田奇瑪、许杰、张文佑、程裕淇 6 人当选 1955 年学部委员；王曰伦、王钰、高振西、岳希新、叶连俊、孙殿卿 6 人当选 1980 年学部委员，只有常隆庆、喻德渊两人未能获得上述荣誉。

为了纪念许德佑、陈康与马以思 3 人为学术牺牲，地质学会募款设立纪念奖金。1945 年 3 月理事会通过奖金规则。许德佑奖金候选人应“持续研究地质学五年以上”，“有相当重要贡献”；陈康奖金候选人“年龄应在三十岁以下，至少应提交论文一篇，此项论文确实证明受奖人对地质学深具兴趣，并确有研究能力”；马以思奖金获奖资格相同，应优先考虑女性地质工作者。[33] 赵金科、米泰恒、赵家骧、顾知微、黄懿 5 人获得许德佑奖金，赵金科、顾知微当选为 1980 年学部委员。李星学、杨庆如、顾知微、谌义睿、穆恩之、李文达 6 人获得陈康奖金，李星学、顾知微、穆恩之当选 1980 年学部委员。侯佑堂、池际尚、郝诒纯、秦鼐、刘东生、杨乂 6 人获得马以思奖金，池际尚、郝诒纯、刘东生当选 1980 年学部委员，刘东生还获得 2003 年度国家最高科学技术奖，成为迄今唯一地质学获奖代表。

4. 学生成长推进器：地质学生奖学金

1940 年 7 月，翁文灏鉴于地质科学在“国内各大学中近年颇为发达，为奖励高年级学生努力研究提高兴趣起见”，向理事会建议“募集基金，设立学生研究奖金”。[34] 10 月，理事会通过“章程”：奖金分为甲、乙两等，分别为 200 元与 100 元，每年具体多少人获奖，由理事会决定。要求学生在寄送申请奖金作品时附送教授的推荐意见，与上述各种奖章、奖金完全实行推荐不一样，该奖金申请与推荐相结合。

1941年开始颁奖，到1948年仅颁5次，先后有池际尚等31人获奖，池尚际、贾福海、李星学、谷德振当选1980年学部委员，杨起当选1991年学部委员，胡海涛1994年当选首届中国工程院院士。学生奖学金的设立，主要目的是发现人才，为中国地质学未来发展奠定基础。学生的可塑性毕竟很强，即使与陈康奖金、马以思奖金获得者这些地质学界初出茅庐者相比，学生奖金获得者的成材率还是较低。

## 中国科学社及其他社团

中国科学社无论在学术奖励的设立时间还是在奖励类别上，都不能与中国地质学会同日而语，但作为一个综合性社团，其所设立和管理的一些奖项还是有其特色的，而且因其综合性所以较中国地质学会奖项仅仅限于地质学不同。当然，正如中国地质学会是专业社团学术评议与奖励标杆一样，中国科学社的学术评议与奖励也是综合性社团最有成效和影响最大者。自1929年以来，中国科学社设立、管理的奖金有：高君韦女士纪念奖金、考古学奖金、爱迪生奖金、何育杰物理学奖金、梁绍桐生物学奖金、裘氏父子理工著述奖金等，这些奖金的评选及颁发，对促进中国学术评议与奖励系统的形成和科学的发展有相当作用，也是年轻学人成材的推进器。

有鉴于中国地质学会1925年设立“葛氏奖章”，中国科学社也将学术评议与奖励提上了议事日程。1925年8月由任鸿隽提议设立中国科学社奖章，但经近3年的流转完全破产。转而筹设由北平社友会捐赠的考古学奖金。正当理事会召开会议商讨这一事项进展时，高君珊（1893—1964）女士捐献1100元给中国科学社，为纪念其英年早逝的妹妹高君韦，设立高君韦女士纪念奖金。收到捐款后，中国科学社理事会议决奖励范围，并推举竺可桢、王琎、杨孝述拟定奖金办法：第一，每年在算学、物理、化学、生物学和地学五科中轮流择一征文；第二，奖金 100 元，金质奖章一枚；第三，征文对象为大学学生；第四，获奖论文登载《科学》，其他有价值论文也可登载，并酌付稿酬。自 1929 年开始举行，全面抗战爆发后不得不临时终止。

在高女士纪念奖金运行的同时，考古学奖金也在操作中。1930 年 2 月理事会通过“奖金办法”，奖金 100 元、金质奖章一枚，每年由奖金委员会推荐并向国内研究考古学成绩最优者颁发。非常可惜的是，虽然获奖办法规定每年颁发一次，但除了将首届奖金颁发给发现“北京人”的裴文中，此后该项奖金没有再颁发。

1931 年 10 月 18 日，爱迪生去世。中国科学社立即召开会议讨论纪念方法，决定募集纪念奖金基金，分论文、演讲、研究、发明 4 种奖励方式予以纪念。最终决定奖励应用科学上的发明，因“研究论文等项，中国近来到处皆是，无须再加提倡，且爱迪生平生最恶空谈理论”。根据“给奖办法”，与高女士奖金一样，奖金 100 元、金质奖章一枚。[35] 该项奖金最终仅有时任卫生署中央卫生实验所技佐王邦椿的《豆腐培养基》一文 1934 年获奖，其后也像考古学奖金一样，没有再次发放。

因有高君珊捐赠设立高女士纪念奖金做榜样，继起仿效者不少。1934 年，广东阳江县的梁绍桀捐赠其弟梁绍桐遗产大洋 2000 元，作为纪念梁绍桐基金。理事会决议以款项购买书稿出版，卖书所得充入基金。现仅查得《医疗中的奇迹》一书以“中国科学社梁绍桐纪念基金出版丛书”名义出版。[36]

中国科学社仍然不能忘情于“中国科学社奖章”这一在他们看来更具有权威性的全国最高科学奖。在 1936 年 8 月的理事会上，秉志再次提出在“现有各种捐助奖金外设立中国科学社奖章”，“给予国内科学研究成绩最著之一人者，每年年会时颁给之”。值得注意的是，“奖章”不局限于科学技术，也包括社会科学。当时，国内权威性学术奖励，如中国地质学会的“葛利普奖章”、中国工程师学会的“工程师荣誉金牌”都限于本学科，还没有一个全国性学术奖项。如果该奖项能成功颁发，虽然每年仅颁给一个学科，但几年下来也将形成国内学术界的标志性大奖，必将成为民国学术评议与奖励的标志性事件。与其他所有事业一样，全面抗战爆发，对中国科学社的学术评议与奖励事业也造成了极大影响，1938 年“研究奖章”候选人遴选自然成为泡影。

更为重要的是，中国科学社于 1939 年新设立了“何育杰教授物理学纪念奖金”，并由此对其奖金制度产生很大影响。因何育杰物理学奖金的设立与颁发，中国科学社考虑对其所设立的奖金按学科进行归类整理。1940 年 11 月理事会决议，爱迪生、梁绍桐、高君韦、考古学 4 种纪念奖金，“自本年起悉照何育杰物理学纪念奖金办法给奖”，分别改称为“爱迪生电工学纪念奖金”“梁绍桐生物学纪念奖金”“高君韦化学纪念奖金”“北平社友地质学及考古学奖金”，“未设奖金之学科，俟有捐助基金时再增设，每一学科得设不同名之纪念奖金”。[37] 可见，因何育杰物理学奖的设立，中国科学社由被动接受捐赠设立学科奖金，变为主动设立各门学科奖金，数学、天文气象等学科待有捐助基金后再增设，目标是“每一学科得设不同名之纪念奖金”。惜乎因通货膨胀，各种奖励基金立马化为废纸，中国科学社的宏伟学术评议计划也就烟消云散。战后多事之秋，中国科学社还借助捐赠设立了裘氏父子理工著述奖金，影响甚微。

中国科学社的学术奖励，除未能最终设立的“奖章”属于极高的荣誉性奖励外，其他各种奖金都面向年轻的后进。对年轻的学者而言，获奖不仅仅是学术共同体对其成果的承认，更是对他们学术人生道路选择的极大鼓励，是他们在未来的科学研究道路上披荆斩棘、奋勇前进的动力之一。

除中国地质学会、中国科学社外，其他学术社团也有学术评议与奖励行动。中国工程师学会最有名的是“荣誉金牌”，当选条件为：第一，发明工程上新学说，或有裨人类及国防之机械物品或制造方法；第二，负责主持巨大工程解决技术上之困难获得成功者。历年金牌获得者：

1935 年，侯德榜：对我国制碱工业的贡献及其所著《纯碱制造》一书。

1936 年，凌鸿勋：领导修筑陇海及粤汉铁路艰巨工程段之成功。

1941 年，茅以升：领导成功修建钱塘江大桥。

1942 年，孙越崎：开发石油矿产之成功。

1943 年，支秉渊：在国内首创柴油机制造。

1944 年，曾养甫：领导修筑飞机场之成就。

1945 年，龚继成：负责修筑中印公路及油管。

1946 年，李承干：对兵工器材有重大贡献。

1947 年，朱光彩：负责黄河花园口堵口工程。

中国工程师学会的“荣誉金牌”是中国工程学界的最高荣誉，无论是侯德榜的制碱、凌鸿勋的铁路修筑，还是茅以升的桥梁建设、孙越崎的石油开发等，都是中国近代工程史上值得“特笔大书”的业绩。此外，中国工程师学会还设有天佑奖学金、子博公路奖学金、仪祉土木水利奖学金、朱母奖学金、石渠奖学金、诵芬工程奖学金等，主要奖助对象是青年工程师及工科大学生。

总体上看，民间社团在近代学术评议与奖励方面起了相当大的作用，特别是专门社团在促进本学科的发展方面的贡献更为突出。

综合性社团如中国科学社，设立与管理的奖金基本上属于奖励年轻人范畴，虽有“考古学奖金”评选年度考古学成就“最著者”，但影响实在太小。中国科学社期望设立的、作为中国学术界最高权威性奖励的“中国科学社奖章”，却一直未能取得成效，这是中国科学社作为一个民间私立社团在当时社会所遭遇的窘境，它不能取得如美国科学促进会、英国皇家学会那样具有评议奖励全国学术的地位。与此相应的是，由政府设立的中研院评议会、教育部学术审议会获得了本应由学术界自行管理的、具有全国性的学术评议与奖励职能与权威，这在一定程度上也昭示了中国科学社作为一个综合性学术社团在近代中国的历史命运。相较于政府在学术评议与奖励上的地位与影响，民间社团不可同日而语。

## 运行不畅：中央研究院评议会

1928 年 11 月颁布的《国立中央研究院组织法》[38] 规定，除设立研究所进行科学研究外，中央研究院还有“指导联络奖励学术之研究”的任务。正如蔡元培所说：

> 对于向我们咨询专门问题的人，我们当然有指导的责任；对于在学术界有重要发明或贡献的本国学者，我们有时亦认为有奖励的义务；对于和我们志同道合的研究机关，我们更觉得有联络的必要。[39]

为担当此一“联络、奖励”任务，《组织法》第五条规定中研院成立评议会，“为全国最高学术评议机关”，由院长聘任国内专门学者 30 人组成，院长为议长，院所辖研究所所长为当然评议员。第七条、第八条还规定了评议员的任务，即选举名誉会员。可见，评议会及评议员责任重大，创建评议会自然是中研院成立后最为紧要的工作。

## 评议会创建的延宕与最终成立

中研院成立后，便积极筹备设立评议会。1928 年 6 月 30 日第二次院务会议上，专门讨论了评议会问题，议决英文名为 National Research Council，与欧美各国的全国研究理事会相同，每年召开一次会议。[40] 同年 8 月 11 日第三次院务会议上，议决各学科人数分配及候选人，“俟院长圈定”。

如此仓促提出的候选人名单与学科分类当然问题很多，蔡元培一直没有“圈定”，评议会也就继续筹备。1929 年 1 月 13 日，第四次院务会议推定王世杰、竺可桢、李四光起草评议会组织条例。同年 2 月 16 日第五次院务会议讨论“评议会组织章程案”时，议决“保留”。6 月 21 日的第六次院务会议，议决增派徐韦曼、宋梧生为起草委员，并推定徐韦曼负责召集开会，“限七月底以前完成之”。[41] 但其后评议会的筹备组织处于停顿状态，1931—1932 年度的报告中说：“现以本院各所设备未充，永久院址亦未筑成，故评议会之成立尚未进行。”[42] 评议会没有按照既定程序积极筹建，按照当事人的说法是由于中研院“创办伊始，基根未固”；按后来研究者的说法则是，评议会“终因关系复杂，牵涉太多，未能及时成立”。[43]

其实，此时评议会未能成立，也与当时中国科学发展情状有关。首先，除地质学、生物学等地方性科学本土化基本完成之外，其他学科如数学、物理、化学等的本土化刚刚起步，真正的科学研究成果还很少，各学科的真正“带头人”还未出现。其次，中研院刚刚成立，自身科研工作远未展开，成立评议会有“超前”的嫌疑。

评议会的成立，不仅可以满足《组织法》所规定的“指导联络奖励学术之研究”，而且可使中研院真正稳定。因此，1934 年 5 月丁文江接任总干事后，认为设立评议会不可再缓，积极着手进行。他首先向政府建议修改《组织法》，提出的四点建议包括三个方面：第一，首届聘任评议员选举与聘任。首届聘任评议员由国立研究院院长及国立大学校长组成委员会选举，并由政府聘任，“不独以显其地位之隆重，亦所以求其分子之精湛”。第二，学科分配。按中研院已有研究所科目分配，每科最多不超过 3 人，但“一科无相当人选时，得暂时从缺，亦可免滥竽充数之弊”。第三，评议会职权。原《组织法》仅有选举名誉会员规定，后扩充为五个方面：决定中研院学术研究方针；促进国内外学术研究合作与互助；院长出缺时推举院长候补人，呈请国民政府遴选；选举名誉会员；接受国民政府委托的学术研究事项。[44]

这些建议都为国民政府所采纳，1935 年 5 月 27 日，国民政府公布了《国立中央研究院评议会条例》，规定聘任评议员当选资格满足两条之一：“对于所专习之学术有特殊著作或发明者；对于所专习之学术机关领导或主持在五年以上成绩卓著者。”评议员任期 5 年，连选连任，辞职或出缺由评议会补选。聘任评议员选举前应由国立大学及独立学院各院系教授就相关科目加倍推举候选人，候选人不以国立大学和独立学院各院系教授为限。[45]

1935 年 6 月 19 日，首届聘任评议员选举会议在南京中研院总办事处召开。会议议决聘任评议员学科分配为：物理（包括数学）3 人、化学 3 人、工程 3 人、动物（包括生理）3 人、植物（包括农学）3 人、地质 3 人、天文 1 人、气象 1 人、心理 1 人、社会科学 3 人、历史 3 人、语言 1 人、考古 1 人、人类学 1 人。会议还对候选人资格进一步细化：两人学资相当，若一人为中研院成员，举另一人；若一人为研究机关领导，举之；若一人已改行不做研究，举另一人；若一人在国外，举在国内者。蔡元培指定蒋梦麟、梅贻琦和周鲠生3人推举60名聘任评议员候选人，以备第二天大会选举。20日，正式选举评议员，当场从60位候选人中选定聘任评议员30人。

**物理组：**李书华（北平研究院副院长）、姜立夫（南开大学数学系主任）、叶企孙（清华大学理学院院长）

**化学组：**吴宪（北平协和医学院生物化学系主任）、侯德榜（永利制碱厂总工程师）、赵承嘏（北平研究院药物所主任）

**工程组：**李协（黄河水利委员会委员长）、淩鸿勋（株韶铁路管理局局长）、唐炳源（无锡庆丰纱厂厂长）

**动物组：**秉志（中国科学社生物研究所所长）、林可胜（北平协和医学院生理系主任）、胡经甫（燕京大学生物系主任）

**植物组：**谢家声（实业部中央农业实验所所长）、胡先骕（北平静生生物调查所所长）、陈焕镛（中山大学农林植物研究所所长）

**地质组：**丁文江（中研院总干事）、翁文灏（实业部地质调查所所长）、朱家骅（前两广地质调查所所长、地质学会会长）

**天文气象组：**张云（中山大学天文学教授兼天文台台长）、张其昀（中央大学地理系教授）

**心理组：**郭任远（浙江大学校长）

**社会科学组：**王世杰（前武汉大学教授兼校长）、何廉（南开大学经济学院院长）、周鲠生（武汉大学法学院教授）

**历史组：**胡适（北京大学文学院院长）、陈垣（辅仁大学校长）、陈寅恪（清华大学历史系教授）

**语言考古人类学组：**李济（中研院史语所考古组主任）、赵元任（中研院史语所语言组主任）、吴定良（中研院史语所人类组主任）[46]

加上当然评议员 11 人：蔡元培（院长）、丁燮林（物理所所长）、庄长恭（化学所所长）、周仁（工程所所长）、李四光（地质所所长）、余青松（天文所所长）、竺可桢（气象所所长）、傅斯年（史语所所长）、汪敬熙（心理所所长）、陶孟和（社会科学所所长）、王家楫（动植物所所长），共 41 人组成首届评议会。

评议会中，中研院成员达到 15 人，超过 1/3。因此有论者虽然认为评议会“具有学术上的权威性、学科上的全国性和代表上的广泛性，不愧为‘全国最高科学评议机关’”，但还是对当然评议员的任命和聘任评议员的专业仅限于中研院已设立研究所的学科提出了批评。[47] 其实，聘任评议员专业并不仅限于中研院已设立研究所学科，数学、农学、生理学这些中研院没有的学科，根据当时国内科学发展情况，也有姜立夫、谢家声、林可胜这样的相关学科领头人入选。据朱家骅说，筹备评议会时，他“对于评议会只限于中央研究院已有的研究科目，其他学科的人员并不包括在内，颇有异议”，丁文江力劝他“不要再坚持，不必再扩大范围，以免发生其他枝节”，“他的苦心孤诣，使我终予同意，并在中央政治会议予以支持”。[48] 可见，学科分布可能也是此前评议会一直不能成立的“关系复杂”表现之一。

1935 年 9 月 7 日，中研院首届评议会在南京鸡鸣寺史语所举行成立大会，宣告中研院成立整整 7 年后，“全国最高学术评议机关”评议会正式诞生，成为中研院也是中国科学体制化的标志性事件。评议会成立后，中国科学社机关刊物《科学》在社论栏发表文章予以评论，说评议员“除极少数非科学家外，余皆为吾国科学界各方代表人物，极一时之选，评议会既告成立，实为该院最高策源机关，斯不仅关系该院前途之发展，亦吾国科学史上值得记载之一件大事”。[49] 蔡元培也说，评议会“凡国内重要的研究机关，如国立北平研究院、北平地质调查所、中央农业实验所、全国经济委员会、中国科学社、静生生物调查所、黄海化学工业研究社，设有研究所的著名大学如北京、清华、协和、燕京、中央、中山、浙江、南开、武汉大学等，以及与科学研究有直接关系的教育部，无不网罗在内，本院和各院研究机关因之而得到更进一步的联络，这是本院历史中可以‘特笔大书’的一件事”。他还对评议会寄予极大的期望，如果评议会运用得好，就算“找到了中国学术合作的枢纽”。[50] 评议会的成立，与时任总干事丁文江关系极大。胡适说丁文江只做了一年半的总干事，“就把这个全国最大的科学研究机构重新建立在一个合理而持久的基础之上”。[51]

### 评议会的运行与学术评议制度建设努力

延宕 7 年之久才正式成立的评议会，自然要迫不及待地实施它“指导联络奖励学术之研究”的功能。评议会宣告成立之后立即召开第一次年会，会中提出了不少相关议案，并形成了决议。丁文江提出“促进学术之研究与互助”，决议由评议会各组委员先行调查各研究机关现状，设法接洽以便实行。对于这一点蔡元培也非常赞同，他认为属于常规或永久性质的研究，中研院不仅要努力从事，而且要利用其特殊地位，使做这种研究的机关“互相联络、互相扶助”，“彼此分工合作则可，重复冲突就不免于浪费精力和物力”；利用科学方法研究本国原料及生产，以解决各种实际问题，“亦应当合作，并在可能范围内免除重复”；纯粹科学研究及与文化有关的历史、语言、人种和考古学，“则不妨重复”。[52] 到 1935 年 11 月，中研院与各机关已有相当的合作，如在海洋研究方面，与北平研究院、中国科学社、静生生物调查所、经济委员会等机关合作，“这是中国科学界向来少有的大规模的集团组织”。在气象研究方面，气象所与各省政府、欧亚航空公司、中国航空公司等合作设立测候所，召集全国气象学会议，统一与协调相关气象事业。[53] 胡先骕所提设立国家科学研究补助金一案在评议会上拟具原则 6 条，将补助金列入下一年度预算。此 6 项原则，可以看作南京国民政府相关科学研究补助的最早条文。

1936 年 4 月 16 日，第二次年会在南京举行，会议主要讨论审议评议员们 13 个议案及蔡元培所作报告《国立中央研究院进行工作大纲》。议案有相关全局性科研与应用密切结合、科学合作等，也有非常具体的经费筹措，还有利于科学研究的图书仪器开放、目录索引编制等，更要求对科研成就卓著者给予奖励。从议案来看，评议会不仅有学术评议奖励的功能，联络学界进行合作、拟定科学发展方向也成为其关注的重点。[54] 在胡先骕上次会议提出资助青年学者从事科研之外，本次会议由翁文灏等提出设立国家科学奖励基金，可谓“资助与奖励”双管齐下。非常可惜的是，这一奖励机制并没有什么实质性运作与效果，完全停留于纸面。对于评议会议案虽多，但没有多少成效的状况，第三次年会前，傅斯年致函翁文灏称：“此次开会，不在议案多，‘议而不决，决而不行’，皆无甚多意义。此次开会应实实在在做几件事耳。”[55] 第三次年会于 1937 年 5 月 3 日在南京举行，正式提案 8 个，临时提案 4 个，并将蔡元培提出的“关于国家科学奖励金咨询”作为议案提请审议。

由前三次年会可以看出，评议会在指导、联络学术研究的同时，也一直致力于学术评议与奖励职能的履行，力图在国家学术评议与奖励制度的建设上有所作为。从第一次年会胡先骕提出设立“国家科学研究补助金”到第二次年会翁文灏提出设立“国家科学奖励金”，从资助科学研究到奖励科研成果，具备一个比较完整的国家学术评议与奖励体系。因其重要性，第三次年会蔡元培专门提出咨询，可见评议会对此的重视与倾心。非常可惜的是，“草案”

与“条文”在中研院、教育部、行政院、国民政府文官处来来往往，几经周折，不见多少效果，最终没有下文。中研院在学术评议与奖励功能上的努力与无效，再次反映了它作为一个纯粹学术机构在民国政治运转中的无力。当时，无论是资助科学研究还是奖励学术成果都要受教育部的委托，在教育部的阴影下工作。非常吊诡的是，中研院上述学术评议与奖励功能却在抗战期间由教育部成立的学术审议委员会实现。

第四次年会因抗战内迁，1939 年 3 月 13 日才在昆明云南大学举行，因时势变迁，评议员们的关注重心也发生了改变。对教育部在学术评议与奖励方面的“异动”，傅斯年也专门提出议案，但时势毕竟不可阻挡，在教育部的进攻面前，中研院面临更严重的危机。1940 年 3 月 22—23 日，首届评议会最后一次年会在重庆举行，主要任务本来是选举第二届评议会，但因蔡元培 3 月 5 日在中国香港病逝，选举继任院长成为最重要的事务之一。根据评议会条例，院长出缺时，由评议会选举候选人 3 人，呈请国民政府遴选。选举由评议会秘书具体负责，以记名投票方式，得票过半数最多 3 人当选。[56]

中研院作为国家最高学术研究机构，院长虽是个没有多少实权的职位，但在学界影响巨大，非一般人物所能担当，蔡元培作为首任自然是众望所归，而蔡后的空位也成为各路豪杰竞相追逐的目标。一时间，院长继任人选成为热门话题。蔡元培去世当日，竺可桢正在重庆公干并准备与第二任妻子陈汲完婚。他与翁文灏共进晚餐，谈及院长继任人选时说，“拟推适之、雪艇与咏霓三人”，即胡适、王世杰与翁文灏。[57]《申报》据路透社消息说，热门人选为驻美大使胡适、中研院史语所所长傅斯年和中研院总干事任鸿隽。[58]傅斯年后来致函胡适说：“先是，蔡先生去世后，大家在悲哀中，前两日未曾谈到此事。”但是后来一谈起就一发不可收，几个人在昆明时就开始预测。[59] 既非评议员，在中研院也没有任何职位、正陪妹妹到重庆与竺可桢完婚的陈源，事后于 4 月 21 日给胡适的信函中说："在开会以前，大家已众口一辞地认为最适当的是你、雪艇、骝先和詠霓。那时也有李石曾、佛菩萨等呼声。佛菩萨谁也不愿意招揽他。李呢，也许正好借此将中央研究院与北平研究院合并，可是谁也不愿意惹他……吴先生也有人提……"[60] 陈信中的佛菩萨指任鸿隽，吴先生指吴稚晖。这样，继任人选有胡适、王世杰、翁文灏、朱家骅、任鸿隽、傅斯年、李石曾、吴稚晖等七八人之多，热门人物主要有胡适、翁文灏、王世杰和朱家骅，并以胡适呼声最高。傅斯年给胡适的信中还说，在昆明时大家交谈，"不谋而合，都说，要选您一票，其余则议论纷纷"。有说翁文灏好的，也有反对者。即使过去"素不管事"的陈寅恪也非常热心，"矢言重庆之行"，只为投胡适一票。

正当评议员们一厢情愿地谈论他们心目中的人选时，蒋介石为了奖赏或者说安慰未随汪精卫出逃的原汪系主干顾孟余，提出选举顾为院长。留学德国的顾孟余（1888—1972），曾长时间任教北京大学，担任过经济系主任兼教务长，后长期在政界打拼。王世杰将蒋的意思告知傅斯年等人，想让傅等人从旁帮助。可是傅认为："我个人觉得孟余不错，但除非北大出身或任教者，教界多不识他，恐怕举不出来。当时我谓缉斋［汪敬熙］说：'我可以举他一票，你呢？'他说：'我决不投他票，他只是个 politician！'"后来朱家骅等人曾预测统计，连汪敬熙在内顾仅能得 8 票；王世杰等人虽还很热心运动，但是"这一般学者，实在没法运动，如取运动法，必为所笑，于事无补"。

但是蒋介石并不放弃，开会前两天，他突然"下条子，举顾孟余出来"，于是由他在中研院走卒们暗中运动变成了光天化日的行为，由“阴谋”变成了“阳谋”，这无疑是对评议员们选举权利的侮辱与蔑视。竺可桢 3 月 21 日会晤陈布雷，遇到张其昀，谈起蒋之行为，认为评议会恐怕通不过。[61] 傅斯年也说，蒋介石这一下条子行动“自有不良影响。平情而论，孟余清风亮节，有可佩之处，其办教育，有欧洲大陆之理想，不能说比朱、王差，然而如何选出来呢？……及介公一下条子，明知将其举出，则三人等于一人，于是我辈友人更不肯，颇为激昂”。21 日晚，翁文灏和任鸿隽请客，到茅以升、淩鸿勋、陈寅恪、姜立夫、郭任远等 30 人，“谈此事，寅恪发言，大发挥其 academic freedom 说，及院长必须在外国学界有声望，如学院之外国会员等，其意在公［胡适］，至为了然（彼私下并谓，我们总不能单举几个蒋先生的秘书，意指翁、朱、王也）”。接着任鸿隽发言，大意谓在国外者，皆不能来，可以不选。傅斯年当即表示反对，“挑去一法，恐挑到后来，不存三四人，且若与政府太无关系，亦圈不上，办不下去”。于是一帮人进行假投票，结果翁文灏 21 票、胡适 20 票、朱家骅 19 票、李四光 6 票，吴稚晖、秉志、傅斯年、马君武及竺可桢各得一二票不等。* 顾孟余一票未得，已显现了评议员们的意志，也昭示了选举的结果。

3 月 23 日，评议会在重庆两路口嘉陵宾馆选举院长候选人，评议员 30 人与会，王世杰主席，放弃投票，共 29 人投票。结果按照竺可桢的说法，翁文灏、朱家骅各 24 票，胡适 20 票，李四光 6 票，任鸿隽 4 票，竺可桢 2 票，顾孟余 1 票。另据陈源、傅斯年的说法，还有王世杰得 4 票。翁文灏、朱家骅与胡适 3 人当选，上报国民政府，“请其遴选”。顾孟余仅得 1 票，这也可能是意料之中，不知这一票是谁所投。看来即使是蒋介石的心腹幕僚们如翁文灏、朱

* 这是《竺可桢日记》的说法，傅斯年给胡适信中票数为翁文灏 23 票、胡适 21 票、朱家骅 19 票，而王世杰仅 1 票。因傅斯年是 8 月给胡适去信，这里以竺可桢说法为准。

家骅等也没有完全听命于蒋介石，投票给顾孟余。当初的热门人选王世杰仅得 4 票，实在有些意外。傅斯年认为，这与王在教育部部长任内惹恼了不少有大学背景的人有关，同时王不习自然科学，与评议员的多数“自然科学家”很是隔阂。至于王热心运动顾孟余之事，仿佛对他无甚影响。其实，傅斯年的说法有偏差，出席会议的 30 位评议员中仅人文组就有王世杰、何廉、陈寅恪、李济、吴定良、陶孟和、傅斯年等 7 人，加上同僚朱家骅、翁文灏等，若无“运动”影响，无论如何不至于得 4 票。王的落败，很可能与“运动”有关，傅斯年所谓“运动”仅他们三五人知道，在某种程度上是自欺欺人，“哪有不透风的墙”！

这是评议员选举院长候选人的第一次实践，他们顶住最高权力者的压力，以学术自由与独立的原则，凭据自己的学术良心推选出他们心目中的学术领导人，无论如何都是中国学术发展史极其罕有之事，也是学术反抗政治侵扰的伟大胜利。其实上报 3 人中，朱家骅本不是学界中人，他从德国留学归国后一直徜徉于国民政府的政治旋涡中；翁文灏虽然在学界影响很大，但此时也是蒋介石身边的红人；胡适此时也担任驻美大使。因此可以说，这所谓的“学界民主”主要表现在反抗蒋介石推选顾孟余的意见而已。

但这“民主胜利”的结果又如何呢？当初胡适的朋辈或门生选举他，按傅斯年的说法，只不过是想要“demonstration［表演］”一下，表明胡适是蔡元培的当然继承人，表现学界的“正气、理想、不屈”。因此，当蒋介石表示要胡适从美国回来任院长时，这帮人就开始不安了，四处活动，阻止胡适回国。因为如果胡适回国，必将是这帮学人最不齿的孔祥熙派人物补派赴美，这是他们绝不希望看到的。

名单上交国民政府以后，迟迟不见蒋介石签字画押，院长也就迟迟不能确定。胡适认为中研院院长一席于翁文灏最为适宜，因为“此非‘亲民’之官，不必常与各所所长直接接触，既有余闲可以从容整理平生要做的研究工作，又有余闲可以为天下国家想想一些真正重要问题，为国家社会作一个指示者”。但翁文灏此时担任资源委员会主任、经济部部长、战时生产局局长等有关国计民生与抗战大局的重任，是蒋介石最为倚重的人之一。朱家骅时任国民党中央组织部部长、中央调查统计局局长等要职，也是任务缠身。翁文灏于 8 月 12 日致信胡适，抱怨中研院有若干困难，院长至今未定，任鸿隽为总干事，实际上又不是代理院长，因此“院中主持无人，经费艰穷，极可忧虑”。直到 9 月 18 日，在中研院一再请求下，蒋介石才任命朱家骅作为代理院长，于 20 日宣布就职。

第二届评议员选举，物理吴有训代替叶企孙，化学曾昭抡、庄长恭代赵承嘏、吴宪，工程王宠佑代替唐炳源，气象吕炯代替张其昀，地质谢家荣代替叶良辅，动物陈桢代替胡经甫，植物戴芳澜代替谢家声，心理唐钺代替郭任远，其余依旧。第二届评议会于 1940 年 7 月正式组成，1941 年 3 月 13 日在重庆举行第一次年会。此时，中研院的发展面临成立以来最大困境，以陈立夫为部长的教育部正借助各种机会要将中研院归入教育部或考试院。[62] 本次年会讨论了正式提案 11 个。其中由傅斯年、陶孟和与吴定良提出“科学奖金事项须本会如何与教育部学术审议会合作”，议决“教育部奖金与本院奖金性质有别，本院奖金应继续办理”。[63]

1942 年 3 月 9 日，评议会开谈话会，议决第二次年会于 1943 年 1 月 11 日召开。[64] 当然，计划中的年会未能召开，此时的中研院地位已经相当尴尬。当时，各学术研究机构和大学内迁后已经稳定下来，积极开展各种学术活动，可中研院评议会的工作却进入如此“杳无音信”的境地，中研院自身也有被撤并的危险。教育部已经以学术审议委员会代替了中研院的学术评议与奖励功能。同时，中研院自身在科研工作方面取得的成就相比大学而言，似乎也无特殊之处，与“最高学术研究机构”的称号并不相称。

## 尝试成功：教育部学术审议委员会

教育部学术审议委员会（以下简称“学术审议会”）的成立与较为良好的运行，为民国学术评议的政府制度化建设树立了一个标杆，同时也是教育部对中研院学术评议功能的侵袭，更是陈立夫与朱家骅在争夺学术资源方面的一次短兵相接。

### 学术审议会的成立

1938 年 1 月，陈立夫接任国民政府教育部部长，汲取前任朱家骅、王世杰的经验与教训，以顾毓琇担任政务次长，先后以 CC 系高干张道藩、余井塘、赖琏等担任常务次长掌握实权，以北大出身的吴俊升担任高等教育司司长，开始实施其“战时统制”政策。

1938 年 4 月，国民党临时全国代表大会通过“抗战建国纲领”，其中“战时各级教育实施方案纲要”第 12 项规定，“全国最高学术审议机关应即成立，以提高学术标准”。7 月，国民参政会第一次会议召开，审议提案“各级教育实施方案”第 12 项“学术研究及审议”。将教育部学术审议机关任务界定为规划统筹相关教育事务与大学研究所的科研规划。也就是说，学术审议机关主要管辖教育部分内之事，与中研院评议会的学术评议奖励职能有本质区别。

但陈立夫并未放弃，力图在学术评议奖励事业上有所作为。1939 年春，第三次全国教育会议通过高等教育改进案，其中有“规定奖励学术研究技术发明及著作之办法”的决议。同年 7 月，教育部拟订“学术审议会章程”，1940 年 3 月呈准行政院公布实行。[65]“章程”称“教育部为审议学术文化事业及促进高等教育设施起见”，设立学术审议会，其任务有8项：

（1）审议全国各大学之学术研究事项；

（2）建议学术研究之促进与奖励事项；

（3）审核各研究院所研究生之学士及硕士学位授予暨博士学位候选人之资格事项；

（4）审议专科以上学校之重要改进事项；

（5）专科以上学校教员资格之审查事项；

（6）审议留学政策之改进事项；

（7）审议国际文化之合作事项；

（8）审议教育部长交议事项。

该章程的规定完全突破了国民参政会所限定的范围，第一、第二项将全国学术研究“促进与奖励”等学术评议奖励事宜纳入，并最终成为学术审议会最为重要与有影响力的事务。

根据章程，教育部部长、次长和高等教育司司长为学术审议会当然委员，另设聘任委员25人，由教育部直接聘任12人，其余13人由国立专科以上学校校长选举。可见，学术审议会成员似乎与中研院评议会有极为相似的地方，唯一的区别是聘任委员近一半由教育部自行聘任。1940年4月，学术审议会选举产生了13位聘任委员：文科冯友兰、傅斯年，理科竺可桢、吴有训，法科周鲠生、王世杰，农科邹树文，工科茅以升，商科马寅初，医科颜福庆，教育蒋梦麟，艺术滕固，军事及体育马约翰。[66] 1940年5月11日，学术审议会在重庆召开首次会议，正式宣告成立，除上述选举聘任委员外，还有当然委员教育部长官陈立夫、顾毓琇、余井塘和吴俊升，12位直接聘任委员吴稚晖、朱家骅、张君劢、陈大齐、郭任远、陈布雷、胡庶华、程天放、罗家伦、张道藩、曾养甫、赵兰坪。在学术审议会第一届 29 位委员中，政府官员与党务工作者占据主导地位，真正学人在其间位置相当尴尬，这应该是学术审议会与中研院评议会在成员方面最为本质的区别。但是，从另一个方面来看，也许正是由于其官僚背景，在相当程度上促进了其工作的顺利展开。

按照章程规定，学术审议会共有 8 项任务，除相关高等教育事项外，将学术评议与奖励纳入，并最终成为重要工作之一。正如陈之迈说的，学术审议会虽然具体任务有 8 项之多，但事实上“最惹人注意的事项是决定‘部聘教授’的人选和依《著作发明及美术奖励规则》决定受奖的著作发明及美术品”。[67]

**学术奖励**

1940 年 5 月 11 日至 13 日，学术审议会召开第一次大会，审议了《补助学术研究及奖励著作发明案》，决定呈请政府从 1941 年开始拨款 20 万元列入教育文化事业项下，其中 10 万元用于补助研究，10 万元用于奖励著作发明，另外，以 20 万元中的 10%—15% 奖励美术。[*] 由此，从 1914 年北京政府教育部就曾想实施的学术奖励制度，终于在 27 年后的 1941 年得以实现，到 1948 年 4 月 20 日在南京召开第三届学术审议会第一次大会选决第六届获奖作品，共评定了 6 届，为一批在中国近代学术发展史上留下极大影响的学术作品与学人颁布了政府奖项。

随着评奖工作的逐步运行，评奖规则与流程也有不断修正，以求进一步规范化，主要表现在下述几个方面。

第一，确定了奖励等第划分的标准及限定各等第的数量。在选决第一届获奖作品时，对作品等第标准形成决议：具有独创性或发明性，对于学术确系特殊贡献者列一等；具有相当之独创性或发明性，

* “美术”一词内涵与今天的“艺术”相同，文中通用“美术”。

有学术价值但不及第一等者列二等；在学术上具有参考价值或有裨实用但不及第一等、第二等者列三等；各类作品，一律严格审选，给奖名额，宁缺毋滥。学术评议中最难把握的自然是标准的确立，标准确立后如何运用只能由参与其间者本着自己的理解作出判断。标准中诸如“具有独创性或发明性”“对于学术确系特殊贡献者”“具有相当之独创性或发明性”等说法，具有极大的伸缩性与可变性，需要评判者根据自己的主观感觉作出判断。因此，对于同一成果，不同的人可能作出不同的判断，给予不同的等第。最终是否获奖及其等第是综合各方意见的结果，这其间的微妙之处自然值得玩味与探讨。

从 6 届获奖作品的结果看，在奖励等第与数量控制上真正做到了宁缺毋滥的原则。其中，一等奖作品无论是人文社会科学还是科学技术，都是中国近代学术史上具有重要影响的成果，基本上为这些彪炳中国学术史册的学人的代表作或成名作。

第二，不断完善与修正奖励规则，避免获奖专业户的出现。根据第一届办理经验，第一届第六次常会对“奖励规则”予以修正：将自然科学由著作奖励改入科学技术发明类；将美术奖励具体分为绘画（包括国画、西洋画及图案等）、雕塑、音乐（包括乐典与乐理）、工艺美术。规定申请人每类中每人只能以一种作品申请，第一次未获奖者，可以将原作品详加修正后再次申请，但以一次为限；申请著作必须正式出版，发明必须详细说明发明经过，必要时需呈缴图样及原发明品等。另外，规定中小学教科书，通俗读物，记录表册或报告说明，3 人以上合编之著作，翻译、编辑各家著述而无特殊见解者，字典及辞书，演讲集等都不在著作奖励之列；发明若无正确的学术根据及说明、发明程序不明或发明事项未完成者、他人已经发明者、无法实验或证实者不能列入。

1944 年 5 月 3 日，学术审议会第二届第二次大会举行，选决第三届获奖作品。决议凡前两届获奖者以同类作品请奖而不能获得较高等级者，不予奖励，请教育部酌予奖助金。[68] 这一规定无论从哪方面看，都是促进学术发展的高明之举，至少产生两个方面的作用：一是可以避免一些获奖专业户的出现，促进年轻学人的成长；二是提倡高水平研究，而不是同水平甚至低水平的重复研究。

第三，完善修正评奖流程。首届评奖作品收到后，由审议会先后送请专家 2 人分别初审、复审，初审、复审均认为及格者由第七次常委会提出第三次全体大会决审。[69] 第二届作品由学术审议会专门委员 [70] 或另请专家审查，须经 3 人以上审查均认为合格，学术审议会大会最后予以认定。将审查专家由 2 人增加到 3 人以上，进一步严格审查环节，表明在学术水准认定上的谨慎。后来随着邮寄费用的提升，送审费用不断增加，而总结历年经验，发现送审作品中每年有三分之一水平低劣，因此对送审流程提出修订意见：以后除推荐介绍作品必须严格送审外，自己申请作品应严格按照规定的形式与内容审核，如不合规定者不予送审，经专家一人审查无奖励必要的，经常委会议决认可后不再送审。[71] 作品送专家审查时，第一届采用评分办法，由审查人逐项就其价值给予分数并加评语，最后核填总分及总评。后总结经验，确定了 13 项标准，审查人就其审查作品的类别性质，按有关各点详加评判填注意见。可见，为了使奖励公正合理，学术审议会可谓苦心孤诣，无论这些标准是否恰当、是否行之有效，但其努力值得称道。

第四，为避免真正有学术水准的作品遗漏，学术审议会一直努力扩大影响，并一再要求各位委员担当起推荐与介绍的责任。学术审议会评奖有委员推荐与作者自行申请两种渠道，在学术审议会看来，发动委员推荐、扩大委员推荐的力度，依靠作为专家的委员对学术前沿的把握与对学术的洞察力，可以减少一些真正优秀的作品“遗漏”，以免“遗珠之憾”。真正反映学术发展的高水平作品获奖给学术奖励活动带来的是荣誉，低水平作品获奖则给学术奖励活动带来的是负面影响。因此，学术审议会一再想方设法网罗真正的“优秀作品”，也有不断提升其学术奖励活动权威性的考量。

## 科学技术方面的获奖成果

教育部学术奖励共举行6届，人文社会科学包括文学、哲学、古代经籍研究、社会科学、美术等5类，共有151件作品获得正式奖励，27件作品获得奖助，其中一等奖6件，二等奖38件。科学技术方面包括自然科学、应用科学与工艺制造，总共有130项作品获得正式奖项，其中一等奖9件，二等奖50件。虽然人文社会科学获奖总数超过科学技术，但在获奖等第上无论是一等奖还是二等奖数量都与科学技术存在差距。自然科学类共有61件作品正式获奖、10件获得奖助，其中一等奖8件、二等奖22件，无论是一等奖还是二等奖数量都是各类获奖中最高的。自然科学成果获得这样高度认同，是对当时各门自然科学发展的肯定，也是抗战期间中国科学界克服各种困难坚持科学研究的显现。因此教育部曾报告说：“各类得奖者以自然科学为最多……足征国人对于科学研究已有显著之进步。”[72] 下为历届自然科学获奖人、获奖作品及其等第。*

### 第一届

一等奖1件：华罗庚《堆垒素数论》；

* 各届获奖成果作者与成果名录，以教育年鉴编纂委员会编：《第二次中国教育年鉴》（民国二十三年至三十六年）总第867—872页的资料为主，再以档案资料及其他相关资料予以修正。值得指出的是，该“年鉴”资料错误很多，有些甚至是关键性的错误，如将第三届、第四届的奖助名单合并到第四届之后，将第五届自然科学最高奖项唯一的二等奖《建筑中声学之涨落现象》作者“马大猷”误为“吴大猷”，将劳榦的《居延汉简考释》误为《君延谟简考释》。当然，这里的获奖名单与作品名称存在错误也不能避免，因档案《历届获奖作者题名录》（1945年10月编造，国民政府教育部档案—五—1358，第3—25页）仅提供了第一届到第四届的名单，其间也有错误。具体资料来源不一一注明。

二等奖 3 件：许宝騄《数理统计论文》、张宗燧《对于合作现象之贡献》、涂长望《中国气候之研究》；

奖助 1 件：李非白和杨复曦《蠕虫透明标本制作法》。

第二届

一等奖 3 件：苏步青《曲线射影概论》、周培源《激流论》、吴大猷《多元分子振动光谱与结构》；

二等奖 6 件：周鸿经《傅氏级数之可和性因子等论文》、钟开莱《对于几率论与数论之贡献》、马仕俊《原子核及宇宙射线之间子理论》、吕炯《西藏高原与今古气候》、孙云铸《中国古生代地层之划分》、卢于道《脑的研究》；

三等奖 6 件：朱汝华《关于分子重排及有机综合论文》、冯景兰《川康滇铜矿记要》、刘建康《淡水门鱼试养于盐水之成功及其理论根据》、方文培《峨眉植物图志》、薛芬（1）《鲱鱼鱼群之研究》（2）《鲫鱼鲤鱼之统计研究》、黄翼《儿童物理因果观念》；

奖助 4 件：赵廷炳《阴离子分析法》、严楚江《荔枝龙眼维管束解剖之初步》和《萧山杨梅花果之构造与发生》、侯学煜《贵州中北部之土壤》、朱壬葆《脊椎动物内分泌生理论文》。

第三届

一等奖 3 件：陈建功《富里级数之蔡荼罗绝对可和性论》、杨钟健《许氏禄丰龙》（应分奖金三分之一与发现者卞美年）、吴定良《人类学论文七篇》；

二等奖 7 件：李华宗《方阵论》、王竹溪《热学问题之研究》、张青莲《重水之研究》、李方训《离子半径与其在水溶液中之物理化学性质》、王葆仁《子位胺酸之新综合法》、马廷英《古气候与大陆漂移之研究》、赵九章《大气之涡旋运动》；

三等奖 8 件：王福春《富里级数之平均收敛》、卢庆骏《富里级数之求和论》、熊全治《曲线及曲面之射影微分几何学》、赵广增《高能电子穿越物质》、罗建本《关于有机化学论文十五篇》、萧之的《关于动物学论文四篇》、曲仲湘《西康泰宁附近草地之初步观察》、倪达书《海南岛之双鞭毛虫六双半球虫属详志》；

奖助 1 件：张宗燧《物质点在电磁场中之能量动量张量》。

第四届

二等奖 3 件：朱炳海《本国锋之消长与气旋》、钟盛标《用新石英腐蚀图及其应用于电轴之测定与结晶缺点之检验》、孙逢吉《青苔属若干分类特征之评价及本属分类系统之建议》；

三等奖 8 件：刘之远《遵义县团溪之锰矿》、高尚荫《苕子根瘤细菌之研究》、张素诚《曲线与曲面射影微分理论之新基建》、吴祖基《曲面之附属二次曲面系统》、蔡启瑞（1）《低级脂酸混合物中机酸准确速测法》（2）《有机酸之测定电位法》、李瑞轩《血浆抗溶血系统之研究》、王易《岁差考实》、蔡金涛《展开一般行列式》；

奖助 1 件：马廷英《泥盆纪气候及当时诸大陆相对位置论》。

第五届

二等奖 1 件：马大猷《建筑中声音之涨落现象》；

三等奖 6 件：郑作新《三年来邵武鸟类野外观察报告》、吴大榕《同步机常数之理论分析》、吴浩青《芳香氨基醛及氨基酮之新合成法》、梁树权《分析化学论文四篇》、胡秀英（1）《成都生草药用植物之研究》（2）《冬青科植物一新种》、萧之的《洱海之理化特性》；

奖助 3 件：陈正祥《中国之霜期》、毛宗良《艾白之解剖》、陆德慧《新式珠算除法》。

第六届

一等奖 1 件：王福春《三角级数之收敛理论》；

二等奖2件：何景《兰州植物志》、卢鋈《中国气候图集》；

三等奖3件：吴达璋《武功棕色金龟子之研究》、周尧《斑衣蜡蝉之研究》、郑励俭《四川新地志》。

应用科学类包括工矿、农业、医药、力学等方面，共有64件作品正式获奖、12件作品获得奖助，获奖总数达到76件，其中一等奖2件、二等奖26件，奖励等第上不如自然科学。奖励主要集中在工程技术和农林方面，这也昭示了抗战期间工农业生产需要对科学研究的促进作用。具体获奖名录如下：

第一届

二等奖2件：沈霁春《数种药品对于肾上腺等引起心脏纤维乱缩之作用》、俞启葆《中棉黄苗致死之遗传及其连锁之研究》；

三等奖2件：杜德三《铁道瘤》、黄如瑾《自动视距仪视距管之构造》；

奖助2件：裘逸苇《电影复印机》、陈应霖《陈氏算盘》。

第二届

二等奖4件：周同庆《磁伸缩式自动化纪录回声测深仪》、王恒守《浮游选矿剂两种》、武霈《武氏内燃机差压引火方法之研究》、许植方《汉防己乙素构造之研究》；

三等奖4件：邹钟琳《中国迁移蝗之变型现象及其在国内分布之区域》、郭质良《中国酒麴在近代化工之新应用》、林一民《由桐碱制纯碱之最新方法》、李谟炽《公路研究》；

奖助7件：孙辅世《扬子江防洪》、夏嘉贞和高克谦《应用组合作三角网之平均》、刘述文《定式法》、王世勋《植物燃料及覆念色□标本》、奚元龄《云南之木棉》、王善政《燃料工业学》、王师義《主力之研究》。

第三届

一等奖1件：杜公振和邓瑞麟《痹病之研究》；

二等奖2件：李耀滋《自动节油器》、顾毓珍《植物油籽普通压榨公式》；

三等奖5件：王之卓《利用倾斜摄影求高度法》、徐冠仁和卢浩然《栽培稻植物性状之遗传研究》、罗登义《增进蔬菜中P种维生素之探究》、刘君谔《中国木蛀虫之研究》、吴襄《中华民族之生理水准》。

第四届

一等奖1件：林致平《多孔长条之应力分析》；

二等奖5件：黄文熙（1）《地基之沉陷量及地基中之应力分布》（2）《挡土墙土压力之研究》、柏实义《滑翔机之空气动力特性》、魏寿昆《贝色麦法炼钢去磷问题》、龙丕炎《炼铝试验》、唐燿《中国木材材性研究论文》；

三等奖8件：宋达泉《福建省土分类制之商榷》、李庆逵《中国土壤之化学性质》、蔡邦华《水稻烟茎治螟之试验》、金善宝《中国小麦区域》、严演存《分馏时最经济之回流比》、陈百屏《结构构架之阵量分析》、王成发《国人丙素及战时重庆学生营养状况之研究等论文》、郑集《大豆蛋白质营养价值之研究》。

第五届

二等奖6件：钱令希（1）《梁与拱函数分布图与其成应图之联锁关系》（2）《悬索桥理论及分析改进》、朱莲青《我国土壤层理分类及命名法》、郭祖超《医学与生物统计方法》、徐冠仁《异型稻杂种不孕性之遗传研究》、魏寿昆《四川白云石提制镁氧烧制镁砖之研究》、斯行健《贵州威宁峨嵋山玄武岩树状羊齿内部构造之研究并详论中国西南部玄武岩之地质时代》；

三等奖 10 件：张象贤《钢球轴承原理》、王志鹄《荆峪沟土壤之性状与水土保持》、陈心陶《香港人体寄生虫病调查》、施珍《荒地所生草类与其自然给水关系》、朱鼒《中药之科学原理》、齐敬鑫《国防用材核桃木》、杨櫆《川江船型之检讨》、唐余佐、陈永殷和朱成焯《土地测量论文等四篇》、刘述文《兰索氏投影之方向及距离改正》、陈礼节《臀肌肉注射部位之研究》；

奖助 3 件：张景贤《机构之数量及其形态变化之理论基础》、黄端芳《牙组织的活动染色之研究》、张文治《特种浅水轮船》。

第六届

二等奖 7 件：林国镐《应用何夫孟氏降贬作用综合甲位氨基酸之一普遍新法》、蔡金涛和沈家楠《统调超等他拍接收机最佳之对正频率》、管相垣和涂敦鑫《栽培稻芒之连系遗传》、柏实义和康振黄《飘动之研究》、王清和《抵抗散黑粉病小麦品种之育成》、王志鹄《土壤微生物学研究上之新途径》、蔡方荫《用求面积法计算变梁之弯曲恒数》；

三等奖 7 件：唐燿《中国木材材性之研究等》、余皓《中性高锰酸钾液氧化腐植质之系数测定》、谌湛溪《磁性矿体深度之计算》、盛彤笙《水牛脑脊髓炎之研究》、钟盛标《医用紫外光灯之制造》、王仁权《土木工程实用联立方程式之新解法》、陈椿庭《中国五大河洪水量频率曲线之研究》。

## 审议部聘教授

学术审议会第一届第一次常委会通过提案“设置部聘教授，由部径聘曾任教授职十五年以上对于学术文化有特殊贡献者担任，以奖励学术文化之研究而予优良教授以保障”。很快教育部拟定“部聘教授办法要点”，将任职 15 年改为 10 年。“部聘教授办法”对于部聘教授资格、产生方法、名额、任期、薪资及其研究讲学等都作出了规定；“服务细则”对服务条件、讲座设置及调动、研究费用及其所在学校之关系也有明确规定。

1942 年 8 月 24 日，教育部召开学术评议会临时常会决议人选，选定部聘教授 30 人，名单如下：

中国文学杨树达、黎锦熙，英国文学吴宓，史学陈寅恪、萧一山，哲学汤用彤，教育孟宪承，数学胡敦复、苏步青，物理吴有训、饶毓泰，化学曾昭抡、王琎，生物秉志、张景钺，心理艾伟，地理胡焕庸，地质李四光，政治周鲠生，法律胡元义，经济杨端六，社会孙本文，农学吴耕民，林学梁希，土木水利茅以升，机械航空庄前鼎，电机余谦六，矿冶何杰，医科洪式闾，生理解剖蔡翘。

可见，部聘教授并不仅限于国立高校，也有私立大学大同大学的胡敦复，也有专业学术团体和专门科研机关人员，例如中国科学社生物所长秉志、中研院地质所长李四光、交通部桥梁设计处长茅以升等。临时常会曾有临时动议案，对还在沦陷区的部聘教授不正式公布，因此数学科胡敦复、生物科秉志未在名单中公布。* 任期 1942 年 8 月到 1947 年 7 月。1947 年 7 月 24 日，学术审议会第三届第二次常委会因“该教授等服务成绩均尚优良，拟一律续聘五年”，任期 1947 年 8 月到 1952 年 7 月，薪资一律 600 元，另加研究补助费 400 元。[73]

* 《第二次中国教育年鉴》名单没有胡敦复、秉志，共 28 人。《高等教育季刊》第 2 卷第 3 期第 152 页“教育部学术审议委员会临时常务委员会议记录”说选 30 人，但所列名单仅 29 人，有胡敦复、少秉志，公布的简历中仅 28 人，胡、秉 2 人都没有。中国第二历史档案馆编：《中华民国史档案资料汇编》第 5 辑第 3 编《教育》(二) 名单为 29 人，少胡敦复。

1943年12月16日，学术审议会又推举15位部聘教授，分别为外国文学楼光来、史学柳诒徵、哲学冯友兰、教育常道直、数学何鲁、物理胡刚复、化学高济宇、政治萧公权、法律戴修瓒、经济刘秉麟、农学邓植仪、工程刘仙洲、医学梁伯强、艺术徐悲鸿。[74]

## 院士选举与学术评议制度确立

面对教育部学术审议会突起而影响甚大的学术评议与奖励活动，中研院找到了夺回学术评议与奖励“权能”的突破口——选举院士。

1947年3月13日，国民政府公布修正《国立中央研究院组织法》，根据该组织法，中研院设置院士。首届院士由评议会选举，名额80—100名，嗣后由院士选举，每年不超过15人；院士选举应先经各大学、独立学院、著有成绩的专门学会、研究机关或院士或评议员5人以上提名，由评议会审定为候选人，并公告；院士为终身名誉职务，有选举院士及名誉院士、评议员、议定国家学术方针、受政府委托办理学术设计调查审查及研究事项等职权；院士分数理、生物和人文3组；评议会由院士选举经国民政府聘任评议员30—50人及当然评议员（包括中研院院长、总干事及各直辖研究所所长）组成；设置名誉院士，国外学术专家于学术上有重大贡献，经院士10人以上提议、全体院士半数通过当选。[75] 1947年10月15—17日，第二届评议会第四次年会在南京召开，最终确定150名正式候选人，具体名单及候选理由如下：

**数理组** 49人

江泽涵：分析与拓扑学之研究，主持北京大学数学系

姜立夫：圆与球的几何之研究，曾主持南开大学数学系

许宝騄：数理统计之极限分配、近似分配等研究

陈省身：微分几何、积分几何及积分与拓扑学之关系等研究

陈建功：傅氏级数、正交函数等研究，曾主持浙江大学数学系分析组

华罗庚：分析数论及方阵几何学等研究

熊庆来：无穷级半纯函数之研究，曾主持清华大学数学系

苏步青：卵型论与投影微分几何等研究，主持浙江大学数学系

**（以上数学 8 人）**

吴大猷：光谱及天文物理等研究

吴有训：X 光之康波顿效应、X 光散射与吸收等之研究，曾主持清华大学理学院及物理系

李书华：电极膜对于游子之选择透过性等研究，主持北平研究院

周培源：流体力学及相对论等研究

桂质庭：中国地磁测定及高空电离层等研究，主持武汉大学理学院

叶企孙：磁学研究及勃郎克常数之测定等研究，主持清华大学理学院及物理系

赵忠尧：伽马射线、中子吸收与放射等研究

严济慈：光谱、压力对于照相效应、水晶振动及应用光学等研究，主持北平研究院物理研究所

饶毓泰：光谱、电离作用、电子等研究，主持北京大学理学院及物理系

**（以上物理 9 人）**

朱汝华：与维生素 K 及维生素 B 等有关化合物之综合

吴宪：蛋白质化学、营养研究及血液分析方法等研究，主持协

和医学院生理化学系

吴学周：多原分子之紫外光谱、分子构造及分解能、溶液中之反应结构等研究，主持中央研究院化学研究所

纪育沣：嘧啶及其衍生物之制备、国药之化学研究

孙学悟：发酵工业等之研究，主持黄海化学研究社

庄长恭：男女性内分泌素有关繁醇类之综合研究，主持北平研究院药物研究所

曾昭抡：有机合成及分析之研究，主持北京大学化学系

黄子卿：热力学、溶液及比空三方面之研究

**（以上化学8人）**

尹赞勋：研究中国各纪无脊椎动物化石、山西大同火山、中国火山之分布，历任江西地质调查所所长、中央地质调查所所长、主任

王竹泉：测制太原榆林幅地质图、订定大同煤系时代、研究大青山煤田构造、拟定陕北油井位置，获得成果

朱家骅：研究德国侏罗纪石灰岩，创办并主持两广地质调查所、奠定华南地质研究之始基

李四光：研究中国地质构造、发现第四纪冰川、中国地层及蜓科之研究，主持中央研究院地质研究所

李善邦：用重力法测探水口山铅锌矿、创制新型地震仪，主持鹫峰地震研究室

孟宪民：研究华中华南金属矿产、探测个旧锡矿，获得成果

俞建章：研究中国丰宁系珊瑚化石及分层，主持重庆大学地质系

孙云铸：研究中国古生代寒武志留等纪地层分层及三叶虫及其他化石，主持北京大学地质系

翁文灏：创立华南矿床分带、燕山运动、地震与构造关系、华

煤分类新法、剥蚀与沉积之研究等，曾主持中央地质调查所

黄汲清：二叠纪化石及分层、秦岭地质构造、中国构造单位、四川及新疆油田地质等研究

杨钟健：研究禄丰恐龙、新疆穆氏水龙兽及山东蛙化石等，主持地质调查所新生代研究室

谢家荣：煤岩学、中国铁矿床分类、铝土成因等研究、发现淮南新煤田、凤台磷矿及漳浦铝矿，主持资源委员会矿产测勘处

**（以上地质学12人）**

竺可桢：中国气候学、气候区域、风暴生成、水旱分布与天文及地理等研究，曾主持中央研究院气象研究所

**（以上天文气象1人）**

王宠佑：冶锑研究，著有《锑》及《钨》两书

汪胡桢：中国水利工程之研究，著有水利设计多种

周仁：钢铁理论及制造之研究，主持中央研究院工学研究所

施嘉炀：水工试验理论研究，著有水力发电计划数种

侯德榜：制碱研究，著有《碱之制造》一书

茅以升：桥梁应力之研究，主持钱塘江大桥工程之设计及施工

凌鸿勋：研究我国铁路工程之技术标准，主持粤汉铁路及陇海铁路两段重要工程之设计及施工

程孝刚：机车设计制造、机厂设计及机务标准等研究，曾主持各铁路机务工程

蔡方荫：结构工程中桁梁应力及变位之研究

萨本栋：电机工程中多相电路各问题之研究，著有《电路分析》等书

罗忠忱：在唐山工学院主讲力学，成才甚众

**（以上工程11人）**

**生物组 46 人**

王家楫：原生动物分类形体生态等研究，主持中央研究院动物研究所

伍献文：鱼类形体生理分类生态等方面及寄生虫之研究

朱洗：细胞学及实验胚胎学之研究，主持北平研究院生理研究所

贝时璋：细胞学及实验形体学等研究，主持浙江大学生物系

秉志：比较解剖学、昆虫学等之研究，曾主持中国科学社生物研究所

胡经甫：中国昆虫分类之调查与研究，主持燕京大学生物系

陈世骧：昆虫分类及幼虫形体之研究

陈桢：金鱼之遗传与演化、动物之社会行为等研究，主持清华大学生物系

童第周：实验胚胎学之研究

刘承钊：两栖类动物分类分布生态等研究

**（以上动物学 10 人）**

胡先骕：植物分类学、植物地理学及新生代古植物学之研究，主持静生生物调查所

殷宏章：植物生长素之研究

秦仁昌：中国蕨类植物之分类研究，曾主持庐山森林植物园

张景钺：植物形态学之研究，主持北京大学植物系

裴鉴：植物分类学之研究

刘慎谔：植物地理学、植物分类学及菌类学等研究，主持北平研究院植物研究所

钱崇澍：植物分类学及植物生态学之研究，主持中国科学社生物研究所

戴芳澜：菌类学及植物病理学之研究，主持清华大学植物病理研究部分

罗宗洛：微量元素与植物之生长量、碳水化合物之代谢作用等研究

饶钦止：淡水藻类学之研究

**（以上植物学 10 人）**

李宗恩：裂体虫病、线虫病、疟病、回归热等研究，曾主持贵阳医学院

胡正详：黑热病、锥虫病、斑疹伤寒等研究

洪式闾：寄生原虫、钩虫及其与人体之关系等研究

袁贻瑾：统计学及防疫学之研究，主持中央卫生实验院防疫研究所

马文昭：高氏体与分泌之关系、吗啡中毒之细胞变化及血球发生史等研究

张孝骞：胃肠病之研究，主持湘雅医学院

汤飞凡：疱疹、牛痘等过滤毒之研究，主持中央防疫处

冯兰洲：锥虫病、黑热病、疟疾、丝虫病、螺旋体病及内脏虫病之寄生虫研究

刘士豪：研究钙之新陈代谢

**（以上医学 9 人）**

陈克恢：麻黄素及强心剂等之药理等研究

黄鸣龙：男女性内分泌素之综合、蛔蒿素及国药化学等研究

**（以上药物学 2 人）**

吴定良：各族颅骨与体骨之比较及黔苗体质之探讨等研究，曾任中央研究院人类学组主任

**（以上体质人类学 1 人）**

汪敬熙：内分泌对于行为之影响、中枢神经中之动作电势及中枢神经发展各期对于行为影响等研究

陆志韦：记忆与视觉之研究，主持燕京大学心理系

臧玉洤：脑视觉与学习之关系及胃之饥饿收缩与行为动机等研究

**（以上心理学 3 人）**

林可胜：胃液分泌、延髓中交感神经中枢、胆囊收缩、脑下腺之神经支配等研究，曾主持协和医学院生理学系

徐丰彦：哺乳类呼吸循环系统等研究

汤佩松：细胞呼吸及代谢等研究，主持清华大学生理研究部分

冯德培：肌肉和神经之放热及神经肌肉接头之传导等研究

蔡翘：神经系统之解剖及生理碳水化合物代谢、抗溶血素、止血机构等研究，主持中央大学医学院生理学系

**（以上生理学 5 人）**

李先闻：小麦、小米、玉蜀黍杂种染色体之行动等研究，曾主持四川省稻麦改良场

俞大绂：蚕豆等作物病害、小麦大麦黑穗粉菌之生理分化与抗病育种等研究

冯泽芳：棉花育种之研究，主持中央棉业改进所北平分所

赵连芳：稻连锁遗传之研究，曾主持中央大学农艺系

邓叔群：植物病理学、菌类学、森林学等之研究，曾主持甘肃洮河林场

刘崇乐：经济昆虫之研究，主持清华大学昆虫研究部分

**（以上农学 6 人）**

**人文组 55 人**

吴敬恒：思想家，著有《一个新信仰的宇宙观与人生观》等

金岳霖：治西洋哲学，著有《逻辑》《论道》等

陈康：治希腊哲学，于柏拉图、亚里士多德均有专著

汤用彤：治中国佛教史，著有《汉魏两晋南北朝佛教史》等

冯友兰：治中西哲学，著有《中国哲学史》等

**（以上哲学5人）**

余嘉锡：治考证之学，重要著作有《四库提要辨证》

胡适：研究中国思想史与中国文学史

唐兰：考订甲骨文字、利用古文字材料建立中国文字学理论

张元济：主持商务印书馆数十年，辑印四部丛刊等书、校印古本史籍，于学术上有重大贡献

杨树达：继承清代朴学风气，整理古书，研究古文法与古文字学

刘文典：治校勘考证之学

**（以上中国文史学6人）**

李剑农：研究中国经济史货币史

柳诒徵：主持南京国学图书馆多年，主讲大学史学多年

徐中舒：用古文字与古器物研究古代文化制度

徐炳昶：治古史，著有《中国古代的传说时代》等书，主持北平研究院史学研究所

陈垣：专治中国宗教史，兼治校勘学、年历学、避讳学

陈寅恪：研究六朝隋唐史，兼治宗教史与文学史

陈受颐：研究近世中西文化交通之早期史

傅斯年：治中国上古史，利用新材料与新眼光考订古代制度地理及文籍体制，主持中央研究院历史语言研究所

蒋廷黻：主持大学史学系多年，专治近代中国外交史

顾颉刚：以怀疑精神研究古史，倡导古地理学之研究

**（以上历史学 10 人）**

王力：研究中国语言与古代音系，兼治中国语法

李方桂：致力于边疆各种语言之调查与研究，并考订上古语音

赵元任：为我国现代语言学研究之创导者，规划并实行汉语方言调查工作

罗常培：专治中国中古语言史与中国音韵学史，有厦门临川两处方言调查报告

**（以上语言学 4 人）**

李济：为我国田野考古之领导者，精于中国史前文化及殷代陶器铜器之研究

梁思永：主持大规模之殷墟工作，又发现华北史前文化次序之实证

郭沫若：研究两周金文，以年代与国别为条贯自成体系，又于殷墟中卜辞加以分类研究

董作宾：利用发掘经验将殷墟卜辞划分时代，又考订殷代历法及祀典

**（以上考古学 4 人）**

梁思成：主持中国营造学社多年，研究中国古建筑物，实地搜求、发见甚多

徐鸿宝：精于中国艺术品之演变流传及真伪辨定，主持故宫博物院古物馆多年

**（以上艺术史 2 人）**

王世杰：研究比较宪法，主持国民政府法制局，于立法事业及宪法制度均有贡献

王宠惠：早年以英文翻译德国民法，至今有国际声誉，在国内对于法律修订及宪法制度多有贡献

吴经熊：研究法律哲学，任法院法官，参加立法工作，均有成绩

李浩培：研究国际私法，主持法律学系多年

郭云观：研究英美法律，任法院法官，著有成绩

燕树棠：研究国际私法及法律哲学，主持法律学系多年

**（以上法律学6人）**

周鲠生：研究国际法及外交，主持政治学系多年

张忠绂：研究中国外交及行政学

张奚若：研究西洋政治思想

钱端升：研究比较政治制度及现代中国政治制度

萧公权：研究西洋及中国政治思想

**（以上政治学5人）**

方显廷：研究工业革命及中国工业

何　廉：推进经济研究及指数编制，主持南开大学经济研究所

巫宝三：研究中国农业经济及中国国民所得

马寅初：研究中国金融市场及财政金融诸问题

陈　总：主持清华大学经济系及法学院

杨西孟：研究生活费指数之编制及物价问题

杨端六：研究会计货币银行，主持武汉大学经济系

刘大钧：从事中国工业之调查研究，创办主持经济研究所

**（以上经济学8人）**

吴景超：研究中国之社会经济中阶级制度、工业化、经济建设诸问题

凌纯声：研究边疆民族中之赫哲、苗傜、畲诸族

陈达：调查并研究中国劳工、人口、移民

陶孟和：研究中国都市及乡村社会，主持社会调查研究机关

潘光旦：研究中国家族、人才血缘诸问题

**（以上社会学 5 人）**

1948 年 3 月 25 日，第二届评议会第五次年会召开，依照程序以无记名投票方式选举首届中研院院士。到 28 日，经 5 次投票后才最终产生 81 名院士，“可以说相当的郑重审慎”。其具体名单及组别、学科分布如下：

**数理组** 28 人

数学：姜立夫、许宝騄、陈省身、华罗庚、苏步青

物理：吴大猷、吴有训、李书华、叶企孙、赵忠尧、严济慈、饶毓泰

化学：吴宪、吴学周、庄长恭、曾昭抡

地质：朱家骅、李四光、翁文灏、黄汲清、杨钟健、谢家荣

气象：竺可桢

工程：周仁、侯德榜、茅以升、凌鸿勋、萨本栋

**生物组** 25 人

动物：王家楫、伍献文、贝时璋、秉志、陈桢、童第周

植物：胡先骕、殷宏章、张景钺、钱崇澍、戴芳澜、罗宗洛

医学：李宗恩、袁贻瑾、张孝骞

药物学：陈克恢

体质人类学：吴定良

心理学：汪敬熙

生理学：林可胜、汤佩松、冯德培、蔡翘

农 学：李先闻、俞大绂、邓叔群

**人文组** 28 人

哲学：吴敬恒、金岳霖、汤用彤、冯友兰

中国文史学：余嘉锡、胡适、张元济、杨树达

历史学：柳诒徵、陈垣、陈寅恪、顾颉刚、傅斯年

语言学：李方桂、赵元任

考古学：梁思永、郭沫若、李济、董作宾

艺术史：梁思成

法学：王世杰、王宠惠

政治学：周鲠生、钱端升、萧公权

经济学：马寅初

社会学：陈达、陶孟和

从 81 名院士当选资格看，这一院士群体确实是当时各门学科的代表人，“足以代表今日中国学术界的情况”。1948 年 9 月 23 日，中研院第一届院士会议召开，选举产生第三届评议会。由此，中研院“主持人为院长，构成之主体则为院士，学术评议之责属于评议会，而从事学术研究者，则为各研究所，国家学院之体制”，于中研院成立 20 年之际，“乃告完成”。[76] 院士选举标志着中国近代学术评议奖励机制的体制化完成，中研院也通过授予学人最高荣誉这一举措，将学术评议与奖励的职权从教育部收回。

总体而言，民国学术评议体制形成了以政府主持的中研院评议会和教育部学术审议会为主、民间学术社团组织为辅的较为完整的体系。在这一体制中，政府起着主导作用，无论就其影响力还是作用而言，民间社团都不能与政府相提并论。政府方面，教育部学术审议会更具有行政机关的倾向，中研院评议会更趋向学术性。也许正是由于学术审议会浓厚的官员背景，其工作开展较为顺利。从担当的功能与具体运行结果来说，中研院评议会进行的更多的是学术

共同体内部的学术奖励，院士这一终身名誉是最高奖励，是教育部学术审议会各种奖励所不能相比的。教育部学术审议会担当的更多是外在性的评议与奖励，多有物质作为基础。也就是说，中研院评议会和教育部学术审议会各自建制了学术界内部的学术评议和外在性物质奖励两大部分。

中研院评议会与教育部学术审议会应该有所合作，特别是其人员组成方面有许多重叠的地方。但由于各种各样的原因，二者之间似乎矛盾更深。学术审议会的成立不仅直接侵入评议会领地，而且使整个中研院有被合并到教育部或考试院的危险，导致评议会一时间“沉默寡言”。也许正是因为感觉到中研院与教育部的隔阂，1941年3月20日，在重庆举行的评议会第二届第一次年会通过了与教育部联合发起全国学术会议的提案。朱家骅在题为“全国学术会议召集意义”的讲话中如是说：

就大体论，中国研究学术之组织，方在开始建设之时期，本院人力物力均属有限，欲独立担负推进全国学术之重任，常感困难，因此本院评议会决议召开全国学术会议，集合全国学者，并酌请外国学者参加，与本院同仁共策进行，以唤起全国上下之注意，蔚成普遍注重科学之学风，而使研究学术之环境得以改善，全国学术之提倡得以顺利，以促进研究工作之猛进。[77]

但是，朱家骅及其中研院评议会的决议案并没有得到教育部的响应。学术审议会与评议会各自的独立存在，表征了南京国民政府时期教育部与中研院之间的矛盾与不和谐，特别是抗战期间陈立夫任教育部部长时与朱家骅小团体派别之争，也影响了两个机构的关系。因此，当朱家骅主政教育部时，中研院开始与教育部商讨收回学术评议奖励的权力。1946年10月，评议会第三次年会曾就中研院与教育部对于全国学术审议之职责进行讨论，大家一致认为教育部学术审议会与评议会职责有“重同之处”。1947年9月，萨本栋在同翁文灏会商后向教育部郑重提出：“学术审议委员会系部设机构，其研拟关于教育行政各事项自系部内之事，惟学术审议系本院职掌，似宜商酌。除美术部分非本院现有研究部门外，所有关于著作发明之审议，似应由本院办理，或会同本院办理。”[78]

与教育部学术审议会作为一个政府组织具有强烈的政治色彩因而在学术评议方面成效显著不同，中研院学术评议不能顺利实施，与它作为一个政府组织又要保持学术独立有密切关系。南京国民政府成立后，蔡元培为实现其教育独立的理想，开始实行教育、研究共为一体的大学区制度，结果很快宣告失败。之后，中研院脱离教育部成为直辖于国民政府的一个独立的专门研究机关，与政府的关系相比教育部等而言，具有更大的独立性。无论是院长选举还是各研究所所长的任命、研究人员的聘定、研究方向的确立、评议会评议员的选举等，都是其内部事务，可自行解决。因此，中研院作为蔡元培及当时学人学术独立追求的最后一片天空，具有相当的独立性。

总体看来，民国时期学术评议与奖励，与国际上通行相比，并没有建立起比较完善的机制，民间学术社团或者说学术界自身在这方面的建设还很薄弱，这不仅对民国学术的发展产生了重要影响，对未来中国学术的进程也有不可估量的作用。

# 第八章　科学家社会角色的形成及其演化

1918年10月，哥伦比亚大学化学硕士、中国科学社董事会会长任鸿隽，哈佛大学商科硕士、《科学》编辑部部长杨铨等几位留美学生学成归国，上海几家报纸以“科学家回沪”“科学家由美返国”为题予以报道，极尽夸张之能事，如《申报》说任鸿隽、杨铨两人“于科学素极醉心，此次学成归国，定能一新我国科学也”。任鸿隽、杨铨作为中国科学社创始人与主要领导人，对发展中国科学自有其主张，但任鸿隽不过刚刚获得化学硕士学位，杨铨虽在康奈尔大学习机械工程，但入哈佛大学读研究生转学管理，如何能担当“科学家”这一称号？对此，任鸿隽感到很是“惶恐”，回国伊始就在环球中国学生会作公开演讲——“何为科学家”，从科学共同体这一角度对科学家社会角色进行了阐述。他说，科学所研究的是自然界现象，科学家们所注重的是“未发明的事实”，这样，科学家不仅要像中国人一样读古人书，了解前人的研究，更重要的是研究事实，在实验室和大自然进行成年累月的观察和实验。由此，他定义说科学家“是个讲事实学问以发明未知之理为目的的人”，一个科学家不是大学毕业或者博士毕业就能养成的，得了博士学位后，“如其人立意做一个学者，他大约仍旧在大学里做一个助教，一面仍然研究他的学问。等他随后的结果果然是发前人所未发，于世界人类的智识上有了的确的贡献，我们方可把这科学家的徽号奉送与他”。[1] 在任鸿隽看来，作为一个科学家，必须为人类的知识视野扩展作出独特贡献，这是区别于其他社会角色最为本质的所在。因此他与他同船回国的留学生根本不配被称为“科学家”，最多只能被称为“科学家”的预备人员而已。

按照弗·兹纳涅茨基（Florian Znaniecki，1882—1958）的界定及罗伯特·默顿的解读与补充，科学家作为一种社会角色，其内涵至少包括四个方面：（1）科学家群体即科学共同体的形成；（2）科学家社会角色的自我意识的形成，包括遵守相应的行为规范、树立“科学求真”的价值观念等；（3）科学家具有区别于其他角色的社会地位及职业特色；（4）科学家须向科学共同体提交获取科学共同体认同的科研成果。[2] 可见，对人类知识视野扩展作出贡献是“科学家”最为本质的特征。科学家这种以科学为专门职业的社会角色并不仅仅局限于他们自己的社会小圈子，还与社会有一个互动的过程。作为职业的科学家角色，与医生、律师这样的职业角色不同，它强调知识的扩展，他们并不直接服务于顾客，他们的经济收入也不直接来源于顾客。[3] 科学家社会角色的出现与形成同步于科学体制化过程，既是科学体制化的结果，又是科学体制化的重要标志。只有在科学教育体系、科研机构、科学社团与科学交流体系等方面有了较为充分发展的基础上，科学家社会角色才会形成。

西方近代科学家角色从其萌芽开始就是以进行科学研究、“探索大自然的真谛”为其终身志业。在科学家寻求真知的努力下，科学的运用也日渐广泛，技术得以发展，工业革命爆发。随之，科学技术作为教学课程进入正规教育体系。这样，西方科学家角色的工作场所总体上有这样一个发展趋势：文艺复兴时期大学教师与工艺实验家、英国皇家学会的业余科学家、法德等国家科学院的科学工作者、德国大学科学工作者，最终形成了在政府、工业企业、大学、民间科研机构等工作的几种科学工作者类型。这是科学自我发展的一种内在的历程。传统中国社会没有近代意义上的科学家这一社会角色，中国近代科学家角色的出现与形成不是由传统中国知识分子演化而来，不是中国社会历史自我内在衍生的，而是随着西方近代科学在中国的生根发芽、成长这一过程而逐渐形成的。

## 传统与近代之间：翻译西书的传统科学家群体

约瑟夫·本－戴维认为传统社会中科学知识贡献者通常是技术专家（包括医生）或哲学家。技术专家虽是早期科学创造者中的一个群体，技术也是每个社会必需的，但只有在特殊条件下，他们才对科学有真正的兴趣。“发现真理”通常是哲学家角色的基本任务，哲学家也最接近于现代学者和科学家角色，但哲学家“发现的‘真理’意味着精神和道德的真理，与科学的真理毫不相干”。[4] 传统中国科学的发展主要得益于所谓能工巧匠一类的“技术专家”和一些“为官作宰”的业余科学爱好者，哲学家对科学的思考及实际影响似乎不如西方社会明显，哲学家与科学似乎没有建立起如希腊社会那样较为直接的联系，其后果可能就是中国古代科学缺乏理论体系。

传统中国社会结构基本上呈板结僵硬、两极对立态势。内里既没有充分的社会分化，更不可能有独立的社会角色，所谓“士农工商”的分野仅是社会等级上的排列座次，而不是职业化意义上的社会角色界定。因此，传统中国社会也就说不上有社会分层意义上的科学家角色。在马克斯·韦伯（Max Weber，1864—1920）看来，儒家伦理的人文理想缺乏超越目的性，其以非职业化或非专门化的雅儒为最高人格价值理想，不能自发培养现代职业者或专门化人才："在儒家眼里，匠人即使借助他的社会功利价值也不能提高真正积极的尊严。因为'君子不器'，就是说，他在适应世界的独善其身的过程中，始终是终极目标，而不是任何事务性目的的手段，这是至关重要的。儒家伦理的这个核心命题反对专业化，反对近代的专业科层和专业训练，尤其反对为营利而进行的经济训练。"[5] 经书是传统中国教育体制中主要甚至是唯一的教学内容，能工巧匠的技术成就往往被视为"奇巧淫技"，是与儒家伦理所追求的修身养性相背离的，很难进入正规的教育体系和一般的知识系统，成为读书人了解和掌握的对象，即使有也仅仅作为解读经书的工具。* 这些自然导致传统中国科学工作者之间，没有正规的具有公共性质的学术交流与社会传播的渠道与平台，更不可能形成独立的职业共同体。传统科学技术的传承与发扬光大自然也成为问题，一些成果一再失传。**

学会组织的出现是科学家社会角色出现的重要标志。传统中国科学工作者由于人数稀少等原因，没有建立学会组织的欲求与愿望。虽然他们也交流学术心得，共同促进学术发展，但基本上是私人行为，不具有近代学会组织的公共性。如乾嘉时期的学者通过交游、通信和见面等途径进行学术交流，达成关于考据学的共识，推动了

* 算学作为六艺之一，由于与历算天象相关，有时似乎还扮演"意识形态"工具的作用，在唐宋的科举考试中也曾作为考试内容，但这对中国古代数学的发展并没有起多大作用，而且以后也逐渐被排除在科举考试之外。因此有论者说，"清末以前，我国虽有数学教育制度，但真正出色的数学家的成材是通过学者自学和私相授受两个途径"。田淼：《清末数学教育对中国数学家的职业化影响》，《自然科学史研究》第 17 卷第 2 期（1998）。

** 无论是东方还是西方，传统科学技术的传承都是个问题。约瑟夫·本－戴维将古代科学迅速发展之后的衰退原因归结为知识传播与扩散机制的缺陷。科学活动的早期，"科学知识的传播通常是作为技术传统、宗教传统或广义哲学传统的一部分"，这种给科学蒙上一层其他传统外衣的做法可能因为其他传统关注中心的转移而造成科学的衰退。同时，文献难以保存与手稿的传抄也可能造成科学的退化。《科学家在社会中的角色：一项比较研究》第 26—27 页。

乾嘉学派的形成。[6] 又如作为最后一代传统数学家，项名达、顾观光、戴煦、李善兰、张文虎、汪曰桢、徐有壬等就曾互相讨论，切磋研究所得，甚至还形成了聚集在丁取忠周围的所谓“学圈”。[7] 但他们的学术交流基本上属于师友私下往来，没有正规的交流渠道，不具备近代学会组织学术交流的“辩驳”与公共特性。即使有一些“学派”与“学圈”，也主要是相关学术领域的人才私下聚集，没有结成近代意义上的学术团体。*

表 8–1 是鸦片战争后仍然活跃在学术界的最后一代传统科学工作者简况。他们依个人爱好研习科学技术知识，主要通过自学得以在科学上取得成就。科学对这些人来说，基本上是业余爱好，他们的职业或是官僚或是书院讲席。徐有壬进士出身，官至江苏巡抚；

**表 8–1　鸦片战争后仍活跃在学术界的主要传统科学工作者简况**

| 姓名 | 籍贯 | 生卒年 | 求学经历 | 科学家角色 | 备注 |
|---|---|---|---|---|---|
| 项名达 | 浙江杭州 | 1789—1850 | 自学成才 | 传统数学家 | 进士 |
| 罗士琳 | 江苏扬州 | 1789—1853 | 钦天监天文学生、游历自学 | 传统数学及数学史家 | |
| 徐有壬 | 浙江湖州 | 1800—1860 | 师从钦天监博士陈杰 | 传统数学家 | 进士，江苏巡抚 |
| 戴　煦 | 浙江杭州 | 1805—1860 | 自学 | 传统数学家 | 贡生 |
| 丁取忠 | 湖南长沙 | 1810—1877 | 师从曾纪鸿、左潜等 | 传统数学家 | |
| 汪曰桢 | 浙江湖州 | 1813—1881 | 自学 | 传统天文学史家 | 浙江会稽教谕 |

* 有人认为传统中国科学家尽管有着“献身科学的精神和坚韧不拔的毅力，在各自领域内取得令人瞩目的成就，但是毕竟单枪匹马、孤军奋战，没有形成强有力的‘科学共同体’。因此他们之间缺少学术思想和成果的交流，造成视野不够开阔，也就难于汲取别人科学思想的精华，博采各家之所长，从而突破传统的科技体系”。施若谷 :《“科学共同体”在近代中西方的形成与比较》,《自然科学史研究》第 18 卷第 1 期（1999）。

项名达中进士，外放知县不就，返归故里，主讲杭州紫阳书院等；罗士琳在钦天监受到排挤后毅然离开，游历各地，结交“当代明算君子”，致力于数学研究与整理数学典籍，继阮元编著《续畴人传》；丁取忠周围虽集合了一批学术人才，但主要以胡林翼幕僚为生；汪曰桢一生著作等身，学问渊博，但职业是一个小小的学官。

鸦片战争以后，不仅传统科学技术某些科学领域出现了一些近代气息，如郑复光、邹伯奇、顾观光和兵器工程师龚振麟、丁拱辰、丁守存等；更为重要的是，出现了一批翻译西方科学书籍的传统科学家，李善兰、徐寿、华蘅芳、张福僖等是其中的代表。

1852 年，李善兰到上海后专心于译书，仅仅几年间就先后与伟烈亚力等合作翻译了《几何原本》后 9 卷、《重学》20 卷、《谈天》18 卷、《代数学》13 卷、《代微积拾级》18 卷、《植物学》8 卷，还与伟烈亚力合作翻译了牛顿的《自然哲学的数学原理》部分内容。[8]

徐寿参加过童生考试，后悟到八股文章“无裨实用”，乃“专研格物致知之学”。1857 年左右，徐寿与同乡华蘅芳到上海，结识李善兰，并向他讨教。1862 年，与华蘅芳一同到曾国藩设立的安庆内军械所试制轮船，研制成中国第一艘以蒸汽为动力的轮船“黄鹄”号。1867 年，徐寿父子入江南制造局，除继续研制轮船外，主要致力于西方科学技术书籍翻译。到 1884 年去世，徐寿与西人合作译书 20 多部，最重要的贡献是与傅兰雅合作，翻译了《化学鉴原》《化学鉴原续编》《化学鉴原补编》《化学考质》《化学求数》等化学著作，将西方 19 世纪以来的近代化学知识较为系统地介绍到中国，并首创了一套化学元素的中文名称。除译书之外，徐寿还主持创办了格致书院，并与傅兰雅创刊《格致汇编》。[9]

华蘅芳作为比徐寿年少的同乡，大多数时间与徐寿在一起。与徐寿醉心化学不同，他致力于数学与地学书籍的翻译。华蘅芳从小喜好数学，在开方术、积较术和数根术三个方面成就卓著，并著有《西算初阶》。相较其数学著述而言，华蘅芳对西方近代科学特别是数学和地学翻译介绍的成就和影响更大。他与西人先后合作翻译《金石识别》《地学浅释》《代数术》《微积溯源》《三角数理》《代数难题解法》《决疑数学》《合数术》《算式别解》等，在李善兰数学翻译基础上，主要介绍了代数学、三角学、微积分和概率论，内容和新颖程度都较李善兰所译数学为高。华蘅芳晚年投身于数学教育，1887 年到天津武备学堂任教习，1892 年在两湖书院主讲数学课程，翌年任教湖北自强学堂算学教习，在数学普及及人才培养方面建树颇多，成为晚清数学教育一代宗师。[10]

浙江归安（今湖州）人张福僖，秀才出身，但好天文、历算，师从同乡钦天监博士陈杰，在历算上取得了相当成就。1853 年经李善兰介绍到上海，成为墨海书馆译员，与艾约瑟合作翻译了中国近代最早的物理学著作《光论》。后曾应徐有壬邀，与李善兰一同到苏州，担任项名达撰著、戴煦补述的《象数一原》的校核工作。[11]

李善兰、徐寿、华蘅芳、张福僖等兼具传统科学家和西书翻译家身份，是传统向近代转型的第一代科学工作者，有独特的社会结构与社会身份。第一，与纯粹传统科学家或为官作宰或担任学官不同，这些人大多绝意仕途，醉心于其所喜好的科学。他们献身于西方科学技术的翻译、传播及科学研究，这在当时可以说是“孤独的志业”。自绝于“科场”这一光宗耀祖的仕途诱惑已难能可贵，整天与“洋鬼子”厮混在一起更是离经叛道。第二，这些人基本上来自江浙一带。明清以来，江浙一直是人文荟萃之地，这自然是他们学习传统科学技术知识的沃土。东南沿海地区较早接触西方文化，也为他们从事西方科学技术知识的翻译提供了方便。更为重要的是，上海在开埠后很快成为江南地区的文化中心，不仅是西学输入中国的中转站，更是许多江浙士人更寻他途、突破传统走向近代、实现理想的地方。因此，也就有了第三个特征，他们赖以成名的地方与工作的场所是上海及设立在上海的墨海书馆和江南制造局翻译馆。传教士在广州、宁波等地也从事过西书翻译工作，洋务派在北京、福州、南京等地也创办过翻译西书的机构，但这些地方没有产生像李善兰、徐寿、华蘅芳这样有影响、有作为的科学家及西学翻译家。

这一代科学工作者相较纯粹传统科学工作者而言，也有其自身特征。第一，他们的知识视野开始扩展，在研究中懂得吸取西学知识。第二，从某种意义上说，在他们身上已可看出中国近代科学家角色的萌芽。与传统科学家不同，他们已有较为专门的科学活动职业，不再以科学为业余爱好。李善兰在墨海书馆翻译西书，后以西学知识充曾国藩等人幕僚，晚年以数学专业为职业充当同文馆算学教习，培养学生“先后约百余人。口讲指画，十余年如一日。诸生以学有成效，或官外省，或使重洋”。[12] 徐寿除从事翻译工作外，还主持格致书院，参与《格致汇编》编辑工作。华蘅芳晚年以数学为谋生手段，从事教育事业，“孜孜不倦，因材施教，造就尤多，及门私淑弟子，今充当各省高等学堂教员者指不胜屈”。[13] 从以科学作为谋生手段这点看，这一代科学工作者已经在相当意义上具备科学家职业这一角色的某些特征。因此，有论者认为晚清数学已经相当专业化，数学工作者也已经相当职业化。[14]

但是，他们不仅与传统科学家有割不断的联系，而且与真正的科学家社会角色也有相当的差距。第一，即使接受了西学熏陶，他们所进行的科学研究无论是研究对象、研究方法，还是研究手段及所取得的成就，仍属于传统科学技术范畴。李善兰作为传统数学最后一位大师，在传统数学领域也取得了一些具有近代意义的成就，获得伟烈亚力等西人的激赏，但并不是近代意义上的数学研究成果，而且远远落后于西方。

第二，与纯粹传统科学家一样，他们虽有一定的小圈子进行学术交流，但并没有建立体制化的科学共同体的欲求与冲动。伟烈亚力就曾指出中国数学家们之间缺乏交流，重复研究很多，浪费不少生命与春秋。更为严重的是，中国数学家根本不了解西方数学的前沿与新进展。[15]

第三，与真正的科学家社会职业角色相比，他们的地位还相当尴尬。不仅成员稀少，没有形成稳定的社会群体，没有专门的科学研究场所与交流平台，而且也没有独立的社会意识与社会地位。另外，他们交往的西人科学素养并不很高，这在相当程度上决定了他们接受与传播科学的效果。当时西学传播第一人傅兰雅仅仅是个师范毕业生，与江南制造局翻译馆签订合同后，“临时抱佛脚”，恶补科学，“上午翻译煤矿开采的书，下午钻研化学，晚上还要学习声学”。[*]

## 以匠为特色：洋务运动时期的工程技术专家

洋务运动中成长起来的科学工作者主要包括洋务学堂培养的学生、派遣出洋的留欧船政学生与留美幼童、通过其他途径留学的一些科学人才，还有一些短期出洋考察与苦读西书而自学成才的人。与他们的前辈西书翻译家相比，他们传统科学技术素养薄弱，可以算真正意义上的第一代近代科学工作者。

前一辈科学工作者徐寿次子徐建寅是自学成才代表。徐建寅17岁随父入曾国藩幕，协助研制“黄鹄”号。后随父入江南制造局，

* 这是1868年7月他写给弟弟的信。转引自王扬宗：《傅兰雅与近代中国科学的启蒙》，第31页。

与傅兰雅等合作翻译了一批西方科学技术书籍。据统计，徐建寅一生翻译西书 25 种，其中《化学分原》《声学》《电学》《运规约指》等 15 种出版发行。徐建寅的翻译，最早将近代分析化学、声学以及电学的基础知识，系统地介绍到中国。与李善兰、徐寿等父辈翻译家不同，徐建寅出生在鸦片战争后，在西学熏陶下成长起来。他通过翻译西书、自学与出国考察成为一代军工技术专家与造船专家。1874 年，徐建寅奉调天津制造局督办制造镪水，取得成功。翌年被山东巡抚丁宝桢聘任为山东机器局总办。1879 年，以驻德使馆二等参赞名义出国考察，成为中国第一个对西欧近代工业进行系统考察的科学工作者。徐建寅此行不仅圆满完成订购军舰和考察任务，还出版《欧游杂录》，为中国人了解西方科学技术打开了一扇窗户，此外，他参观了德国的陆军操练，写作相关文章，向国内介绍了德国的军事工业与武器制造。1886 年，徐建寅在金陵机器局仿制后膛抬枪，1900 年到湖北任职，因试制无烟火药失事，以身殉职。[16] 邹代钧也是此一时期自学成才代表，1895 年他与同人在武昌创立“译图公会”，后改名为“舆地学会”，编译出版中外著名地图，推进地理学研究和普及地理教育。[17]

与徐建寅、邹代钧等仅短期出国考察学习并自学成才者相比，留美幼童虽大多数没有完成学业，回国之初也不受重用，所从事职业与专业亦大多不合，但还是有一些人在工程技术方面作出了相当贡献。[18] 在矿冶工程方面，有邝荣光、吴仰曾等。邝荣光（1860—1962），广东新宁人，一期留美幼童，归国后长期担任开平煤矿工程师。他曾参与许多煤矿勘测，发现湘潭煤矿，绘制了《直隶省地质图》和《直隶省矿产图》。吴仰曾（1861—1939）也是一期留美幼童，哥伦比亚大学矿冶学院未毕业即归国，分派唐山煤矿。1886 年由李鸿章派往英国皇家矿冶学院深造，1890 年毕业返国，先后任热河银矿总工程师、开平矿务局副局长等。

留美幼童也是自办中国铁路的先驱。詹天佑（1861—1919）是一期留美幼童，献身中国铁路事业30多年，以“昕夕勤劬、廉洁自持”“品端艺粹、力果心精”赢得了中外工程学界的赞赏。1881年留美幼童撤回时，詹天佑毕业于耶鲁大学谢菲尔德技术学院，获得哲学学士学位，是两位获得大学学位的留美幼童之一。回国后，詹天佑被派往福州船政局，参加了中法战争。1887年，经留美同学邝孙谋（1863—1925）介绍，任中国铁路公司帮工程师，迈入铁路建筑事业。到1919年病逝，詹天佑除主持修建使他声名鹊起的京张铁路以外，还先后参与过关东、津卢、洛潼、沪宁、道清、萍醴、津浦、潮汕、粤汉、川汉、中东等铁路的筹建和修建工程，担任总工程师及顾问工程师等，足迹遍及长城内外、大江南北。他是第一位被英国土木工程学会、美国土木工程师学会吸收为会员的中国人，也是中国工程师学会的创始人。[19] 此外，罗国瑞（1860—？）、邝孙谋、周长龄（1863—？）等在铁路建设上也有大贡献。

留美幼童也是中国邮电事业的奠基者。留美幼童撤回国后，有20人被派往天津电报学堂或继续学习或充当教员，不少人后来成长为邮电事业领导者。一期幼童蔡绍基（1859—1933）曾任职上海大北电报公司，后任北洋大学堂督办、天津海关道台等；三期幼童朱宝奎（1861—1926）曾任上海电报局长，1907年出任邮传部左侍郎；三期幼童周万鹏（1864—1928），先后任清江、汉口电报局领班，1884年调任上海电报局总管，后升任会办和总办，并兼任中国电报总局提调和襄办，1909年升中国电报总局总办。周万鹏熟悉电报业务、技术，管理有方，蔡元培评价他“导引电政，吾国之倡；周旋撙俎，折冲外攘；清廉峻洁，不媚于上”。[20]

与留美幼童相比，留欧船政学生深远地影响了中国海军的发展。

第一批出洋学生 26 人，习驾驶 12 人，后大多成为北洋舰队军官，著名人物有刘步蟾（1852—1895）、林泰曾（1851—1894）、林永升（1853—1894）、方伯谦（1854—1894）等，也有人成为未来海军主要领导人，如萨镇冰（1859—1952），更有思想家严复；习制造 9 人，后有成就者如魏瀚（1850—1929）、陈兆翱（1854—1899）等；有 5 人习矿学。另有艺徒 9 人习矿学等。第二批船政学生习制造者 7 人、驾驶者 2 人。第三批学生 20 人习驾驶，14 人习制造。1897 年还曾派遣过第四批学生，但已在洋务运动之后。[21] 陆军也曾派遣学生留欧，但人数较少，成效不著。[22]

留欧船政学生主要贡献在海军，而且造成后来海军基本由福建人掌控局面。魏瀚是造船专家佼佼者，17 岁考入福建船政局前学堂习造船，毕业后在船政局担任技术工作。1875 年同陈兆翱等人随船政局洋监督出国游历英法。1877 年作为正式留学生留学法国，成绩突出，“可与法国水师制造监工并驾齐驱”。回国后在船政局工程处任职，与同学陈兆翱、郑清濂（1852—1927）等从事造船工作。中法战争以后，建造钢甲船。后曾为张之洞招致，“历充外交、制造、法律、翻译、各省差役”。1903 年，受命整顿福建船政局。后曾任海军部造船总监、福州船政局长等职。[23]

除政府派遣留学外，还有一些民间留学人员。李维格（1855—1918）幼年随父到上海读书，进入西人所办洋学堂学习，产生出国求学欲念。他的父母克服困难筹措费用资助他，先后到英国、日本和美国学习，后成为钢铁专家。他解决了汉阳铁厂的钢质量问题，扭转了汉阳铁厂建厂以后年年亏损的局面；规划、组织了 1904—1910 年汉阳铁厂的改造和扩建工程，使汉阳铁厂成为当时亚洲最大的钢铁厂。他还规划了大冶铁厂的建厂方案和厂址选择，创办了扬子机器制造厂和湖南常耒锰矿，兴办了汉阳铁厂第一所技术学堂。[24]

浙江慈溪人舒高第（1844—1919），自幼留美，1873年获得哥伦比亚学院医学博士学位。1877年任广方言馆英文教习，翌年开始担任江南制造局翻译馆翻译事务。傅兰雅说他“在美国多年肄业，考取医学，回至上海，因请之译医学诸书，盖在美国时已精练此艺，故译此书甚宜也”。他是口译者中唯一一位中国人，译著包括医学、军事技术、农学和矿学等。后曾任广方言馆总教习，1903年因压制学生，引起退学风潮。[25]

洋务教育经历了“单纯地学习语言文字，培养翻译官，扩大到学习西方的多种自然科学，培植所谓‘奇技异能之士’的近代科学技术人才，由招收文墨未通的文童，进而招纳汉文业已通晓、具有一定文化基础的士人”这样一个过程。[26]洋务学堂也培养了一些人才，著名的有汪凤藻（1851—1918）、席淦（1845—1917）、杨兆鋆（1854—？）、刘式训（1869—1929）等。如汪凤藻从上海广方言馆选送到京师同文馆，后任算学副教习，1891—1894年为出使日本大臣，后任南洋公学校长。江苏青浦人席淦，1868年被选送到同文馆后，从李善兰学算，后接替李善兰出任算学教习与总教习。他的教课得到学生好评，齐如山回忆说：“其中最认真的，就是汉文算学，教习为席翰伯，乃李善兰得意的门生，教法也好。”[27]席淦著有多种算学著作，是洋务学堂中培养出来的极为少见的数学专才。

洋务运动中成长起来的科学工作者，相较前辈翻译家及其后来者，也有其独特的社会结构与社会身份。第一，他们基本上出生于鸦片战争之后，对晚清社会影响极大。无论是留美幼童还是留欧船政学生，回国后基本上充任洋务官僚们的技术骨干，没有充分施展他们的才能，未能成为洋务运动中“呼风唤雨”式人物。但他们在晚清新政中却迎来了生命之“第二春”，纷纷走上了各种新事业领导岗位，成为晚清新政“弄潮儿”。第二，籍贯上，已经突破上辈江浙区域，扩展到广东、福建等地。这自然与留美幼童主要来自广东、留欧船政学生主要来自福建船政局有关。

这一代科学工作者社会角色与前辈相比也有其特征。第一，他们主要以技术专家为特色。无论是留欧的造船专家，还是留美的铁路、矿冶、邮电技术人员，他们所担当的社会角色主要是工程技术人员。他们中没有一人以自然科学工作者角色立世，这自然与洋务运动重视实用技术的政策与境况有关，也与他们所受教育程度有关。总体而言，他们并没有受到系统的近代西方科学教育，当时的洋务学堂不是以语言文字为主，就是以“军事技术”为目标，而非严格意义上的科学教育；留学生或中途撤回，或短期培训，或仅仅考察而已。有人曾就晚清数学学科的发展作出过分析，指出洋务派提倡数学教育，主要目的是借助数学知识学习实用的技术，以培养技术人才和政治外交人才，并非提倡数学研究，造就数学专家，“这便对学生日后出路及数学教学学制等方面有很大影响”。同文馆数学高才生蔡锡勇（1847—1898）、汪凤藻、左秉隆（1850—1924）、杨兆鋆、杨枢（1844—1917）等先后派驻外国，回国后亦多参加洋务活动而没有再从事数学教育或研究。上海广方言馆学生除选送同文馆深造外，多散入通商督抚衙门及海关，担任翻译或其他洋务工作。“这便使得具有一定数学水平的学生脱离了数学学习与研究，使得他们无法成为数学专业人才。”[28] 洋务科学工作者这一情状的出现，更深层次的原因是中国传统文化中的“实用伦理”。

第二，相较前辈而言，他们在知识结构上已有很大变化，基本上以其科技才能作为谋生的手段。他们已不具备传统科学技术知识，掌握的是全新的西方近代科学技术，服务于全新的洋务事业，极大地影响了中国近代工程技术。与前辈主要是通过翻译西书与从事科学教育事业影响中国近代科学的发展这一比较狭窄的职业通道不同，他们的职业多种多样，就业的空间也相对扩展。但非常遗憾的是，他们很少有人从事科学教育事业，将他们掌握的知识传授给其他人。与日本的近代化过程中早期留学生出现一批启蒙思想家，宣扬科学与科学教育相比，这一代留学生中只出现了严复这样的思想家，他所宣扬的不是科学，而是思想。与前辈科学家在翻译西书的同时，继续从事传统科学研究不同，这一代科学工作者很少从事真正的科学研究，他们的主要精力花费在具体事务处理上，很少有技术创新与发明。

第三，与前辈群体人数极少相比，他们已经有相当的群体效应，而且通过同学等社会关系，形成了一定的社会圈子，并通过这一圈子，改变职业角色。因此，与前辈职业相对单一不同，他们的职业流动较大，从技术转入政界或者外交，从军界进入工矿业等，不一而足。如詹天佑在同学邝孙谋的引荐下，从军界进入铁路事业；邝荣光、吴仰曾也从海军转到工矿业；梁敦彦从邮电事业转向外交界成为职业外交家；梁诚从天津水师学堂转入外交界，促成了美庚款的归还。这自然一方面说明了他们职业空间的扩展，但从另一方面也可看出，他们对科学技术事业没有持之以恒的信心。

第四，洋务科学工作者虽然以科学活动为职业，并因之成名于世，但他们也没有真正意义上的科学家角色意识。当时社会对科学还没有基本的认识，张之洞（1837—1909）是晚清新政巨擘，却在科学上栽了大跟头。大冶煤矿含磷多，应用碱性炼钢炉去磷，否则钢材含磷高而易脆断。张之洞当时周围没有相关科技人才，贸然向英国梯赛特机器厂订购炼钢炉。在英厂提出寄样化验煤铁组成元素后再决定订购机炉种类时，张之洞竟如斯刚愎自用："以中国之大，何所不有！岂必先觅煤铁而后购机炉？但照英国所用者购办一分可耳。"酸性炼钢炉来了，"居然炼成钢轨"，可违背科学规律之惩罚也接踵而至，“各处铁路洋员化验，谓汉厂钢轨万不能用，盖因含磷太多，易脆裂也”。自然“縻去十余年之光阴，耗尽千余万之成本”，而不能炼成可用钢铁，“回首思之，真笑谈也”。[29]

洋务人才不能得到充分利用也是当时的常情。严复的遭遇众所周知。江南制造局“设有铁船馆，以教学生，此等学生无毕业年期，无一定膏伙，学成后无一定之位置，由此馆出身之华某精算术绘图之技，乃派之到机器厂司工帐”。“又邵某在馆十年，技艺精通，仍是月给以四千文之膏伙”，有人推荐给总办，总办因见过他坐马车，曰“纵给以十金二十金之薪水恐不敷其马车费也”。于是邵某求去，受聘于某外国矿师，“月受百金之薪水”。而该矿师曾对人说：“吾自到中国以来，所见华人之精于算绘者无出邵某右也。”于是慨叹：“费无限之膏伙教成人材，乃为他人所用，失计孰有过于此者。此外，学生就外间洋行公司之聘者偻指难尽，甚至于某茶居之掌柜亦此中人物，书至此不禁为人材一叹！”[30]

但时世毕竟变化，洋务的社会地位也在慢慢提高。王韬记载说：“凡属洋务人员，例可获优缺，擢高官；而每为上游所器重，侧席咨求；其在同僚中，亦以识洋务为荣，嚣嚣然自鸣得意。于是钻营奔竞，几以洋务为终南捷径。”[31]

## 宣传教育为主、科研为辅：清末民初的科学家角色

甲午战败后，随着戊戌维新运动及清末新政的展布，留学热潮顿起，全新教育体系逐步建立，中国近代科学进入新的发展时期，成规模的近代意义科学工作者开始出现。此一时期科学家角色以从事科学宣传与教育为特色，真正科学家社会角色与科学家意识的形成还有待时日。在国内接受一定新式教育后，出洋留学接受系统的

西方近代科学教育，成为大多数新一代科学人才的共同经历。

《中国古代科学家传记》《中国现代科学家传记》和《中国科学技术专家传略》等相关科学家传记著述，介绍了此一时期科学工作者张相文等22位的大致简况。他们最晚在辛亥革命前后已经留学回国，并在20世纪20年代以前在其擅长的领域，无论是教学还是科研方面都已经取得相当成就，也就是说他们科学工作者这一社会角色已经在此一时期确立。从籍贯看，22人中江苏8人，浙江7人，广东、福建、安徽各2人，华侨1人。可见这代科学工作者来源区域相较洋务科学工作者而言，仅扩展有安徽而已。江苏、浙江还是占据主导地位，广东、福建与安徽不能与之同日而语。

从求学经历看，有些人自学成才，有些人留学国外并获得学位。自学成才者可分两类，一是自学成才而没有出洋经历者，如张相文、杜亚泉、王季烈、吴在渊等，他们没有出洋留学甚或短期考察，但都有到上海学习外语的经历。上海成为他们成材的重要因素，张相文（1867—1933）经常阅读上海出版的地理学书籍，成长为地理学专家；通过在上海教书学习、撰写出版教科书，成为晚清地理学领头人。杜亚泉（1873—1933）自学上海出版的科学书籍对科学产生浓厚兴趣，并亲自到上海开展科学传播事业。王季烈（1873—1952）进入江南制造局翻译馆与西人合作翻译开始其物理学征程。二是有过短期出洋考察或留学经历者，但其科学工作者角色的取得主要依靠自学，如钟观光、王汝淮、周达。钟观光（1868—1940）仅短期考察日本，通过自学成为近代中国第一个利用近代科学方法进行植物标本采集者；王汝淮（1870—？）留学英国习矿学，仅两年就回国，在教学过程中总结中西采矿方法，撰成《矿学真诠》，成为中国近代采矿学创建人；周达亦仅短期游历日本，其数学研究成果主要是自学得来。总体上看，自学成才者学术成就与社会影响不如留学获得学位者，这些人中除张相文、钟观光从事过科学研究，张相文、钟观光、吴在渊在大学担任过教职，从事过科学教育外，其他人主要从事科学传播与普及。近代科学技术体系还未建立起来，通过自学系统掌握近代科学技术知识毕竟相当困难，他们付出的代价自然超乎常人。

留学获得学位者有15人，他们大多在1905年前后留学，并在1910年左右归国。从留学国别看，早期主要留欧有7人之多，其中高鲁（1877—1947）、伍连德（1879—1960）、李复几（1881—1947）、蒋丙然（1883—1966）还获得博士学位。后来主要留美，共有5人，仅李耀邦（1884—1940）获得博士学位。另有1904年左右3人留日。这反映了清末留学运动情状，虽然留日热潮陡起，留日学生人数远远超过其他国别，但留日学生不是短期“进修”就是考察学习，真正在日本获得学位的人数很少。另外，留日学生大多习法政，读科学者极少，受政治影响太强，专心于学术不太容易。因此，近代中国虽然留日学生众多，但从事科学技术事业并取得成就者除苏步青、罗宗洛、陈建功等人外，在学术界并不占据重要位置。与之形成对比的是，清末留欧学生虽然不多，但取得成就者不少，这自然与留欧学生远离中国，全身心致力于学习有关，更与当时世界科学中心在欧洲有联系。留美潮流在幼童撤回后，仍然涌动。特别是庚款留美兴起后，美国逐渐成为中国人学习西方的榜样。[32]

从就业区域与职业看，这些人主要在上海、北京等大城市就业，或担任教授从事科学教育，参与中国高等教育的发展；或创建科研机构领导中国科学研究事业；或利用报刊等媒体从事科学宣传与普及；当然也有人“弃学从政”。上海是近代中国提供近代科学技术职业最为集中的城市，北京一直是中国的政治、文化中心，这些因素决定了他们就业的趋向。正是通过他们的努力，北京大学、清华大学、北京师范大学、交通大学等成为近代中国高等教育的典范。这些人或多或少都从事过教育事业，专门从事科学研究者人数较少，章鸿钊（1877—1951）、丁文江（1887—1936）创建中国第一个科研机构地质调查所，并使之成为近代中国科研机构的榜样。与其他学科主要经由大学而发展起来不同，中国地质学主要经由地质调查所而成长。高鲁曾任中央研究院天文研究所所长，蒋丙然主持青岛观象台。从事科学教育是这一代科学工作者的工作重心，这自然是后发展国家科学发展的必要手段和必经阶段。

他们也将科学教育作为神圣的事业。毕业于耶鲁大学并到德国柏林大学深造、对中国物理学发展产生极大影响的北京大学理科学长夏元瑮（1884—1944），一向视教书为高尚职业，他说：“因为人类最高智慧即科学，而传授科学知识的人就是教员，不可以教书匠妄自菲薄，社会官僚轻视教员的陋习，不足计较。”[33] 长期担任大同大学教授、数学系主任，先后编写数学讲义数十种的吴在渊（1884—1935）生前也常说：“我的成绩不算什么。我希望后来者居上，一代胜如一代，社会才有进步。我现在不过是地下的基石，泥土中的种子，我希望将来有摩云的高屋造起来，参天的大树长起来。”正如其传记作者所说，他确实是一块基石，一粒种子，“没有显赫的地位，没有华丽的桂冠，只有一颗赤子之心，默默地耕耘，鞠躬尽瘁，死而后已，不愧一代师表”。[34]

从科学家社会角色来看，他们也有其特征。第一，他们大多数人是中国近代科学各门学科的奠基人或开拓者。张相文是中国近代地理学奠基人之一，钟观光是近代生物学开拓者之一，俞同奎（1876—1962，1904 年留英，获利物浦大学化学硕士学位）是近代高等化学教育事业的奠基者，高鲁开启了近代中国天文学事业，章鸿钊、丁文江是近代地质学奠基者，冯祖荀（1880—1940，1904 年留日）、胡敦复（1886—1978，1907 年留美，获康奈尔大学学士学位）、吴在渊、郑之蕃（1887—1963，1907 年留美，获康奈尔大学学士学位）是近代数学开拓者，何育杰（1882—1939，1904 年留英，获曼彻斯特大学学士学位）、夏元瑮、张贻惠（1886—1946，留日）是近代物理学创始人，蒋丙然是气象学奠基人之一。这一地位的取得除他们自身的努力外，还与他们大多数留学国外获得学位，掌握了比较扎实系统的西方科学技术知识，具有全新的知识结构有关。

第二，他们已经知晓学会组织对发展科学技术的重要性。因此回国之后在实际工作中逐步团结人才，当人才聚集到一定程度之后，成立进行学术交流的学会组织也就呼之欲出。这些人不是学会组织的创始人，就是学会组织的重要领导人。张相文 1909 年创建中国地学会；章鸿钊、丁文江等 1922 年创建中国地质学会；高鲁 1922 年在北京发起成立中国天文学会；蒋丙然等 1924 年在青岛发起成立中国气象学会，冯祖荀、郑之蕃、周达（1879—1949）等都是中国数学会的首任董事，胡敦复更是首任会长；何育杰、夏元瑮、张贻惠等也积极参与中国物理学会的成立。学术社团组织的成立也是他们成材的主要条件之一，作为各门科学的组织者，他们引导各门科学奋力向前。

第三，这一代科学工作者虽在中国近代科学的发展上有开创之功，在科学教育上功勋卓著，但相对而言，他们在科研成就上贡献很少。无论是数学方面的冯祖荀、吴在渊、胡敦复、郑之蕃，还是物理学方面的何育杰、夏元瑮、李耀邦、张贻惠、李复几；无论是化学方面的俞同奎，还是地理学方面的张相文，主要工作是进行科学教育和科学传播与宣扬，在科研上很少取得成就。王汝淮、杜亚泉、王季烈等人，更完全是科学宣传与宣扬者。相对而言，地质学方面的丁文江（地质调查与矿产地质等），天文学方面的高鲁（天文学史）、朱文鑫（1883—1939，天文学史，1907 年留美，获威斯康星大学学士学位），气象学方面的蒋丙然（天气学、气候学和农业气象学）等取得了一定的科研成就。即使这些科研成就，亦仅仅具有开创之功，对各门科学的发展来说，还不是具有巨大影响的卓越成就。从这个意义上说，到他们这一代，中国科学家社会角色还没有真正形成。他们这代对此也有很清醒的认识。1935 年，有人问夏元瑮为何不著书立说，他回答：

一因学界胜我者甚多，不敢献丑；二因近代物理日新月异，书犹未出，材料已旧；三因材料太多，选择为难。而且觉得作一书必有独到见解，或更好讲法，同新鲜的表演等等，自问全不如人；四因翻译名词为难，看者不懂，懂者不看。我教书几十年，但不敢出书，自觉没有过人的地方。中国物理，近年有长足进步，各国物理杂志也时见中国人的论文。清华大学、北京大学物理系，北平研究院物理研究所诸君，都是很努力的，我不能相与伦比了。[35]

科学工作者都知道，学术是他们的生命，科研是他们赖以生存的基础，但为了奠基中国近代科学，他们选择了培养学生的教读生涯，而不是躲进“象牙塔”。不由想起当顾颉刚向中山大学校长戴季陶辞职以“定心研究学问”时戴季陶的一席话：“我们这辈人，像树木一样，只能斫了当柴烧了。如果我们不肯被烧，则比我们要矮小的树木就不免了。只要烧了我们，使得现在的树木都能成长，这就是好事。”[36] 正是这一代科学工作者的“燃烧”，才培育了大量的后备人才，为中国近代科学的发展奠定了坚实的基础。

对这一代留学归国的科学家来说，国内没有适合进行科研的环境与场所，他们的首要任务是创造条件，科学教育是最为重要的手段与途径，只有培养一批新的人才，共同致力于学术发展，逐渐形成科研风气与科学共同体，才可能进行真正的科学研究。李复几的博士论文对1905年诺贝尔物理学奖获得者勒纳的火焰中心发射说提出质疑，李耀邦在诺贝尔奖获得者密立根指导下获得博士学位，应该说他们都有相当的科研基础与科研能力，但他们回国后都未能在科学上有所作为，除个人因素外，正如第五章所言，更大程度上受制于他们所处的环境。

另外，他们不能取得科研成果还与所受教育程度有关。就国内教育而言，晚清由于新学初兴，国内科学教育还不系统，许多留学者基本上没有科学知识基础，这对其留学学习及未来成长都有大影响。例如丁文江虽然曾留学日本，但1904年到英国还上了两年中学才考入大学。据其同学回忆："那时中国学校不像现在这样功课完备，留学生到外国时，常常一点普通知识也没有。"[37] 相较于下一代，他们所受国外教育程度较低，获得博士学位较少，通过在国外学习而具备独立科研能力的人更少。

## 以科研为特色：科学家角色的形成

随着时势的推移，中国高等教育逐步发展，科学教育体制日趋完善，科学工作者群体日益壮大，专门科研机构日益加增，科学工作者就业场所与空间大为扩展，科学社团与组织日渐增多，科学交流的渠道与平台不断开辟，科学名词术语的审定和学术评议与奖励系统也逐步建成，科学共同体形成。同时，在国内接受高等教育后留学成为新一代科学工作者的共同经历，他们留学时基本上不像前辈那样受各种社会影响（如政府规定），而是根据自己的性情与爱好结合国家需要有选择地学习专业，并且大多获得博士学位，甚至进行博士后研究或担任研究、教学职位，锻炼科研能力。他们回国后逐渐成为所习学科独当一面的人物，并以科研成果提交世界科学共同体，为中国科学的发展赢得了国际声誉，为科学的本土化作出了卓越贡献。国内科研环境与科研风气逐步形成，科学家社会角色意识亦得以发展，中国近代科学家角色真正形成。这里以 1948 年首届中研院科学技术类 53 位院士作为对象，分析这一代科学工作者的科学家角色特征。

樊洪业先生从教育史的角度，结合科学史、社会史，将早期科学家群体分为三代：1890 年以后出生的为第一代，1903 年前后出生而为第二代，1915 年前后出生的为第三代。[38] 如果仅按照年龄间隔来说，应该说中研院院士集中了三代科学工作者，从 1883 年出生的钱崇澍（1883—1965）到 1911 年出生的陈省身（1911—2004）。吴大猷先生曾说，中研院第一、二届评议会评议员“可以说是我国近代学术发展中的‘第一代’”，而首届院士“则‘第一代’之外，已有些可以说是‘第二代’”，包括数学方面的陈省身、许宝騄（1910—1970）、华罗庚（1910—1985）、苏步青（1902—2003），物理方面的赵忠尧（1902—1998）和他自己，生物方面的汤佩松（1903—2001）、冯德培（1907—1995）、殷宏章（1908—1992）等。“所谓‘两代’者，是指约有十余年之隔，或有师生的关系而言。当然亦有‘两代之间’的。”[39]

从籍贯看，53 位院士中，浙江 16 人、江苏（包括上海）10 人、福建 6 人、湖北 5 人、江西 4 人、广东 3 人，湖南、山东、四川各 2 人，河南、河北、陕西各 1 人。牵涉 12 个省，相对而言，区域性很强。这自然反映了近代科学技术在中国不同区域发展的差距与不平衡。英才遍天下，但需要成材的环境与氛围。当然，相比前代科学工作者，地域分布已有大扩展。

从国内教育看，大多数人都有入私塾就读的经历，年龄较大的秉志（1886—1965）曾中举，吴宪（1893—1959）、翁文灏（1889—1971）、胡先骕（1894—1968）、钱崇澍都曾中秀才。* 可以说，1905 年科举制度的废除在相当程度上改变了他们的命运。同时也可以看到，即使出生较晚的许宝騄、陈省身，他们早期教育也都在家里，接受公共教育时间较晚。无论如何，这些人大都在家乡接受了较为完整的初、中等教育，然后到上海、北京、南京、天津等大城市接受中高等教育，这自然归功于晚清新政以来对新教育的提倡。大多数人曾在国内接受高等教育（包括高等学堂和专科、本科和研究生三种类别），比较而言，留美预备学堂（即清华学堂，后改名为清华学校、清华大学）最多有 16 人，其中 1909—1911 年三届庚款直接留美生 6 人，他们自然不能算接受了高等教育。另有李四光（1889—1971）、苏步青、罗宗洛（1898—1978）、凌鸿勋（1894—1981）等少数几人没有在国内接受高等教育，华罗庚完全自学成才。较晚出生者在国内接受了完整的高等教育，不少人获得学士学位，也有人攻读研究生。这说明随着第一代留学生的归国，中国科学教育本土化已初见成效，不仅能独立培养自己的第一代本科毕业生，也能培养硕士研究生。另外，张孝骞（1897—1987）在湘雅医学院、袁贻瑾（1899—2003）在协和医学院获得博士学位，是国内教育最高学位获得者，这与医学教育的特殊性有关。

20 世纪 30 年代，国民政府开始整顿留学秩序，“对于公费留学，须严其派遣，确定大学或专科毕业，曾经服务具有成绩，及大学优秀助教两种资格为派遣标准，其所习学科，亦须限定，各省

* 钱崇澍曾说：“科举制度将我关了十六年。新学固然不好学，但比起死背古书却是一种进步。”《中国现代科学家传记》第 1 集，第 450 页。

派遣者，并须经过本部复试……至于私费留学，至少须有专科或大学毕业资格……如此留学教育，方可渐符研究专门学术，以改进本国文化之本旨”。这一措施，改变了过去“年龄无限制，资格无限制，而所习学科更无限制，结果成为往国外受普通教育，并非往国外研究专门学术”的弊病。[40] 1937 年留学英国的费孝通（1910—2005）回忆说，到 20 世纪 30 年代后期，留学制度已经发生了变化：

早期的留学生出国时的水平很多是比较低的，在国内只是准备了一般的基础，专业训练比较差，到了国外才选择专业，选择老师。但是到了我出去留学的时候，不论是经过留学考试或是研究生院毕业之后才出去的，都在专业上花过了一番工夫；学什么，跟谁学，这些问题在出国之前都经过一番考虑的。这样加强了目的性和计划性，对于专业培养和提高质量，看来是有帮助的。[41]

确实，年轻有为的华罗庚、许宝騄、陈省身等留学之前，已在国内打下了相当坚实的专业基础。许宝騄在北京大学做助教，跟随从哈佛大学到北大讲学的数学家奥斯古德学习，在分析和代数方面打下了扎实的基础，1935 年发表了 2 篇分析方面的论文；华罗庚出国进修前已经在中基会资助下独立从事研究，并发表过不少论文；陈省身在清华大学读研究生，也已发表 3 篇论文。可以说，当时中国相对独立自主的科学教育体系正在建设过程中，并已取得相当成就。像李四光高等小学毕业就被派往日本留学 6 年，后来又到英国留学 5 年获得硕士学位这样的案例在当时已经不可能了。这一代科学家的趋势是留学时期愈后，留学时间愈短。

就留学国别而言，以获得最后学位计算，统计 52 人，美国 34 人、欧洲 16 人、日本 2 人。美国科学发展对中国影响之大，可见一斑。值得专门指出的是，即使到吴大猷留美时期的 20 世纪 30 年代，美国还不是世界科学中心，美国人要想在科学上有所作为也只能到欧洲取经。因此，陈省身、许宝騄、严济慈、杨钟健、黄汲清、吴定良、冯德培、童第周、贝时璋等相对年轻一代留学欧洲，与世界科学前沿相接触，自然相较早期留美者能取得更大成就。陈省身在南开大学的大师兄刘晋年，在哈佛大学获得博士学位，他就说他出国的机会没有陈省身好。陈省身留欧碰到了几何学权威布拉施克，后来布拉施克又推荐他到法国跟嘉当学习，这个机会更好，因为嘉当是当时主流数学微分几何的创始人。*

53 位院士有 43 人在国外获得博士学位（比例高达 81%），不少人还有从事博士后研究的经历。留学国外虽是后发展国家必经之路，但学术独立、建立起自己的学术体系，到国外不是学习而是进行学术交流与研究才是追求的目标。

由于民国时期职位流动很大，很少有人终身在一个机构任职，一个人一会儿是大学教授，一会儿又成为研究机构研究员，马上又是政府高官，因此对院士们的社会职业分析很困难。这里主要看看他们就职机构类别。统计表明，大多任职大学，主要是清华大学、北京大学、中央大学、浙江大学等，北京协和医学院以其独特的研究条件也贡献了 4 名院士。专门研究机构中研院有 12 人之多，地质调查所 4 人，北平研究院仅 2 人。其他私立机构中国科学社生物所 2 人，静生生物调查所仅 1 人。由于民国时期工业企业科研工作并不发达，只有永利公司总工程师侯德榜一人当选院士。这一代

* 徐利治口述，袁向东、郭金海访问整理：《徐利治先生访谈录》，第 218—219 页。吴大猷也敏锐地发现中国物理学家主要留学美国，留欧的人数很少，“美国是培育我们科学人才最重要的国家”。可是直到第二次世界大战之前，世界物理的中心在欧洲的德国、英国和法国。当时的美国也像中国到美国、日本留学一样，他们也要到欧洲留学，特别是理论物理学（吴大猷：《早期中国物理学发展之回忆》，第 11 页）。

科学工作者就业于大学、政府研究机构、私立研究机构和工业企业，相比大学的蓬勃发展与中研院的雄厚势力，北平研究院似乎不能与国立研究机关的名声相符，私立科研机构地位也亟待增强。当选时在政府机构担任职务、属于官僚系统的有朱家骅、翁文灏、淩鸿勋、袁贻瑾4人。朱家骅自然属于官场中人，完全不是学人；翁文灏是学人从政代表，为了建设国家抵御外侮抛弃学术献身国家，虽呕心沥血，但在一个非现代型政府里最终结果只能是“囚笼困兽”，难有大作为，反而玷污了学人名声，最终在各种犹豫中选择了最悲剧性的人生终结；淩鸿勋与袁贻瑾都是临时客串“次长”，局面不可收拾就立马退出，都选择“离家出走”，可谓善终。

53位院士中有35人当选资格中都列举两个方面的条件，但并不表明他们仅以科研成就就不能当选院士。具体分析，仅以主持学术机关当选院士可能仅有朱家骅、姜立夫、李书华、叶企孙、周仁和袁贻瑾，科研成就与主持机构两个因素共同作用当选者可能有饶毓泰和张景钺。在《国立中央研究院院士录》著作目录上，姜立夫只有1945年发表在《科学记录》上的那篇创造性地用矩阵方法改写并发展了圆素和球素几何学的论文。李书华著作也仅1922年发表的论文两篇，* 叶企孙分别为1921年、1925年发表的论文2篇，基本上是学生时代的成果，回国以后像胡适所言“即不研究特别问题”了。周仁1915—1937年仅发表了3篇文章，在工程事业上也没有多少成就；袁贻瑾论文仅5篇，相比其他医学家如陈克恢1923—1947年有论文225篇，实在是太少了点。饶毓泰对北京大学物理系的改造极大地影响了中国物理学的发展，[42] 回国后也曾利用休假机会到德国访学，开了中国光谱学研究的先河，但仅有论文7篇；张

* 李书华被称为“政治科学家”。吴大猷回忆说他是一个非常好的绅士，回国后曾教过物理，但未做物理研究。吴大猷：《吴大猷文选》第7册，第102—103页。

景钺仅 5 篇论文和 1 部专书《普通植物学——形态之部》；相较其他以科研成就当选者，两位似乎仅以科研成果不足以当选。

上述分析表明，到 20 世纪二三十年代，中国科学家社会角色已经形成，与上一代主要以科学教育立世不一样，他们大多也从事科学教育，但教学之余，具体从事科学研究成为他们安身立命的基础；有些人专门在科研机构致力于科学研究，心无旁骛，取得了极大的科研成就。他们的职业特色确立了中国科学家社会角色的真正形成，也就是在这一时期，中国科学工作者的科学家社会角色意识亦得以形成，并得到了社会的广泛认同。

## 科学家角色意识与角色变异

专指从事科学职业的科学家（scientist）一词，大致在 19 世纪 30 年代由英国人惠威尔（William Whewell）创造，并慢慢传播开来。[43] 科学家“研究的是自然，而不是上帝和人的行为方式。他使用的智力工具是数学、测量和实验，而不是依赖对权威经典的诠释，或思辨与灵感。他认为他那个时代的知识在未来会不断改进，而不是要适应过去黄金时代的标准……与传统的哲学家、神学家或文学家同样尊贵，并在实用性方面还要略胜一筹”。[44] 作为科学家，无论是在高校教书育人、从事科研工作，还是在专门研究机构专心于科学研究；无论是在实验室里做实验，还是在大自然进行调查研究，都有其角色特征。

科学家角色形成的标志，不仅仅是社会上出现了专门从事科学研究的职业群体，更重要的是科学工作者们要具备自身独立的社会角色意识。他们不仅在职业区分上不同于一般的社会角色，有自己的工作场所（实验室、科研所或大自然）和工作目标（进行科学研究），更重要的是，他们应具有“理性”和“怀疑一切”的精神特质和思维内涵，他们应清醒意识到科学家是以追求和发现科学真理为唯一目标的人。

任鸿隽在本章起首所引“何为科学家”的演讲中，指出了当时社会对科学家社会角色的三种误解：第一，科学家不过是一些“江湖术士”“魔术师”，与上海新世界的卓别林、北京新世界的左天胜差不多。第二，科学家与科举时代做八股文章的秀才们一样，“不过做起文章来，拿那化学、物理中的名词公式，去代那子曰、诗云、张良、韩信等字眼罢了……把科学家仍旧当成一种文学家，只会抄袭，就不会发明；只会拿笔，就不会拿试管”。第三，“科学家也不过是一种贪财好利、争权狗名的人物”，其所谓发明创造，诸如摩托车只不过供给那些总长督军们“在大街上耀武扬威，横冲直闯罢了”，先进的军事武器用于战争荼毒生灵而已。因此，任鸿隽在演讲中给出科学家社会角色的本质特性，即为人类的知识视野的扩展作出独特贡献。

任鸿隽的演讲充分体现了当时科学工作者对科学家社会角色的自觉，他们已经认识到并不是在大学获得科学学位就可以成为科学家，必须还要在科学的园地继续耕耘，直到获得对人类知识有贡献的成果后，科学共同体才会将科学家这一职业角色赠予他。作为一个科学工作者，其社会角色是进行科学研究，以献身学术事业。1927 年，陶孟和在《现代评论》上发表文章说，“中国要想发达科学研究，必须有真正的科学家，必须建立一个科学界，必须有科学上的权威引导科学的进步”；科学家“必须是对于现存的知识有新的、独特（original）的贡献，发明前人所未发明的人”。他批评国人认为凡是受过科学教育的人、大学教授、学者等都是科学家这种对“科学家”的误解，抨击中国社会不仅不支持产生科学家，反而妨碍科学家的产生，因为这些“所谓的科学家”一概追求那种无谓的声誉，“象现在一般稍受科学训练的人，一方面都忙于授课，每日奔走于各学校之间，又一方面都忙于做文，每日要‘驰骋文场’，我们绝不能希望会有一个科学的团体，绝不希望产生出一种科学研究的空气”。[45]

任鸿隽和陶孟和这种科学工作者自我意识的自觉，说明当时学术界已经基本形成共识，科学家是“求真知”的人，对真理的追求超过其他一切价值。同时学术界也开始进行学术角色的“打假”工作，早期那种“做几篇文章论一下科学方法科学价值科学精神，再经一班朋友吹嘘吹嘘，便可成了科学家”的现象已经受到科学界的质疑。在批评者看来，这种人最多不过是科学的宣传与鼓动者而已，根本不是真正的科学家。[46]

在学术界对科学家角色意识基本形成共识时，社会及政府官员对科学家角色也有充分的理解。长时间执掌南京国民政府学术发展大权的朱家骅就要求科学工作者“打破读书为官的心理，立志做大事，为学术工作，为造福人类努力”，坚守学者的阵地：

> 治学的人是不好讲求名利的，须有富贵不能淫，贫贱不能移，威武不能屈的精神，再守之以衡，持之以久，朝斯夕斯，终身不倦，方能有所成就……绝对不把金钱名位混为一谈……希望全国学术界大家起来，提倡为学术而研究的作风，尤其对于研究纯粹理论科学的学者，更加以尊重与协助，俾能孜孜不倦，终身从事，庶几可以提高我国现代学术的水准，奠定我国学术的基础……*

* 朱家骅：《科学研究之意见》，王聿均等编：《朱家骅先生言论集》，第10—11页。朱家骅本人就是“读书做官”的典型例子，因此他的这一提倡就显得有些滑稽。

科学是追求真理的事业，科学家自然是追求真理的人，要为学术而学术，这是其角色本质所在。控制论奠基人维纳（N. Wiener，1894—1964）说：

学者的行为准则是：为追求真理而献身。这包括一种意愿，即愿意作出这种献身所要求的那种牺牲，无论是金钱上的牺牲，还是名誉上的牺牲，甚至是在极端情况下（并非绝无仅有）的人身安全的牺牲。然而，这一行为准则基本上是内在的，属于人和自然本身的关系，而不是人对于科学所处的那个外部环境的反应。[47]

以《知识分子的背叛》一书闻名的法国政治学家和社会哲学家本达（Julien Bande，1867—1956）也说：

学者全是这样一种人，他们的活动本质上不追求实用目标，他们是在艺术、科学或形而上学的思考中，简言之，是在获得非物质的优势中寻求乐趣的人，也就是以某种方式说“我的国度不属于这个世界”的人。[48]

在科学工作者科学家社会角色意识形成的同时，他们在社会上也享有其独特的社会声望与社会地位。有人从政治地位、经济收入和社会知名度三个方面对 20 世纪 30 年代科学家的社会地位作了一些分析，表明 1933 年国民政府中央机关公务人员 12671 人中，理工农医出身者 1315 人，占 10.4%；樊荫南编撰的《当代中国名人录》（1931 年版）中理工农医四类出身占 14.5%。从经济收入来看，大学教授的工资收入是一般工人的数十倍，可以说相当优厚。[49] 表 8–2 是 20 世纪 30 年代中期清华大学教职员工的工资情况，从事科

表 8-2 20 世纪 30 年代中期清华大学教职员工工资情况（单位：元）

| 类别 | 教师 | | | | 职员 | | | |
|---|---|---|---|---|---|---|---|---|
| | 教授 | 讲师 | 教员 | 助教 | 主任 | 事务员 | 助理 | 书记 |
| 数目 | 300—500 | 166—280 | 120—200 | 80—140 | 220—360 | 60—200 | 40—100 | 30—60 |

资料来源：《国立清华大学一览》，1935 年。

学教育与科学研究的教授收入远远高于行政人员，所谓知识分子地位之“隆尊”在当时可以从金钱上充分体现。

20 世纪 30 年代，知识分子社会地位正处于逐渐边缘化过程中，虽科学家的经济收入源于其传统的“士”身份，正如余英时先生所说“托庇于士大夫文化的余荫”，[50] 但这些数据表明，无论是其自身行为还是社会承认上，科学家社会角色都已经确立，并取得了相当的声望，在“名人录”中占据了相当地位，是国家走向近代化的一支不可忽视的力量。作为社会角色的科学家对国家建设也不断从“科学家”这一角色献计献策，诸如抗战期间专家进入政府担当救国重任，大后方的科学家为抗战作贡献；战后对“民主”追求与稳定的科研环境吁求等，都充分体现了作为科学家的社会角色的“本分”。

必须承认，由于中西文化传统与国情不同，中国科学家社会角色无论是从社会影响还是他们自身的意识来讲，与西方近代意义上的科学家角色相较，呈现出差异与不同。20 世纪 30 年代中国科学家的社会声望与地位还不能与 17 世纪的英国相提并论，* “中国科

* 正如默顿所说，17 世纪中叶的英国，“科学毫不含糊地跃升到社会价值体系中一个受人高度尊重的位置”，富人也要求加入皇家学会寻求科学家的身份，文人骚客们对杰出的科学家大加歌颂。参阅［美］罗伯特·默顿著，范岱年等译：《十七世纪英国的科学、技术与社会》，商务印书馆，2000 年，第 57—60 页。

学界中没有一位人物能为全社会所家喻户晓，而政界、军界，甚至知识界及其他领域却存在这样的人物”。中国社会仍以“官”为本，以“人文”为经。1939年5月18日，竺可桢在日记中说：

> 目前各国立大学之工学院院长鲜有知名者，因中国人传统观念，凡受教育不外乎读书，教育受毕即做文章以与人读。因此受教育者称为读书人，而受毕教育之人称为文人，除读书作文以外更无所谓教育。而所谓知名之士无非在各大报、杂志上作文之人，至于真真做事业者国人知之极少。即如永利、久大为我国最大之实业，但有几人能知永、久两公司中之工程师侯德榜、傅尔攽、孙学悟。粤汉铁路以极廉之价、极速之时间造成，但其总工程师凌鸿勋国人亦鲜有能道之者，而天天在报上作文之胡适之、郭沫若则几乎尽人皆知。在大学工学院做院长、系主任者，统是埋头苦干，试问目今各大学之工学院院长有几人能道其姓名者。中大卢恩绪（孝侯）与本校吴馥初，同时在河海、武大之邵逸周，联大则余亦不知其人，皆无藉藉名。喜做文而有声望者如顾一樵即一跃而为教育部次长，不复在工业界矣。[51]

其实，竺可桢自己也没有在其专业上继续“革命”，而是走上传统“学而优则仕”的老路，成为浙江大学校长，他借以安身立命的气象学、地理学已经成为“业余爱好”，整天沉溺于“文山会海”。当时，有一大批学有成就的学者都有如此经历，诸如地质学界泰斗翁文灏从政以后，相继担任国防设计委员会秘书长、行政院秘书长、资源委员会主任、经济部部长、战时生产局局长、行政院副院长、行政院院长等，地质学研究已成为“昔日忆往”。因“康普顿效应”研究取得突出成果而声名鹊起的吴有训，抗战胜利后也做起了中央大学校长。技术官僚阶层是近代化历程中必然出现的一个群体，也是近代国家管理的需要。但与近代化国家中的技术官僚阶层不一样，民国时期像朱家骅、翁文灏这样的学人从政并没有成为真正的技术官僚，也没有形成一个真正的技术官僚阶层，担当起在国家近代化中所应承担的重任。在某种意义上说，他们虽在有些时候和某些方面表现出其独立的“自由意志”，但终归是传统中国政治在近代中国运转过程中一颗被人摆弄的棋子而已。

学者从政使得1948年10月参加十团体联合年会的英国科学家萨亦乐（R. A. Silow）觉得非常奇怪，他说他发现中国许多大学校长由出众的科学家担任，而这在西洋是不可能的，“这也许多少可以映照着在这个国家里科学家从事研究的机会较少，因而他们就愿意担任行政的职务”。[52] 当时，学者们之所以对“官”有如此兴趣，自然与“官”所掌握的丰厚资源分不开，正如论者评价朱家骅所云，他初入官场时，曾想“在政治上登高一呼，天下响应，或许兴办学术，成事较易。因此他后来每任一职，必在职权内或利用形势，设法做点学术工作，在学术界留点成绩，以为天下先”。政治是制高点，“登高一呼，天下响应”，可以“为天下先”。如果朱家骅仅仅是个地质学家，他能有如此能量吗？

科学界有许多杰出之士抛弃名利，“粪土当年万户侯”，醉心于学术研究，这应该是当时科学工作者的主流，但也不能不看到有不少科学工作者不能抵挡“官”的资源优势诱惑而拜倒在其“石榴裙”下。虽然几代科学工作者不遗余力地宣传普及科学，也影响了一代代科学家，但要“科学”及其“科学精神”在中国社会生根发芽可谓任重道远：

五四时代，时髦的学者教授们，多半闭口哲学，开口文学……

当时虽说有人高呼“拥护赛先生”，但言之谆谆，听之藐藐，赛先生只得呼一声“倒霉”而去。“文哲”为什么像热包子刚刚出笼受人欢迎，科学——特别是自然科学，为什么像一副鬼脸子受人冷视？简单的原因，提倡新文化的公子哥儿们，多钟情于文学、哲学，而文学、哲学又似乎比自然科学容易恋爱，所以面目冷酷、专讲定理的自然科学在当时没有和文学、哲学争锋的资格。即使偶尔想变变口味去照顾一下科学，不过是名义上借用科学方法，而研究的对象依然是故纸篓里的东西，所谓自然现象还是孤零零地没人问津。[53]

这说法可能有些文学夸张，但基本反映了新文化运动时期及其以后中国社会的现实。许多人用“科学”做幌子，鼓吹各种所谓“科学的文学”“科学的哲学”“科学的历史学”等，当然也有“科学的人生观”云云，但就是没有“科学的研究”，真正能从事艰苦而孤寂的自然科学研究者在欢呼“赛先生”的热潮中，可谓“寥若星辰”。1922年，《科学》编辑部注意到当年留学生所学科别，“为农工科人数之减少与商科人数之加增……所最不可解者，国内数学物理生物学人才最缺乏，而本届百三十五人中竟无一人欲习此三科者，吾国学生之不重视纯粹科学，于此可见矣”。[54]科学在中国虽取得一定的地位，而且也有许多人学习研究，但大多本着“科学救国”的宏伟目标，学习有关实际的实用科学，而于基础科学数学、物理、化学乃至天文、气象、生物、地质却少有人问津。正如有人解说的那样，五四精英们虽然激进地倡言革命反传统，但仍然遵循着一种古老的思维定式，“人文知识比科技知识与国家兴亡、民族命运更紧密相关，因而在知识体系中地位更高”。因此1923年的“科玄”之争，实质上是科学家用人文话语与玄学争论，表面上看来是科学家取得了胜利，但实际上真正的科学技术仍处于边缘地位。[55]

此后国内大学生、留学生习科学者日渐减少，到 20 世纪 30 年代初期，社会“一般风气，对社会科学的兴趣，比自然科学来得浓厚，各大学招生文法商等学院投考的异常众多，而理工农医等学院则寥若晨星，结果毕业生在文法商方面人浮于事，许多人找不到职业，而在理工农医方面，则事浮于人，许多事没有人去做，各种事业因此也不易发达”。[56] 1931 年 9 月，国联教育考察团的调查表明，当时国内大学生三分之一以上习政法，五分之一以上学文科，习工科者不过十分之一强，习自然科学者十分之一弱，至于农科不过百分之三。[57] 时任教育部部长朱家骅看到这一弊病后，对此大加整顿，制定大学限招文法科学生，鼓励发展理工农医的大政方针。1933 年 5 月，教育部发令，指称“吾国数千年尚文积习，相沿既深，求学者因以是为趋向……隧致侧重人文，忽视生产”，要求各大学限制招收文法科学生。[58] 当然，这一状况并没有立马得到改善，造成了当时工农业生产急需人才大为紧缺。1937 年出国考察的翁文灏致信胡适说，小规模的工程发展，使“中国工业人才已大感不足，现在学工程者殆无一人失业……中国绝少专门人才，过去者已大后时，新来者未见其人，此诚为中国教育之一大问题。教育如不能供给国家所需要的人才，则教育为虚设”。*

虽经过政府和社会的提倡，学风丕变，习文科的学生少了，学科学技术的人多了。但很快又出现“学习应用方面的特别多，而学

* 中国社会科学院近代史研究所中华民国史组编：《胡适来往书信选》（中册），第 354 页。但胡适并不完全认同翁文灏的看法，他更焦虑的是：“兴学五十年，至今无一权威政治学者，无一个大法官，无一个法理学家，无一个思想家，岂不可虑？兴学五十年，至今无一部可读的本国通史，岂不更焦虑？”因此，他认为应该提倡纯粹学术研究，“注重为国家培养基本需要的人才，不必赶在人前面去求眼前的实用”。同前，第 358 页。

习纯粹理论的太少”的现象。据竺可桢日记记载，1940年同济、四川、中山、重庆、西北五大学竟不能招收到一个理科学生，而“所取全国大学生至六千之多，工院竟占三千以上，则吾国科学前途大可悲观矣”。[59]

更大的问题是，虽然已经有相当一部分人认识到科学追求真理的属性，但总体而言，学界还未真正形成“为学术而学术”的风气，社会上一切以“有用”为矢的。1919年12月，陈寅恪与吴宓长谈，说中国人重实用，不利于中国科学之发展，也不利于国家的富强与发达，反而会造成“人欲横流、道德沦丧”：

昔则士子群习八股，以得功名富贵；而学德之士，终属极少数。今则凡留学生，皆学工程、实业，其希慕富贵、不肯用力学问之意则一。而不知实业以科学为根本。不揣其本，而治其末，充其极，只成下等之工匠。境遇学理，略有变迁，则其技不能复用，所谓最实用者，乃适成为最不实用。至若天理人事之学，精深博奥者，亘万古，横九垓，而不变，凡时凡地，均可用之。而救国经世，尤必以精神之学问（谓形而上之学）为根基。乃吾国留学生不知研究，且鄙弃之，不自伤其愚陋，皆由偏重实用积习未改之故。此后若中国之实业发达，生计优裕，财源浚辟，则中国人经商营业之长技，可得其用。而中国人，当可为世界之富商，然若冀中国人以学问、美术等之造诣胜人，则决难必也……尤有说者，专趋实用者，则乏远虑，利己营私，而难以团结，谋长久之公益。即人事一方，亦有不足。今人误谓中国过重虚理，专谋以功利机械之事输入，而不图精神之救药，势必至人欲横流、道义沦丧，即求其输诚爱国，且不能得。[60]

有人问富兰克林（Benjamin Franklin，1706—1790）他的新发现有何用处时，他反问道："一个新生儿有什么用处呢？"正如默顿所说："基础的科学知识是一种自足的善，而且作为一种剩余价值，它到了一定的时候就会导致各式各样的实用结果，为人类的其他利益服务。"[61] 1944 年，算学史家钱宝琮在浙江大学夏令营演讲说："我国历史上亦曾提倡过科学，而科学所以不为人重视者，实因中国人太重实用。如历法之应用早已发明，对于地圆之说，亦早知之。然因不再继续研究其原理，以致自然科学不能继续发展。而外国人则注重实用之外，尚能继续研究由无用而至有用，故自然科学能大有发展。"[62] 竺可桢 1945 年 8 月演讲说："孟子谓劳心者役人，劳力者役于人。士大夫阶级是劳心者，而农民苦力是劳力者。这样的阶层结构，迄今还存在。长衫阶级以及学农学工的大学生，仍认为动手做工为可耻……一受教育，就以士大夫阶级自居，不肯再动手。在学校所习科目，只问其出路之好，待遇之丰，更不校量科目之基本训练如何，个人之兴趣如何。把利害之价值放在是非价值之上。而社会上一般提倡科学的人们，亦只求科学之应用。"[63] 殷海光也说，传统中国没有"为知识而知识"的学术独立传统，学术是道德伦理的支柱。因此，近代以来，在面临大变动中的种种问题时，"以天下为己任"的知识分子，"很自然地把吸收外国的观念、思想和知识同用以解决这些现实大问题的迫切要求混扯在一块"。自五四运动以后，一般人接受"救国救民"的大道理，"并不是靠科学理论，并不是靠统计数字，并不是靠工程师的设计。这些太'枯燥无味'了。他们多是经由诗歌、小说、漫画、木刻、唱游、戏剧，甚至标语口号等等来接受"的。[64]

这种"实用"的价值伦理使中国科学难以建立坚实的基础，不能完全独立。可见，西方科学传入中国后，虽对中国思想文化冲击很大，改变了许多观念和看法，但并未改变中国人本质中最重要的一点，即李泽厚所谓的“实用理性”。科学的“实用性”反而在某种程度上强化了这一观念，科学那“求真”“怀疑一切”“为学术而学术”的理性并未在当时的中国真正生根。因此，一有“风吹草动”，平时口谈笔画的“科学理性”迅速让位于“实用理性”。科学的实用性切合了中国传统的“实用理性”，因此，我们撷取了科学实用性的一面，反而舍弃了科学最为本质的“理性精神”。

在中国这样一个社会，科学家这一社会角色是从西方移植而来的，虽从 20 世纪 30 年代开始一直在进行“本土化”的努力，但还是存在上面所提到的那些缺点。真正科学家的声音非常微弱，往往淹没在党派斗争与权力之争的声浪中。当他们连这种非常微弱的声音也无法释放出来的时候，“科学家”这一社会角色内含的基本道义与责任也就不可避免地丧失，沦为政治人或政治的附庸和婢女。从这个意义上说，中国科学家社会角色存在着严重的缺陷，关键是不真正具备作为科学家的本质——“求真”的科学精神。当然这一缺陷的存在并不是科学家们自身所能克服的，他们突破不了社会大环境所设定的帷障。在这种背景下，要求科学家们保持他们真正的科学家本色，在一定意义上说，是一种不切实际的苛求与非难。对于科学家个体而言，他们毕竟是人而不是超人，不能期望他总是一个目光敏锐和讲求“客观真理”的探索者，他们在自己的专业内可能冷静地进行分析，但“一旦他超出自己的专业知识范围，似乎就没有多少所谓‘智慧的转移’了，也没有多少科学视为习惯了。总之，人们动不动就指责科学家放弃了科学，其实，人们是太粗心大意了，误以为一个人力求在一个领域中进行严密的思考，就自然而然地意味着他对于任何事物都会进行严密的思考”。[65]

中国科学家社会角色的形成历程与西方有相当程度的差异，

西方科学家社会角色的形成是科学自我发展的一种内在的历程。作为后发展国家，中国近代科学通过引进而逐步发展起来，科学家社会角色的形成不需要西方科学家角色几百年的发展历程。但中国近代科学的发展从其萌芽之初就担负了富国、强种的重任。这样，“致用”成为中国近代科学发展的首要目标，最初引进的是技术，以为可以依靠技术引导中国走向富强，技术压倒科学成为早期科学发展的主要特征。后来随着新教育体系的建立，科学教育成为正规教育的主要内容，并以此作为推动科学发展和科学家角色形成的重要手段与途径。到最后随着科研机构的建立与大学科研功能的发掘，科学研究才成为推进科学发展的真正途径。因此，第一代科学家以翻译西方著作为其职业特征，这是引进西方科学必经之路，也是后发展国家在科学发展上的共同特征。第二代科学工作者以工程技术为特色，科学还了无基础就已经享受到了科学的利益，后发展国家虽然可以跨越某些阶段，国家科学独立发展是根本不能迈过去的。第三代科学工作者以科学教育为主，这也是后发展国家跨越式发展所采用的手段，为后来中国科学的发展奠定了坚实的基础。最后以科学研究为职业的科学家角色终于形成，与西方近代科学家萌芽之初的道路吻合了，终于走上了科学发展的正轨，已经具备了西方国家最后发展阶段的特色：有广阔的职业空间，有崇高的社会地位等。但是必须看到，留学国外在近代中国是成为科学家职业角色最为重要的经历，离建立真正独立的中国科学体系的目标还有很长一段路。

# 结束语

1931年5月，陈寅恪在清华大学成立20周年纪念刊发表文章说：

吾国大学之职责，在求本国学术之独立，此今日之公论也。若将此意以观全国学术现状，则自然科学，凡近年新发明之学理，新出版之图籍，吾国学人能知其概要，举其名目，已复不易。虽地质生物气象等学，可称尚有相当贡献，实乃地域材料关系所使然……西洋文学哲学艺术历史等，苟输入传达，不失其真，即为难能可贵，遑问其有所创获。社会科学则本国政治社会财政经济之情况，非乞灵于外人调查统计，几无以为研求讨论之资……夫吾国学术之现状如此，全国大学皆有责焉，而清华为全国所最属望，以谓大可有为之大学，故其职责尤独重……[1]

历史学大家陈寅恪，作为中国近代学术发展的局内人与见证人，对20世纪30年代初期中国学术（包括自然科学）发展的现状作了估量。在他看来，当时中国自然科学除地质、生物、气象等因有地方性因素而有所成绩外，其他学科能了解学术发展前沿“已复不易”。陈寅恪起意“惕励”的观察自然不能说完全准确。其实，中国近代科学体制化的日渐完成，为中国各门科学的发展奠基了制度化基础，中国近代各门科学在20世纪30年代迎来了一个大发展的阶段，并由此逐步本土化。其后虽有日本帝国主义的全面侵华造成的极大顿挫，但广大学人们克服种种困难与危机，到中华人民共和国成立之前，某些学科已走在世界科学发展的前列，陈寅恪欲念中“本国学术之独立”似乎可以触摸。惜乎因中国近代科学体制化道路的政府化异途，并没有真正建立起独立于政治的学术体制，在政治的狂飙之下，“学术独立”成为未能实现的梦想。

## 科学在中国生根发芽

“因为地质学要研究整个地壳，如果要缺了中国这一块大的土地，则整个的地质知识不会完备。所以在中国任何一种古生物的发现，或任何一个时代地层研究，都对整个地层学古生物学，有很大的贡献。”[2] 作为地方性科学，到20世纪20年代末期，中国地质学体制化已经全面形成，不仅有著名国立专门科研机关地质调查所、中研院地质研究所，各地方也广泛设立有专门的调查机关，大学地质科系也不断设立，中国地质学会的学术交流与学术评议非常活跃，并涌现出一批卓越的领导型人物，如丁文江、翁文灏、李四光、杨钟健、谢家荣等，各分支学科古生物学、地层学、矿物学、岩石学、矿床学、地震和构造地质学等也随之逐步发展起来，特别是古生物学与大地构造学在世界学术界独树一帜，具有全球性的声誉。

在葛利普引导下，中国古生物学蓬勃发展，并取得了一些具有世界影响的成果，如李四光利用古生物化石对石炭纪、二叠纪地层的划分，获得国际同行公认；赵亚曾对长身贝科的新分类，也得到国际学术界的认同。当然，举世闻名的成就是古人类研究，即北京周口店古人类化石的发掘与研究。“北京人”的发现，“堪称为中国科学界最大之贡献焉”，不仅成就了杨钟健、裴文中、贾兰坡等中国科学家，也使步达生、德日进、魏敦瑞（Franz Weidenreich，1873—1948）等外国科学家声名卓著，为人类进化研究提供了坚实的基础，周口店因之成为世界考古学家们的圣地。[3] 大地构造学方面，李四光的地质力学、黄汲清的多旋回构造运动说等都有其自身的理论基础与实践价值，在大地构造学理论发展历史上占据了相当地位。率先在世界上提出中国人自己的大地构造学理论，影响也最为广泛的是李四光的地质力学，以力学原理分析地质构造现象、探索地壳运动，对中国地质学及其相关学科与实践都产生了极其深远的影响。

中国生物学资源丰富，是世界生物标本宝库。美国康奈尔大学一教授在华游历三年，归而语人曰：“三年游历，所见植物实较益于四十余年之研究。”[4] 按照任鸿隽 1945 年的说法，世界生物学的发展，“皆首由形态生理的研究，次及于分类统系的叙述，然后及于胚胎遗传等研究”。中国生物学的发展，也首有秉志的中国古昆虫化石和陈桢的金鱼等形态学研究；“次有多数分类学家作全国大规模的调查与采集，因而有多数新种属的发见”，如胡先骕、钱崇澍的《中国植物志》，钱崇澍的《中国森林植物志》等；最后则有胚胎学、发生学的研究，如童第周《两栖类初期发生之感应作用》等。生理学由于与医学有密切关系，协和医学院、中央大学医学院、上海医学院等都对此有贡献；应用生物学方面，金陵大学农学院、中央大学农学院、中央农业实验所以及清华大学、浙江大学农业研究所，在品种改良、病虫害防治等方面也很有成就。[5]

中国生物学的发展，到 20 世纪 20 年代末就形成了以秉志、胡先骕为首，以中国科学社生物研究所、北平静生生物调查所等为代表，以从事动植物分类学、形态学为主的描述性生物学研究队伍，和以林可胜、吴宪为首，以北平协和医学院生理、生化系为代表的，用实验手段研究生命机制的实验性生物学队伍，使起初由外国学者占据中国生物学研究主导地位的局面逐步发生改变，形成了以中国学者为主要力量、有外国学者参与的中国生物学研究体系。[6] 描述性生物学研究，动物学方面代表人物有秉志、王家楫、伍献文、胡经甫、陈世骧、刘承钊等，植物学有胡先骕、钱崇澍、陈焕镛、张景钺、戴芳澜、秦仁昌、裴鉴、刘慎谔、饶钦止等，其中胡先骕与他的学生郑万钧发现并鉴定活化石“水杉”曾引起世界植物学界的极大轰动。实验性生物学除动物学、植物学外，还包括生理学、生物化学等学科，林可胜、吴宪、陈克恢、汤佩松、冯德培、蔡翘等都曾取得具有世界性影响的研究成果。

与陈寅恪先生的观察相反，气象学虽与工农业生产及交通运输等方面密切相关而具有地方性，因而发展较早，却是近代中国发展最为缓慢、科研成就最为稀少的学科之一，取得重要科研成果的气象学家与科研成果屈指可数。气象学奠基人物除竺可桢外，还有蒋丙然、吕炯、涂长望、赵九章等。气流研究方面有竺可桢《中国气流之运行》、涂长望《中国之气团》等，气候研究方面有吕炯《西藏高原与今古气候之研究》、涂长望等《中国夏季风之进退》等，“皆有独立的贡献”。汇集历年各气象台站气象报告编成的《中国的雨量》《中国之温度》，“洋洋巨观，可为我国气象学一大贡献”。[7]

与地质学、生物学、气象学这些具有地方性的学科发展较早不同，数学、物理、化学、天文学等所谓普遍性科学的发展相对较晚。对中国近代数学真正起奠基作用的早期有冯祖荀、郑之藩、秦汾、胡明复、何鲁、姜立夫等，后来有熊庆来、孙光远、杨武之、陈建功、苏步青，他们培养的人才有江泽涵、华罗庚、许宝騄、陈省身、段学复、柯召、曾炯之、王福春、李华宗、周炜良、王宪钟、钟开莱等。中国数学会1935年成立时，中国数学发展的基础基本奠定，全国设立数学系的大学和学院有30多所，进行数学研究与教学的人才也有几百人，一些大学还成立了数学研究所招收研究生，某些学科分支在国际上也有一定的声音。

数学虽然起步较晚，但取得的成就却具有世界性，以华罗庚、陈省身、许宝騄等为代表的一代数学家，在数学园地辛勤耕耘，为人类知识的扩展作出了重要贡献。任鸿隽说，抗战期间，数学有惊人的发展，“目下我们的几个数学家如华罗庚、陈省身等，都被外国的数学大师约去共行研究。将来对于我国的数学，乃至对于全体科学，有极好的影响是不用说的”。[8] 当时以他们为代表的微分几何、解析数论、概率论与统计学已经进入世界前沿。华罗庚的数学成就是多方面的，除开创中国数论学派以外，在经典群、调和函数、多复变函数、偏微分方程、数值积分等领域也有重要成果，并培养了一批人才。博士论文已使陈省身声名鹊起，抗战期间他用内蕴方法证明了高维的高斯–博内公式，定义了陈省身示性类，在整体微分几何的领域作出了卓越贡献，影响了整个数学的发展，被誉为“现代微分几何之父”。许宝騄留英期间，求学问道于数理统计与概率论的奠基性人物费歇、皮尔逊、莱曼等，成为数理统计学发展的见证人与参与者，被莱曼认为是数理统计学与概率论的第二代代表人物。

有论者说，在20世纪30年代，物理学已经成为中国科学中最有创造性、内容最为丰富和完整的学科之一。当时一大批物理学家如叶企孙、吴有训、王守竞、谢玉铭、周培源、赵忠尧、饶毓泰、严济慈、萨本栋、吴大猷、任之恭等人的工作，“表明我国学者的物理学研究水平已经与世界物理学的发展达到同步”。[9] 吴有训

X 线散射、赵忠尧硬 γ 线吸收、萨本栋三相电路、周培源磁性理论、谢玉铭电绝缘体等“皆其荦荦大者”。[10] 1937—1949 年，广大物理科学工作者克服各种困难，也取得了比较重要的研究成果，如王淦昌提出的 K 电子俘获实验方案，周培源的湍流理论，王竹溪、张宗燧关于统计物理的研究，余瑞璜的晶体结构分析，任之恭、孟昭英的无线电研究，马大猷、周同庆的声学研究，赵忠尧、张文裕、马仕俊的原子物理研究等。吴大猷所撰《多原子分子的结构及其振动光谱》极受国际学术界的推崇。[11]

中国近代物理学发展过程中，也曾取得足以获取诺贝尔物理学奖的成就。1930 年，在加州理工学院攻读博士学位的赵忠尧，研究硬 γ 射线吸收系数时，通过正负电子对湮灭实验，首次捕捉到正电子，成为世界上第一个观测到正反物质湮灭和第一个发现反物质的科学家。因有人做类似实验时没有得到赵忠尧的结果，引起物理学界怀疑。1932 年，赵忠尧的同学安德逊受赵忠尧启发，在威尔逊云雾室观察到了宇宙线中的正电子，并因此获得 1936 年诺贝尔物理学奖。王淦昌在 1941 年提出的 K 电子俘获实验方案，为发现中微子与反中微子奠定了基础，中微子的发现获得 1995 年诺贝尔物理学奖。[12]

化学研究最初是由化工研究起步的，多是把西方已有的生产工艺加以改进，以降低成本；或研究本土化工原料资源，进行分析检测等。[13] 随着化学学科的发展，真正的实验室化学研究才出现。无机化学研究大都为无机工业原料、无机工业产品生产工艺的研究，即以应用研究为主。基础研究方面，高崇熙、张青莲、刘为涛、戴安邦、李方训、张江树、梁树权等取得了不错的研究成果。分析化学方面，从世界范围来说，也是发展比较缓慢的分支，任鸿隽说中央大学赵廷炳的阳离子分析统系、燕京大学威尔逊的有机化合物半微量分析，可以作为分析化学的代表。[14] 相较而言，有机化学发展较快，研究队伍强大，成果特出，范围也很广泛，任鸿隽认为与科学先进国家相比，“也并不示弱”。曾昭抡、庄长恭、萨本铁、朱汝华、纪育沣、袁翰青、黄鸣龙、周厚复等在天然有机物的提取利用，有机化合物的元素分析、官能团分析、组成分析、结构分析，各类有机化学反应的研究，简单有机化合物的合成研究方面取得了相当的成果。物理化学方面，吴学周、傅鹰、黄子卿、李方训、蔡镏生、张青莲、唐有祺等学者，在化学热力学、化学动力学、胶体和表面化学、偶极矩与分子结构、结晶化学、量子化学、同位素与放射化学等方面辛勤耕耘。

天文、气象两个学科总是联系在一起，与气象学一样，天文学虽是传统中国最为发达学科之一，但近代以来受制于观测工具等方面的影响，与气象学一样“不发达”，在中研院首届院士选举中，正式候选人也无代表。研究机构除中研院天文研究所及其兴建的紫金山天文台外，主要有昆明凤凰山天文台、青岛观象台和徐家汇天文台等，大学仅有中山大学天文系、齐鲁大学天算系，主要代表人物有高鲁、余青松、张云、张钰哲、陈遵妫等，在天体力学、天体物理和恒星天文等方面有一定的成果。

总体上看，中国近代各门科学有相当的发展，为未来中国科学的发展奠定了坚实的基础，具有以下特征。第一，学科门类比较齐全。第二，不同学科的发展不平衡，地方性科学特别是地质、生物学比较发达，而普遍性科学如天文学极不发达。第三，虽然地方性科学发展较早，但普遍性科学数学、物理学大有后来居上之趋势。真正具有世界影响的科研成果，还是普遍性科学如华罗庚、陈省身、许宝騄的数学成就，赵忠尧、吴大猷、王淦昌的物理学成果，林可胜、吴宪、陈克恢、汤佩松、蔡翘、冯德培等人的生命科学研究。

抗战胜利后，中国国际地位大大提升，大批教授与青年才俊也通过各种各样的机会到世界各学术中心或访问研究或留学深造，探知世界科学发展前沿，进而也走在世界科学发展的前列。可以说，从人才培养与聚集来看，战后中国出现了真正实现学术独立的大好局面，赶上世界科学技术发展的步伐似乎指日可待。因此严济慈面对战后科学发展的环境也曾不无得意地说：

近年来，大家在想中国学术独立的问题。单从人才方面说，我想中国已足够独立的。有很多做过十年以上工作的人，有很多做过二十年以上工作的人，在任何学科，在每一学科的任何部分，中国都已经有了可以独立的人才。打开北平研究院抗战前的职员录来看，在今日几乎个个都成为了不得的人才，其他大学和机关，更不必说了。[15]

可惜，这一形势并没有被很好利用，却很快就被断送，不仅未能实现中国学术的进一步发展，而且随着时光的流逝反而加大了与世界科学技术发展水平的差距。究其原因，中国近代科学体制的政府化异途难辞其咎。

## 科学体制化异途与发展困境

1946 年 3 月，国民参政会第四届第二次会议召开，周鲠生等人在会上提案《解放大学教育，保障学术自由》，对陈立夫在抗战期间推行的教育统制政策予以抨击：

频年以来，因抗战时期之特殊情势及国家政策之一般统制趋向，大学教育备受统制。在重重法令束缚之下，学校内部组织与措辞，甚至纯属教学事项……无一不受限制，以致各校不能按环境人才及设备之实情，发挥所长，以谋学术自由发展。似此学校视同衙门，行政上负责人员，大部分精力消磨于应付公文表册之事，不能充分致力于学术事业之推进，殊属有乖国家重视大学教育，奖进学术之本旨……大学制度，亟应根本调整，以期依自由发展求学术之进步。

要求大学保持“应有之自治”，凡属有害学术自由发展的法令“一律废止”，财政“独立会计”，校长改为“聘任”，以“大学教授或从事研究之学者充任为原则”。[16]

正如本书第三章所述，陈立夫主政教育部期间，通过对课程设置、教材统一等措施，实施其教育统制进而思想统制的策略，当时就受到西南联大等学校和教授们的抵制。周鲠生等人在参政会上的提案并非“秋后算账”，它呼应了抗战胜利后学术界风起云涌的对民主、自由的吁求。其实，陈立夫对科学教育的统制，仅仅是中国近代科学体制政府化异途的表现之一。西方近代科学自洋务运动成规模引进以来，就承担了富国强种的重任，成为追求国家强盛的工具，科学本身作为一种知识体系，科学研究作为一种寻求真理、扩展人类知识视野的活动，科学发展需要的社会体制反而成为“被遗忘的角落”，中国近代科学与科学体制化就是在这种救国重任压力下开始其发展历程的。加之科学发展到 20 世纪已经日益显露出大科学趋势，20 世纪 30 年代国家科学政策也日渐成为世界潮流，中国科学体制的政府化道路因此也就有其相当的合理性、正当性与逻辑性。

在科学名词术语的审定统一过程中，科学名词审查会因其审查结果没有政府强力的推动而长时间不能得到推广与应用，南京国民政府成立后，放弃了其民间社团组织在这一工作中的角色与功能，全权移交给政府。国民政府也顺应民间的呼声，专门成立国立编译馆以政府力量与角色担当这一重任，并借助民间学术社团的力量大力推进这一工作，取得了极为突出的成就与效果，显现出政府力量在学术活动中的强力与效力。作为近代中国影响最大、延续时间最长的综合性学术社团，中国科学社将国际学术界中国代表的责任与角色主动移交给中央研究院。这些都说明，政治一体化强权“统制”在中国具有强大的习惯性力量，无论是中外组织共同组成的科学名词审查会，还是在中国社会已经具有不小影响力的中国科学社这样的民间力量，在已经建立起“民主共和国”的时代，仍然“下意识”或“本能”地向政府强力示弱，丢失了民间社会力量本身具有的责任或身份意识。

更为重要的是，团聚同好结成统一的学术力量，在促进学术自身发展的同时，共同对抗外在各种不利因素的侵扰，是成立学术社团原动力之一。近代科学社团的发展历程表明，中国科学社、中华学艺社、中华自然科学社等综合社团之间矛盾重重，综合性社团与专门社团之间也不尽是和睦的合作。中国近代科学社团没有结成统一的力量，去共同面对不利于学术发展的政治侵袭，反而各自与政治纠缠不清。民国时期虽存在不完全受政府控制的民间组织，但并没有建立起比较完善的民间社团与政府的良性互动关系，政府始终处于威权的主动与支配地位。当时，在民间社团与政府之间冷冰冰的“规章制度”之外，还有民间社团成员与政府组成人员之间“温情脉脉”的人情关系。当时众多社团借助官场的力量与威权来扩大影响，而不是通过建立民间社团与政府之间良性的制度关系来获得发展空间。陈立夫、曾养甫、徐恩曾和朱家骅这样完全政治性的人物在中国工程学会、中国地质学会、中华自然科学社“长袖善舞”，中国科学社也曾借助大量的政治人物来推进其事业发展。

当时的社会缺乏民间资助科学发展的传统。秉志认为这是一种“畸形状态”，因此他说“至于提倡科学，政府当然要花最大的力量，但是社会的力量也有相当的关系”，呼吁“社会人士急公好义、热心科学的，予以精神和物质的帮助，使努力科学的人，得减少他们的困难”。[17] 这样的呼吁自然没有多少回应，科学发展的重任自然只有政府承担，因此中国近代科学体制中，无论是科研机构还是学术评议与奖励，都不可避免地走上政府化的道路。科研体制上，中央政府和各部门不仅有两大综合性的国立机构——中央研究院与北平研究院，也有专门性的中央地质调查所、中央农业实验所、中央工业试验所、中央畜牧实验所等，地方政府也设立不少地质调查所、农业改进所等。与之相较，私立科研机构中，除中国科学社生物研究所和北平静生生物调查所因有中基会相对稳定的资助，人才聚集相对稳固，科研成就突出外，其他完全不能与政府科研机构相提并论。大学科研机构方面，国立中央大学、清华大学、北京大学、浙江大学等不仅聚集了大部分科学精英，实验设备也远超私立大学，科研水平与人才培养自然也不是一般私立大学可望其项背的。当然，以政府科研机构为特色的近代中国科研体制，也就具备了政府机构的特色、内耗与效率低下。即使是被誉为“民国学术独立与自由堡垒”的中央研究院，蔡元培时期也经历了因蔡元培与蒋介石之间的矛盾而造成的“院址之争”，对中央研究院的正常发展造成极大的破坏与损伤；朱家骅时期更面临着“生死存亡”的危机，造成上下人心惶惶，如何能安心从事科研？时任中研院总干事的萨本栋曾对李先闻说过，“中央研究院是战时的废物，平时的花瓶”，李先闻认为这评价“一针见血”。[18] 可以说，正是因为科研体制的政府化，在获得政府支持（包括经费等各方面）的同时，也不可避免地陷入各种政治旋涡，使本来需要平心静气从事科学研究的大好精力与时间就被浪费在无谓的各种牵扯之中。

与科研体制一样，中国近代学术评议与奖励体制，以政府主持的中研院评议会和教育部学术审议会为主、民间学术社团组织为辅，看起来似乎已经形成较为完整的体系，但实际上，学术社团的学术评议与奖励不具备全局性，无论影响力还是作用都不能与政府相提并论。因此，与国际通行惯例相比，民国时期并没有建立起比较完善的机制，这不仅对民国学术的发展产生了重要影响，对未来中国学术的进程也有不可估量的作用。当然，政治并非总是阻碍学术的发展，关键是政府通过什么样的途径去影响学术发展，在资助学术发展、动员学术界的同时，给予学术相当的自由发展空间，则政治对学术的发展影响自然是正面的健康因素。民国学术评议制度中，无论是政府还是民间组织，都逐步形成了一套比较完善而公正的评议程序，并且在具体的施行与运行过程中严格遵守这些程序，取得了较为公正的评议结果，产生了积极的影响。当时的评议结果至今仍得到学术界的推崇，经受了历史的检验。在具体的学术评议与奖励运行中，专家们尽量以各种各样的方式与程序杜绝现实政治与意识形态及其他非学术因素对评议流程中的侵扰，无论是评议过程还是评议结果，大体上体现了以学术质量为唯一标准的评选原则，显现了学术独立于政治的自由情状。在学术评议过程中，评审专家们，往往超越个人利益与局部利益，以学术良知弥补了规则的漏洞，真正做到了相对的公平与公正。

科学体制的政府化为中国近代科学的发展提供了强有力的政府支持，极大地促进了近代科学在中国的生根发芽与成长，但同时这种体制化的异途也为科学的正常发展带来不可避免的困扰，难以建立起具有自身逻辑发展能力与纠错能力即遵循科学发展规律的科学体系。

# 注 释

## 前 言

1 ［英］李约瑟著，张卜天译：《文明的滴定》，商务印书馆，2016年，第32页。

2 张奠宙：《中国的皇权政治与数学文化》，《科学文化评论》第1卷第6期(2004)。

3 刘珺珺：《科学社会学》，上海人民出版社，1990年，第26—28页。

4 ［美］史蒂芬·科尔著，林建成等译：《科学的制造：在自然界与社会之间》，上海人民出版社，2001年，第5—6页。

5 杨国强：《历史研究中的分寸》，《东方早报·上海书评》2016年7月18日。

6 ［以］约瑟夫·本-戴维著，刘晓译：《科学家在社会中的角色：一项比较研究》，三联书店，2020年，第95—97页。

7 张碧辉、王平：《科学社会学》，人民出版社，1990年，第76页。

8 何亚平主编：《科学社会学教程》，浙江大学出版社，1990年，第36—44页。

## 第一章 传统科学的式微与西方科学的输入

1 ［英］傅兰雅：《江南制造总局翻译西书事略》，张静庐辑注：《中国近代出版史料·初编》，上海书店出版社，2003年，第13—14页。

2 通过李俨、严敦杰、王渝生、刘钝等几代学人的努力，李善兰研究成就丰硕，先后有《李善兰年谱》（李俨，《中算史论丛》第四集，科学出版社，1955年）、《中算家的素数论》（严敦杰，《数学通报》1954年第4期）、《李善兰的尖锥术》（王渝生，《自然科学史研究》第2卷第2期）、《李善兰——中国近代科学的先驱》（刘钝，科学出版社，2000年）等。台湾师范大学教授洪万生对李善兰也有精深研究，他1991年在美国纽约城市大学完成的博士论文为Li Shanlan (1811—1882): *The Impact of Western Mathematics over China during the 19th Century*，先后发表有《同文馆算学教习李善兰》《墨海书馆时期的李善兰》等长篇论文。

3 关于李善兰，除注明外，还参阅王渝生：《李善兰》，载杜石然主编：《中国古代科学家传记》（下集），科学出版社，1993年，第1210—1225页。

4 转引自汪晓勤：《中西科学交流的功臣——伟烈亚力》，科学出版社，2000年，第7页。
5 何绍庚：《项名达》，杜石然主编：《中国古代科学家传记》（下集），第1176—1179页；李磊：《项名达》，沈渭滨主编：《近代中国科学家》，上海人民出版社，1988年，第29—37页。
6 李兆华：《戴煦》，杜石然主编：《中国古代科学家传记》（下集），第1197—1200页。
7 李兆华：《徐有壬》，杜石然主编：《中国古代科学家传记》（下集），第1190—1193页；杨勇刚：《徐有壬》，沈渭滨主编：《近代中国科学家》，第47—58页。
8 转引自陈祖恩《郑复光》，沈渭滨主编：《近代中国科学家》，第6页。
9 林文照：《十九世纪前期我国一部重要的光学著作》，《科技史文集》第12辑，上海科学技术出版社，1984年。
10 林文照：《邹伯奇》，杜石然主编：《中国古代科学家传记》（下集），第1240—1242页。
11 刘昌芝：《吴其濬》，杜石然主编：《中国古代科学家传记》（下集），第1165—1175页。
12 伟烈亚力：《〈代微积拾级〉序》，《中华大典》编纂委员会编纂：《中华大典·数学典·数学概论分典》，山东教育出版社，2018年，第548页。
13 钱宝琮：《中国数学史》，科学出版社，1992年，第283页。
14 卡普尔（J. N. Kapur）著，王庆人译：《数学家谈数学本质》，北京大学出版社，1989年，第265页。
15 陈建领：《顾观光》，沈渭滨主编：《近代中国科学家》，第38—46页。
16 李媛：《顾观光与晚清时期的力学》，首都师范大学硕士论文，2009年度；王夔山：《中国近代力学的先驱顾观光及其力学著作》，《物理》第18卷第1期。
17 华觉明：《龚振麟》，杜石然主编：《中国古代科学家传记》（下集），第1194—1196页。
18 潘吉星：《丁守存》，杜石然主编：《中国古代科学家传记》（下集），第1226—1229页。
19 《靖逆将军奕山等遵旨查明丁拱辰所著〈演炮图说〉并详加考校各缘由折》，中国第一历史档案馆编：《鸦片战争档案史料》第6册，天津古籍出版社，1992年，第480页。
20 本书编委会：《少数民族英才》（下），中央民族学院出版社，1994年，第35—37页。
21 《中华大典》编纂委员会编纂：《中华大典·理化典·中西会通分典》第1册，山东教育出版社，2018年，第276页。
22 《光绪二年十一月二十九日钦差北洋大臣直隶总督李鸿章等奏》，朱有瓛主编：《中国近代学制史料》第1辑（上册），华东师范大学出版社，1983年，第400页。
23 汪晓勤：《中西科学交流的功臣——伟烈亚力》，第6—7页。
24 洪万生：《墨海书馆时期（1852—1860）的李善兰》，载中国科技史论文集编辑小组编：《中国科技史论文集》，（台北）联经出版公司，1995年。

25 ［英］傅兰雅：《江南制造总局翻译西书事略》，张静庐辑注《中国近代出版史料・初编》第10页。

26 华蘅芳：《学算笔谈》卷五，《中华大典》编纂委员会编纂《中华大典・数学典・会通中西算法分典》第1册，山东教育出版社，2018年，第60页。

27 ［英］傅兰雅：《江南制造总局翻译西书事略》，张静庐辑注《中国近代出版史料・初编》第11页。

28 方行、汤志钧整理：《王韬日记》，中华书局，1987年，第77、108页。

29 梁小进主编：《郭嵩焘全集》第8册，岳麓书社，2018年，第31页。

30 方行、汤志钧整理：《王韬日记》第6页。

31 梁启超：《五十年中国进化概论》，刘东等编：《梁启超文存》，江苏人民出版社，2012年，第251页。

32 赵匡华主编：《中国化学史・近现代卷》，广西教育出版社，2003年，第14—16页。

33 关于《中西闻见录》对科学技术知识的传输传播，参见拙文《〈中西闻见录〉述略——兼评其对西方科技的传播》，《复旦学报》（社会科学版）1995年第4期。

34 徐寿：《格致汇编序》，《格致汇编》第1年第1卷（1876）。

35 关于《格致汇编》创刊、作者群体、传播的相关科学技术知识及其影响等方面的具体情况，参阅赵中亚博士论文《〈格致汇编〉与中国近代科学的启蒙》（复旦大学历史系，2009年）。

36 王民、邓绍根：《〈万国公报〉与X射线知识的传播》，《中国科技史料》第22卷第3期（2001）。

37 朱有瓛主编：《中国近代学制史料》第1辑（上册），第71—73页。

38 相关课程目录见熊月之《西学东渐与晚清社会》，上海人民出版社，1994年，第298—299页。

39 ［法］巴斯蒂：《清末留欧学生：福州船政局对近代技术的输入》，陈学恂等编《中国近代教育史资料汇编・留学教育》，上海教育出版社，1991年，第271页。

40 郭金海：《京师同文馆数学教学探析》，《自然科学史研究》第22卷增刊（2003）。

41 ［日］杉本勋编，郑彭年译：《日本科学史》，商务印书馆，1999年，第345页。

42 ［英］傅兰雅：《江南制造总局翻译西书事略》，张静庐辑注：《中国近代出版史料・初编》，第17页。

43 梁启超：《西学书目表序例》，张静庐辑注：《中国近代出版史料・初编》，第60页。

44 龙村倪：《雷侠儿与〈地学浅释〉》，中国科技史论文集编辑小组编：《中国科技史论文集》，第265—266页。

45 张奠宙：《二十世纪的中国数学与世界数学的主流》，《自然科学史研究》第5卷第3期（1986）；郭金海：《京师同文馆数学教学探析》，《自然科学史研究》第22卷增刊（2003）。

46 杜石然等：《中国科学技术史稿》（下），科学出版社，1984年，第258页。

47 赵匡华主编 :《中国化学史近现代卷》，第 37 页。

48 袁振东 :《化学原子论和分子论学说在清末民初的传播》，《自然科学史研究》第 24 卷第 1 期（2005）。

49 董光璧主编 :《中国近现代科学技术史》，湖南教育出版社，1997 年，第 255 页。洋务运动时期各门自然科学知识输入的大致介绍，除注明外，参阅该书第 247—259 页。

50 龙村倪 :《雷侠儿与〈地学浅释〉》，中国科技史论文集编辑小组编 :《中国科技史论文集》，第 237—266 页。

51 李佩珊、许良英主编 :《20 世纪科学技术简史》（第二版），科学出版社，2004 年第 3 次印刷，第 14 页。

52 梁启超 :《论变法不知本原之害》，《梁启超全集》第 1 册，北京出版社，1999 年，第 14 页。

53 赵树贵、曾丽雅编 :《陈炽集》，中华书局，1997 年，第 223 页。

54 竺可桢 :《中国实验科学不发达的原因》，樊洪业主编 :《竺可桢全集》第 2 卷，上海科技教育出版社，2004 年，第 262 页。

55 ［日］杉本勋编，郑彭年译 :《日本科学史》，第 317 页。

56 ［日］杉本勋编，郑彭年译 :《日本科学史》，第 329 页。

57 朱有瓛 :《中国近代学制史料》第一辑上册，第 189 页。

58 朱寿朋编 :《光绪朝东华录》第四册，中华书局，1958 年，总第 3823—3824 页。

59 张子高 :《科学在中国之过去与将来》，张子高讲演，周邦道记述 :《科学发达略史》，中华书局，1930 年第七版，第 247 页。

60 张子高 :《近五十年来中国之科学教育》，张子高讲演，周邦道记述 :《科学发达略史》，第 256—257 页。

61 ［美］艾尔曼 :《1860—1895 年间中国的海战及其所反映的自强运动在科技方面的失败》，《中国学术》总第 15 辑，商务印书馆，2003 年 10 月。

62 桑兵 :《晚清学堂学生与社会变迁》，学林出版社，1995 年，第 164—165 页。

## 第二章　从“政治救国”到“科学救国”

1 任鸿隽 :《前尘锁记》，樊洪业等编 :《科学救国之梦 : 任鸿隽文存》，上海科技教育出版社，2002 年，第 694 页。

2 任鸿隽 :《五十自述》，樊洪业等编 :《科学救国之梦 :任鸿隽文存》，第 678 页。

3 桑兵 :《晚清学堂学生与社会变迁》。

4 沈渭滨 :《孙中山与辛亥革命》，上海人民出版社，2016 年再版。

5 任鸿隽 :《五十自述》，樊洪业等编 :《科学救国之梦 : 任鸿隽文存》，第 679—680 页。

6 钟观光 :《〈科学世界〉祝词》，《科学世界》第 1 期。

7 《政论与科学之关系》，《政艺通报》第 23 期，转引自桑兵 :《晚清学堂学生与社会变迁》第 135 页。

8 田建业等编 :《杜亚泉文选》，华东师范大学出版社，1993 年，第 1—2 页。

9 范明礼：《科学世界》，丁守和主编：《辛亥革命时期期刊介绍》第1集，人民出版社，1982年，第294页。

10《亚泉杂志》第10册，转引自《辛亥革命时期期刊介绍》第1集，第83页。

11 在科学传播上还出现了科幻小说这种新的形式，关于晚清科幻小说的具体情形，可参阅台北中正大学中国文学研究所1999年林健群硕士论文：《晚清科幻小说研究(1904—1911)》。

12 张子高：《近五十年来中国之科学教育》，张子高讲演，周邦道记述：《科学发达略史》，第254—255页。

13 亢小玉、姚远：《两种〈算学报〉的比较及其数学史意义》，《西北大学学报》（自然科学版）2006年第5期，第858—859页。

14 谢振声：《杜亚泉与〈亚泉杂志〉》，转引自许纪霖等编《一溪集：杜亚泉的生平与思想》，三联书店，1999年，第227页。值得注意的是，《一溪集》中几乎所有的作者都称《亚泉杂志》是中国人自办的第一份自然科学期刊，这一提法值得商榷。第一，1897年创刊的《农学报》是由上海农学会创办的；第二，1898年朱志尧等人创办的《格致新报》也是以刊载科学知识为主的刊物。这两份刊物都比《亚泉杂志》早，而且也都是中国人自己主办的。

15 范明礼：《科学世界》，丁守和主编：《辛亥革命时期期刊介绍》第1集，第289页。

16 辰生：《〈算学报〉与〈数学杂志〉》，《科学》第42卷第3期（1990）。

17 张小平、潘岩铭：《中国近代科技期刊简介（1900—1919）》，丁守和主编：《辛亥革命时期期刊介绍》第4集，人民出版社，1986年。

18 赵匡华主编：《中国化学史·近现代卷》，第60—64页。

19 袁振东：《化学原子论和分子论学说在清末民初的传播》，《自然科学史研究》第24卷第1期（2005）。

20 参阅拙文《近代上海农业学术繁衍与社会变迁》，《近代中国》第10辑，上海社会科学院出版社，2000年。高阳说罗振玉通过销售这套农学著作获利不少，参阅高阳《清末四公子》，华夏出版社，2004年，第121页。

21 于波：《从科学救国到佛世救国——我国近代地学先驱张相文》，《自然辩证法通讯》第26卷第3期（2004）。

22 顾毓琇：《科学研究与中国前途》，《中山文化教育馆季刊》第2卷第1期（1935）。

23 朱有瓛：《中国近代学制史料》第1辑（上册），第13—14页。

24 康有为：《日本书目志·自序》，姜义华编校《康有为全集》第3册，上海古籍出版社，1992年，第583—584页。

25 董贵成：《试论维新派对发展科学技术的认识》，《自然科学史研究》第24卷第1期（2005）。

26 于右任：《为国家民族祝马先生寿》，《复旦同学会会刊》第8卷2期（1939年3月）。转引自复旦大学校史编写组编：《复旦大学志》（第一卷），复旦大学出版社，1985年，第55—56页。

27 陈学恂等编：《中国近代教育史资料汇编·留学教育》，上海教育出版社，1991 年，第 59—60 页。

28 陈旭麓：《陈旭麓文集》第 1 卷，华东师范大学出版社，1996 年，第 497 页。

29 陈旭麓：《陈旭麓文集》第 1 卷，第 498 页。

30 任鸿隽：《前尘锁记》，樊洪业等编：《科学救国之梦：任鸿隽文存》，第 712 页。

31 任鸿隽：《五十自述》，樊洪业等编：《科学救国之梦：任鸿隽文存》，第 683 页。

32 关于杨铨的两次转变的分析，参阅拙著《赛先生在中国：中国科学社研究》，上海科学技术出版社，2018 年，第 701—708 页。

33 杨翠华：《任鸿隽与中国近代科学思想与事业》，《中央研究院近代史研究所集刊》第 24 期（上）（1995）。

34 邹鲁：《回顾录》，岳麓书社，2000 年，第 39 页。

35 张奚若：《辛亥革命回忆录》，原载于上海《文汇报》1947 年 4 月 16 日—5 月 5 日，当年 11 月生活书店出版单行本。全文收入《张奚若文集》（清华大学出版社，1989 年），引文见第 463—464 页。

36 陈群等：《李四光传》，人民出版社，1984 年，第 21—25 页。

37 马胜云等编著：《李四光年谱》，地质出版社，1999 年，第 30—31 页。

38 王贺春：《梁希》，中国科学技术协会编：《中国科学技术专家传略·农学编·林业卷 1》，中国科学技术出版社，1991 年。

39 梁启超：《作官与谋生》，《梁启超全集》第 5 册，第 2801—2802 页。

40 朱庭祺：《美国留学界》，《庚戌年留美学生年报》“美国留学界情形”栏第 36—37 页。

41 陈学恂等编：《中国近代教育史资料汇编·留学教育》，第 188—190、197—199、209—211 页。

42 朱庭祺：《美国留学界》，《庚戌年留美学生年报》“美国留学界情形”栏第 34—35 页。

43 《发刊词》，《科学》第 1 卷第 1 期，第 3—7 页。

44 张禄：《理科救国》，《东方杂志》第 17 卷第 6 号。

45 沈松侨先生说：“欧洲战后思想之变迁，基本上是因战祸刺激所生的反动，一旦事过境迁，所谓东方文化的热潮，即告消歇。”见氏著：《五四时期章士钊的保守思想》，《中央研究院近代史研究所集刊》第 15 辑（下）（1986），第 198 页。

46 顾毓琇：《科学研究与中国前途》，《中山文化教育馆季刊》第 2 卷第 1 期（1935）。

47 关于“科学救国”思潮形成后具体演化过程的进一步探究，参阅拙文《从“科学救国”到“科学不能救国”——近代中国“科学救国”思潮演进》，《自然科学史研究》2010 年第 1 期。

48 目前学界关于“格致”向“科学”的转化研究，成果颇丰，代表性成果有樊洪业：《从“格致”到“科学”》（《自然辩证法通讯》1988 年第 3 期），李双璧：《从“格致”到“科学”：中国近代科技观的演变轨迹》（《贵州社会科学》1995 年第 5 期），艾尔曼：《从前现代的格致学到现代的科学》（《中国学术》第 2 期，商务印书馆，2000 年），金观涛、刘青峰：《从“格物致知”到“科学”、“生产力”——

知识体系和文化关系的思想史研究》〔《中央研究院近代史研究所集刊》第46期（2004）〕等。

49 金观涛、刘青峰：《从“格物致知”到“科学”、“生产力”——知识体系和文化关系的思想史研究》。

50 《拟创建格致书院论》，《申报》同治甲戌正月二十八日（1874年3月16日）。

51 《中西格致之学异同论》王佐才、钟天纬答卷，王韬编：《格致课艺汇编》卷四，1897年上海石印本。

52 樊洪业：《从“格致”到“科学”》，《自然辩证法通讯》1988年第3期。

53 刘锡鸿：《英轺私记》，岳麓书社，1986年，第50页。刘锡鸿一般被贴上与洋务派对立的“保守派”标签，但他在这里的认识似乎已经达到未来维新派的认识，远远超越洋务派，西洋各国的富强实乃“其政治之根抵”。

54 金观涛、刘青峰：《从“格物致知”到“科学”、“生产力”——知识体系和文化关系的思想史研究》。

55 严复：《救亡决论》，王栻主编：《严复集》第1册，中华书局，1986年，第46、48、43页。

56 严复：《与〈外交报〉主人书》，王栻主编：《严复集》第3册，第559页。

57 康有为：《物质救国论》，汤志钧编：《康有为政论集》（上册），中华书局，1981年，第574页。

58 康有为：《物质救国论》，汤志钧编：《康有为政论集》（上册），第565页。

59 康有为：《物质救国论》，汤志钧编：《康有为政论集》（上册），第568—569页。

60 朱开甲：《〈格知新报〉缘起》，王扬宗编校：《近代科学在中国的传播：文献与史料选编》（上），山东教育出版社，2009年，第302页。

61 《〈格致益闻汇报〉序》，《中华大典》编纂委员会编纂《中华大典·理化典·中西会通分典》第1册，第326页。

62 王本祥：《论动物学之效用》，丁守和主编：《辛亥革命时期期刊介绍》第1集，第297页。

63 薛蛰龙：《〈理学杂志〉序》，王扬宗编校：《近代科学在中国的传播：文献与史料选编》（上），第309页。

64 郭正昭：《社会达尔文主义与晚清学会运动》，《中央研究院近代史研究所集刊》第3集，第613页。

65 汤奇学：《科学一斑》，丁守和主编：《辛亥革命时期期刊介绍》第2集，人民出版社，1982年，第544—546页。

66 任鸿隽：《何为科学家》，《科学》第4卷第10期（1918）。

67 钱崇澍：《评博物学杂志》，《科学》第1卷第5期（1915）。

68 任鸿隽：《初版弁言》，《科学通论》，中国科学社，1934年。

69 任鸿隽：《科学概论》（上篇），商务印书馆，1927年8月再版，第1页。

70 胡明复：《科学方法论一》，《科学》第2卷第7期（1916）。

71 任鸿隽：《说中国无科学之原因》，《科学》第1卷第1期（1915）。

72 胡明复：《科学方法论一》。

73 任鸿隽：《科学精神论》，《科学》第2卷第1期（1916）。
74 任鸿隽：《科学概论》（上篇），第50页。
75 唐钺：《科学与德行》，《科学》第3卷第4期（1917）。
76 樊洪业等编：《科学救国之梦：任鸿隽文存》，第506—507页。
77 樊洪业主编：《竺可桢全集》第2卷，上海科技教育出版社，2004年，第152页。

## 第三章　科学教育体系的创立与发展

1 夏东元编：《郑观应集》（上），上海人民出版社，1982年，第272页。
2 陈义杰整理：《翁同龢日记》第1册，中华书局，1989年，第521页。
3 夏东元编：《郑观应集》（上），第280页。
4 《商务论略》（中），《申报》光绪十五年十二月初七日（1889年12月28日）。
5 钟叔河：《走向世界：近代知识分子考察西方的历史》，中华书局，2000年，第91页。樊洪业先生论文：《从科举到科学：中国本世界初的教育革命》（《自然辩证法通讯》1998年第1期）专门讨论了科举制度对科学教育发展的阻碍。
6 刘志琴主编，李长莉编：《近代中国社会文化变迁录》第1卷，浙江人民出版社，1998年，第20—21页。
7 刘志琴主编，闵杰编：《近代中国社会文化变迁录》第2卷，浙江人民出版社，1998年，第468—469页。
8 《总理衙门奏拟京师大学堂章程》（光绪二十四年五月十五日），北京大学校史研究室编：《北京大学史料》第1卷，北京大学出版社，1993年，第81页。
9 舒新城编：《中国近代教育史资料》（中册），人民出版社，1979年第6次印刷，第416、420、421页。
10 舒新城编：《中国近代教育史资料》（中册），第432、435—436页。
11 舒新城编：《中国近代教育史资料》（中册），第506、510—511页。
12 舒新城编：《中国近代教育史资料》（中册），第567—568页。
13 李华兴主编：《民国教育史》，上海教育出版社，1997年，第594页。
14 璩鑫圭等编：《中国近代教育史资料汇编·实业教育 师范教育》，上海教育出版社，1994年，第51—63页。
15 朱有瓛主编：《中国近代学制史料》第2辑（下册），华东师范大学出版社，1987年，第114—118页。
16 应星：《废科举、兴学堂与中国近代社会的转型》，《战略与管理》1997年第2期。
17 《论普及教育根本办法》，《教育世界》第136号（1906年11月），转引自丁守和主编：《辛亥革命时期期刊介绍》第1集，第136页。
18 ［法］巴斯蒂：《京师大学堂的科学教育》，《历史研究》1998年第5期。
19 北京大学校史研究室编：《北京大学史料》第1卷，第91—92页。
20 刘志琴主编，闵杰编：《近代中国社会文化变迁录》第2卷，第410—413页。
21 北京大学校史研究室编：《北京大学史料》第1卷，第89—90页。
22 朱有瓛主编：《中国近代学制史料》第3辑（上册），华东师范大学出版社，1990年，第705—706页。

23 舒新城主编:《中国近代教育史料》(中册),第 457—458 页。
24 舒新城主编:《中国近代教育史料》(中册),第 526—528 页。
25 李华兴主编:《民国教育史》,第 596、621、639 页。
26 朱有瓛主编:《中国近代学制史料》第 3 辑(上册),第 26—29 页。
27 朱有瓛主编:《中国近代学制史料》第 3 辑(下册),第 183—192 页。
28 朱有瓛主编:《中国近代学制史料》第 3 辑(上册),第 666—670 页。
29 潘懋元、刘海峰编:《中国近代教育史资料汇编·高等教育》,第 804—805 页。
30 朱有瓛主编:《中国近代学制史料》第 3 辑(下册),第 261—265 页。
31 璩鑫圭等编:《中国近代教育史资料汇编·实业教育·师范教育》,第 284—288 页。
32 费旭等编:《南京农业大学史志》(1919—1988),第 2—7 页(内部发行)。关于金陵大学农学院对中国农业科学发展的贡献,参阅拙文《金陵大学农学院与中国农业近代化》,《史林》1998 年第 3 期。
33 黄炎培:《江阴、南通、苏州农业教育调查报告》,中华职业教育社编:《黄炎培教育文选》,第 62—64 页。
34 朱有瓛主编:《中国近代学制史料》第 3 辑(下册),第 228—231 页。
35《科学》第 4 卷第 7 期(1919),第 712—714 页。
36 璩鑫圭等编:《中国近代教育史资料汇编·实业教育·师范教育》,第 1012—1016 页。
37 汪向荣:《日本教习》,《社会科学战线》1983 年第 3 期。
38 苏云峰:《三(两)江师范学堂:南京大学的前身,1903—1911》,中央研究院近代史研究所,1998 年,第 25—39 页。
39 恽宝润:《农学家邹秉文》,中国人民政治协商会议全国委员会文史资料委员会编:《文史资料选辑》第 88 辑,文史资料出版社,1983 年,第 178—179 页。
40 沈宗瀚:《沈宗瀚自述·克难苦学记》,(台北)传记文学出版社,1984 年,第 27—32、41—42、72—73 页。
41 中国科学院学部联合办公室编:《中国科学院院士自述》,上海教育出版社,1996 年,第 440—441 页。
42 胡竟良:《中国棉产改进史》,商务印书馆,1946 年,第 8—19 页。
43《1914 年 12 月教育部整理教育方案草案》,朱有瓛主编:《中国近代学制史料》第 3 辑(上册),第 41 页。
44 黄炎培:《与李石曾君谈职业教育》《八年八月九日赴法美留学生送别会演说词》《中华职业教育社宣言书》,中华职业教育社编:《黄炎培教育文选》,第 78、83、53 页。
45 朱有瓛主编:《中国近代学制史料》第 3 辑(下册),第 232 页。
46 邹秉文:《对于吾国甲种农校宗旨办法之怀疑》,朱有瓛主编:《中国近代学制史料》第三辑(下册),第 271 页。
47 朱有瓛主编:《中国近代学制史料》第 3 辑(下册),第 228 页。
48 李华兴主编:《中华民国教育史》,第 151 页。
49 朱有瓛主编:《中国近代学制史料》第 3 辑(下册),第 804—807 页。

50 中国第二历史档案馆编 :《中华民国史档案资料汇编》第 3 辑《教育》，江苏古籍出版社，1991 年，第 199—203 页。

51《全国公私立大学、独立学院、专科学校一览表》( 1936 年 1 月 )，中国第二历史档案馆编 :《中华民国史档案资料汇编》第 5 辑第 1 编 :《教育》( 一 )，江苏古籍出版社，1994 年，第 300—317 页。

52 关于 20 世纪 30 年代中国数学发展的相关情况，参阅拙文《学术与工商的聚合和疏离 : 中国数学会在上海》，载梁元生等主编 :《双龙吐艳 : 沪港之文化交流与互动》，沪港发展联合研究所、香港中文大学香港亚太研究所，2005 年，第 333—377 页。

53 关于物理学科学教育方面，除注明外，主要参阅王士平等著 :《中国物理学史大系 · 近代物理学史》，湖南教育出版社，2002 年，第 27—32 页。

54 北京大学物理系在饶毓泰时代的发展情形，参阅拙文《饶毓泰与北京大学物理系》,《科学文化评论》2015 年第 6 期。

55 严济慈 :《二十年来中国物理学之进展》,《科学》第 19 卷第 11 期。

56 吴大猷 :《抗战前我国物理学情形》,《吴大猷文选》第 7 册，( 台北 ) 远流出版公司，1991 年，第 240—245 页。

57 化学方面除注明外，参阅赵匡华主编 :《中国化学史 · 近现代卷》，第 105—149 页。

58《全国公私立大学、独立学院、专科学校一览表》( 1936 年 1 月 )，中国第二历史档案馆编 :《中华民国史档案资料汇编》第 5 辑第 1 编 :《教育》( 一 )，第 296—317 页。

59 曾昭抡 :《二十年来中国化学之进展》,《科学》第 19 卷第 10 期。

60 胡经甫 :《国内生物学研究之近况》,《科学》第 17 卷第 7 期。

61 胡先骕 :《中国科学发达之展望》,《科学》第 20 卷第 10 期 ( 1936 )。

62 高平叔编 :《蔡元培全集》第 5 卷，中华书局，1988 年，第 426 页。

63 高平叔编 :《蔡元培全集》第 6 卷，第 42—43 页。

64 国联教育考察团著，国立编译馆译 :《中国教育之改进》，国立编译馆，1932 年，第 181—182 页。

65 任鸿隽 :《一个理科教科书的调查》,《独立评论》第 61 号 ( 1933 年 7 月 30 日 )。

66 王云五 :《导言》，庄俞、贺圣鼐编 :《最近三十五年之中国教育》，商务印书馆，1931 年，第 6 页。

67 王云五 :《新目录学的一角落》，商务印书馆，1946 年，第 135 页。

68 肖朗、吴涛 :《商务印书馆"大学丛书"与近代中国大学教材建设》,《高等教育研究》2013 年第 12 期。

69 王云五 :《新目录学的一角落》，第 175—176 页。

70 陈武元编 :《萨本栋博士百年诞辰纪念文集》，厦门大学出版社，2003 年，第 262 页。

71 钱炳寰 :《中华书局大事纪要》，中华书局，2002 年，第 154 页。

72 陈立夫 :《从根救起》，三民书局，1976 年，第 65 页。

73 陈立夫：《成败之鉴：陈立夫回忆录》，正中书局，1994年，第252—253页。

74 滕大春：《教育部大学用书编辑委员会工作概况》，《教育通讯》1941年第18期。

75 陈立夫：《成败之鉴：陈立夫回忆录》，第253页。

76 教育部教育年鉴编纂委员会编：《第二次中国教育年鉴》，商务印书馆，1948年，第838页。

77 吴涛：《“部定大学用书”编辑出版过程之历史考察》，《教育史研究》2019年第3期。

78 陈立夫：《成败之鉴：陈立夫回忆录》，第253页。

79 《西南联合大学教务会议就教育部课程设置诸问题呈常委会函》，王学珍等主编：《国立西南联合大学史料》第1卷，云南教育出版社，1998年，第17—18页。

80 中国社会科学院近代史研究所中华民国史组编：《胡适往来书信选》（中册），中华书局，1979年，第486页。

81 陈立夫：《成败之鉴：陈立夫回忆录》，第284页。

82 费正清著，闫亚婷、熊文霞译：《费正清中国回忆录》，中信出版社，2013年，第250页。

83 费正清著，闫亚婷、熊文霞译：《费正清中国回忆录》，第246页。

84 杨肇燫：《乙酉学社丛书第一集缘起》，Max Planck著，陆学善译：《理论物理学导论·力学概论》，中华书局，1947年。

85 关于“乙酉学社丛书”的翻译出版，参阅拙文《“乙酉学社丛书”的翻译与出版：兼论科学知识人在战时上海的困窘与出路》，《上海档案史料研究论丛》第17辑，上海三联书店，2014年。

86 曹鹤荪：《译序》，Alfred P. Poorman著，曹鹤荪译：《应用力学》，中国科学图书仪器公司，1948年。

## 第四章 科学名词的审定与统一

1 虞和钦语，转引自谢振声：《近代化学史上值得纪念的学者——虞和钦》，《中国科技史料》第25卷第3期（2004）。

2 《科学名词审查会第一次化学名词审定本·序》，《东方杂志》第17卷第7号（1920）。

3 王光：《外交名词译名的商榷》，《东方杂志》第32卷第13期（1935）。

4 对于晚清科学名词术语的统一工作，已经有相当的研究，代表性成果有王树槐《清末翻译名词的统一问题》（《中央研究院近代史研究所集刊》1969年第1期）、王扬宗《清末益智书会统一科技术语工作述评》（《中国科技史料》1991年第2期）等。

5 徐继畬：《瀛环志略·凡例》，郑振铎编：《晚清文选》，上海书店影印出版，1987年，第325—326页。

6 张大庆：《早期医学名词统一工作：博医会的努力和影响》，《中国医史杂志》第24卷第1期（1994）。

7 傅兰雅：《江南制造局翻译西书事略》（1880年），张静庐辑注：《中国近代出版史料·初编》，第15—16页。

8 傅兰雅：《江南制造局翻译西书事略》(1880年)，张静庐辑注：《中国近代出版史料·初编》，第16—17页。

9 王树槐：《清末翻译名词的统一问题》，《中央研究院近代史研究所集刊》第1期，第51页。

10 王树槐：《清末翻译名词的统一问题》，《中央研究院近代史研究所集刊》第1期，第55页；王扬宗《清末益智书会统一科技术语工作述评》，《中国科技史料》1991年第2期，第12页。

11 王扬宗：《傅兰雅与近代中国的科学启蒙》第67、104页；王扬宗：《清末益智书会统一科技术语工作述评》，《中国科技史料》1991年第2期，第14页。

12 王扬宗：《清末益智书会统一科技术语工作述评》，《中国科技史料》1991年第2期，第15页；王扬宗《傅兰雅与近代中国的科学启蒙》第106—107页。

13 博医会的名词统一工作，参阅张大庆：《早期医学名词统一工作：博医会的努力和影响》，《中国医史杂志》第24卷第1期(1994)。

14 麦仲华编：《皇朝经世文新编》，卷5下，第43页。

15 王树槐：《清末翻译名词的统一问题》，《中央研究院近代史研究所集刊》第1期，第64页。

16 《有关京师大学堂附设编译局诸奏疏》，张静庐辑注：《中国近代出版史料·二编》，中华书局，1957年，第12页。

17 《奏定译学馆章程》，朱有瓛主编：《中国近代学制史料》第2辑(上册)，华东师范大学出版社，1987年，第883页。

18 赵匡华主编：《中国化学史·近现代卷》，第84—91页。

19 关于虞和钦在化学名词统一上的工作，参阅谢振声：《近代化学史上值得纪念的学者——虞和钦》，《中国科技史料》第25卷第3期(2004)。

20 《科学名词审查会记》，《中华医学会杂志》第7卷第3期(1921)，第175—177页。

21 《中国科学社纪事》，《科学》第2卷第5期，第590页。

22 郑贞文：《无机化学名词草案》，商务印书馆，1920年。

23 关于科学名词审查会的科学名词审查工作，除注明外皆来源于张大庆：《近代中国的科学名词审查活动(1915—1927)》，《自然辩证法通讯》1996年第5期。

24 《申报》，1926年7月5日。

25 中国科学社编：《中国科学社概况》(1931年1月刊)，林丽成等编注：《中国科学社档案整理与研究·发展历程史料》，上海科学技术出版社，2015年，第241页。

26 任鸿隽：《中国科学社社史简述》，林丽成等编注：《中国科学社档案资料整理与研究·发展历程史料》，第305页。

27 科学名词审查会：《化学名词·凡例》，1927年，转引自张澔：《中文化学术语的统一：1912—1945年》，《中国科技史料》第24卷第2期(2003)。

28 《科学名词审查会第一次化学名词审定本·序》，《东方杂志》第17卷第7号

(1920)，第120页。

29 鲁德馨汇编：《动植物学名词汇编（矿物名附）》，科学名词审查会，1935年，第Ⅰ页。

30 朱隐青：《驳教育部划一科学名词之咨文》，《学艺》第4号（1920），第117—118页。

31 陈方之等：《对于教育部审定医学名词第一卷质疑》，《学艺》第7卷第1期（1927），第1页。

32 曾昭抡：《二十年来中国化学之进展》，《科学》第19卷第10期。

33 罗家伦：《文化教育与青年》，商务印书馆，1947年，第38页。

34 曾昭抡：《二十年来中国化学之进展》，《科学》第19卷第10期，第1530页。

35 罗家伦：《中国若要有科学，科学应先说中国话》，《图书评论》第1卷第3期（1932），第4—5页。

36 关于南京国民政府成立后，商会组织面对政府强力所作的抵抗已有不少研究。可参阅赵利栋：《党、政府与民众团体——以上海市商民协会与商会总商会为中心》，《二十一世纪》网络版第2期（2002年5月）。

37 《国立编译馆一览》，1934年8月编印，第29—30页。

38 曾昭抡：《二十年来中国化学之进展》，《科学》第19卷第10期。

39 温昌斌：《民国时期国立编译馆及其科学名词审定工作》，《科技术语研究》2004年第3期。

40 《国立编译馆一览》，第30页。

41 陈可忠：《国立编译馆概况》，1940年11月编印，杜元载主编：《抗战时期之学术》，《革命文献》第59辑，中国国民党中央委员会党史史料编纂委员会，1972年，第414页。

42 《学术名词编订情况调查表》（根据前国立编译馆工作报告编制），《科学通报》第1卷第2期（1950），第123页。

43 阙疑生：《统一科学名词之重要》，《科学》第21卷第3期（1937）。

44 曹元宇：《教育部公布化学命名原则》，《图书评论》第2卷第9期（1934），第67页。

45 曹惠群：《算学名词汇编》，科学名词审查会，1938年，第Ⅲ页。

46 《国立编译馆一览》，第30—31页。

47 任南衡、张友余编著：《中国数学会史料》，江苏教育出版社，1995年，第33页。

48 顾澄：《译名难》，交通大学科学学院主办《科学通讯》第4期（1935年10月）。

49 国立编译馆编订：《数学名词》，正中书局，1945年，第5页。转引自任南衡、张友余编著：《中国数学会史料》第34—35页。姜立夫和熊庆来坚持用“算学”一词。

50 王冰：《中国早期物理学名词的审订与统一》，《自然科学史研究》1997年第3期。

51 萨本栋：《订正版弁言》，《普通物理学》（大学丛书），商务印书馆，1935年4版。

52 杨先珏：《杨肇嫌》，中国科学技术协会编：《中国科学技术专家传略·理学篇·物理学卷1》，中国科学技术出版社，1996年。

53 曾昭抡:《二十年来中国化学之进步》,《科学》第19卷第10期(1935)。

54 曹元宇:《教育部公布化学命名原则》,《图书评论》第2卷第9期(1934),第70页。

55 曾昭抡:《二十年来中国化学之进步》,《科学》第19卷第10期(1935)。

56 曹惠群:《算学名词汇编》,科学名词审查会,1938年,第Ⅲ—Ⅳ页。

57 阙疑生:《统一科学名词之重要》,《科学》第21卷第3期(1937),第181—182页。

58 张澔:《中文化学术语的统一:1912—1945年》,《中国科技史料》第24卷第2期(2003)。

## 第五章　科研机构体系的形成及其特征

1 欧七斤:《略述中国第一位物理学博士李复几》,《中国科技史杂志》2007年第2期。

2 穆祥桐等:《中国农业史系年要录》,《中国科技史料》第9卷第3期(1988)。

3 "函夏考文苑"的筹设与最终破产,参阅本书第七章:《学术评议与奖励系统的形成》,毕竟其筹设计划更与学术评议相关。

4 任鸿隽:《发明与研究》,《科学》第4卷第1期(1918)。

5 分载《科学》第4卷第1、2、10期(1918年9月、10月,1919年6月),第7卷第6期(1922年6月)。

6 《中国科学社第五次年会记事》,王良镭、何品编注:《中国科学社档案资料整理与研究·年会记录选编》,上海科学技术出版社,2020年,第59—60页。

7 杨铨:《科学与研究》,《科学》第5卷第7期(1920),第656页。

8 蔡元培:《我在北京大学的经历》,载陈平原等编:《北大旧事》,三联书店,1998年,第36—37页。

9 蔡元培:《就任北京大学校长之演说》,引自高平叔撰著:《蔡元培年谱长编》(中),人民教育出版社,1996年,第3—4页。

10 蔡元培1919年3月18日《答林琴南函》,高平叔撰著:《蔡元培年谱长编》(中),第175页。

11 蔡元培:《〈北京大学月刊〉发刊词》,《北京大学月刊》第1卷第1期(1919年1月)。

12 高平叔撰著:《蔡元培年谱长编》(中),第12页。

13 《本社请拨赔款关税上政府说帖并计划书》,《科学》第8卷第2期(1923),第192—195页。

14 目前相关中央研究院研究成果不少,并有继续深入的趋势,综合性研究成果主要有中央研究院总办事处秘书处编印:《中央研究院史初稿》(1988)、陈永发:《追求卓越:中央研究院八十年》卷一《任重道远》(2008)、陶英慧:《中研院六院长》(文汇出版社,2009)、黄丽安:《朱家骅与中央研究院》(国史馆,2010)、付邦红:《民国时期的科学计划与计划科学:以中央研究院为中心的考察》(中国科学技术出版社,2015)等。

15 这一天被作为中央研究院院庆日。中央研究院总办事处秘书组编印：《中央研究院史初稿》，第2页。

16 各研究机构变化情形参阅国立中央研究院文书处编：《国立中央研究院概况》（中华民国十七年六月至三十七年六月）。

17《国立北平研究院概况》（民国十八年九月至三十七年八月）；《国立北平研究院概况》（民国二十二年七月编印）。北平研究院综合性研究成果有刘晓：《国立北平研究院简史》（中国科学技术出版社，2014年）。

18《国立北平研究院五周年工作报告》（民国二十三年九月九日）。

19 林文照先生认为中央研究院是全国性科研机构，北平研究院是地区性科研机构。见氏著：《北平研究院历史概述》[《中国科技史料》第10卷第1期（1989）]、《北平研究院的建立与发展》（载董光璧：《中国近现代科学技术史》，第359—374页）。

20 关于各研究机构变化情况，参阅《国立北平研究院概况》（民国十八年九月至三十七年八月）。

21 吴大猷述，黄伟彦、叶铭汉、戴念祖整理，柳怀祖编：《早期中国物理发展之回忆》，上海科学技术出版社，2006年，第62—71页。

22《中国地质调查所概况》（本所成立十五周年纪念刊），1931年，第1—2页。地质调查所综合性研究成果有张九辰：《地质学与民国社会：中央地质调查所研究》，山东教育出版社，2005年。

23《中国地质调查所概况》（本所成立十五周年纪念刊），第3—4页。

24 程裕淇、陈梦熊主编：《前地质调查所的历史回顾：历史评述与主要贡献》，地质出版社，1996年，第1—25页。

25 程裕淇、陈梦熊主编：《前地质调查所的历史回顾：历史评述与主要贡献》，第327—328页。

26 参阅张柏春：《中央工业试验所的机械工程试验、设计与制造》（《中国科技史料》1990年第2期）、王俊明：《民国时期的中央工业试验所》（《中国科技史料》2003年第3期）等。

27 教育年鉴编纂委员会：《第二次教育年鉴》（民国二十三年至三十六年）第六编：《学术文化》，第19—20页；王聿均：《抗战时期中农所之发展和贡献》，中央研究院近代史研究所编：《近代中国农村经济史论文集》，中央研究院近代史研究所，1989年。

28 上述从中央畜牧实验所到中央水产实验所，参阅教育年鉴编纂委员会：《第二次中国教育年鉴》（民国二十三年至三十六年）第6编：《学术文化》，第20—21页。

29 程鹏举、周魁一：《中国第一水工试验所始末》，《中国科技史料》1988年第2期。

30 教育年鉴编纂委员会：《第二次中国教育年鉴》（民国二十三年至三十六年）第6编：《学术文化》，第21—23页；中国水利国际合作与科技网（http://www.cws.net.cn/）。

31 http://www.ahmu.edu.cn/website2/jingpingkecheng/2005/wgja/wssyfzjs.doc。2006 年

10月15日上网。

32 王奂若：《俞大维功业、典范永存——纪念俞大维先生逝世十周年而作》，《传记文学》（台北）2003年第7期。

33 傅海辉：《抗日战争时期的航空研究院及其历史价值》，《中国科技史料》1998年第3期。

34 中国第二历史档案馆编：《中华民国史档案资料汇编》第五辑《教育》（二），第1396页。

35 教育年鉴编纂委员会：《第二次中国教育年鉴》（民国二十三年至三十六年）第六编：《学术文化》，第12—14页。

36 李春昱：《中国之地质工作》（行政院新闻局印行，1947年11月），载杜元载主编：《抗战时期之学术》，《革命文献》第59辑，中国国民党中央委员会党史史料编纂委员会，1972年。

37 中国第二历史档案馆编：《中华民国史档案资料汇编》第5辑第1编：《教育》（二），第1396—1401页。

38 吕芳上：《抗战前江西的农业改良与农村改进事业（1933—1937）》，载中央研究院近代史研究所编：《近代中国农村经济史论文集》。

39 江西农业院、浙江农业改进所、华北农业科学研究所三机构资料来源，参见胡先骕著，胡宗刚整理：《近世中国农业研究机构概况》，《中国科技史料》2004年第1期。

40 孔玲：《抗战时期"贵州农业改进所"对贵州农业经济开发的推动作用》，《贵州社会科学》1995年第3期。

41 教育年鉴编纂委员会：《第二次中国教育年鉴》（民国二十三年至三十六年）第6编：《学术文化》，第23—35页。

42 李先闻：《李先闻自述》，湖南教育出版社，2009年，第119—121页。

43 王学珍、郭建荣主编：《北京大学史料》第2卷，第1331、1336页。

44 史贵全：《抗日战争前的交通大学研究所》，《自然辩证法通讯》2002年第5期。

45 教育年鉴编纂委员会：《第二次中国教育年鉴》（民国二十三年至三十六年）第五编《高等教育》，第86页。

46 中国第二历史档案馆编：《中华民国史档案资料汇编》第5辑第1编：《教育》（二），第1383—1385页。

47 中国第二历史档案馆编：《中华民国史档案资料汇编》第5辑第1编：《教育》（二），第1406—1407页。该资料汇编说颁布时间为1931年4月，根据《研究院组织规程》第8条"在学位法未颁布以前，各研究生研究期限暂定为至少二年"。可见，"学位法"颁布在《研究院组织规程》后，而且这也符合学位授予自然在研究生毕业时的常理。《第二次中国教育年鉴》载明为1935年。

48 蔡元培：《论大学应设各科研究所之理由》（1935年1月），高平叔编：《蔡元培全集》第6卷，第475页。

49 杜元载主编：《抗战前之高等教育》，《革命文献》第56辑，中国国民党中央委员会党史史料编纂委员会，1971年，第157—159页。

50 王学珍、郭建荣主编 :《北京大学史料》第 2 卷，第 575、583—584、1321—1324、1358 页。

51 教育年鉴编纂委员会 :《第二次中国教育年鉴》(民国二十三年至三十六年）第 5 编 :《高等教育》，第 80 页。

52《国立清华大学农业研究所 1938 年春至 1941 年春工作概况》，清华大学校史研究室 :《清华大学史料选编》第 3 卷（上），清华大学出版社，1994 年，第 159—172 页。

53 [美] 艾尔曼著，赵刚译 :《从理学到朴学——中华帝国晚期思想与社会变化面面观》，江苏人民出版社，1995 年，第 66、70—80 页。

54 胡先骕 :《中国科学发达之展望》,《科学》第 20 卷第 10 期，第 793 页。

55 关于中国科学社生物研究所目前学术界已取得比较丰硕的研究成果，比较重要的有已故台湾学者陈胜崑先生在台湾师大完成的硕士论文 :《中国科学社生物研究所之研究》(1985 年，多谢中央研究院谢国兴先生惠赠该文)。拙著 :《赛先生在中国 :中国科学社研究》也有专章分析，可参阅。

56 胡适 1935 年 10 月 24 日在中国科学社上海社友会演讲中的话,《科学》第 20 卷第 11 期（1935）。

57《生物研究所报告》,《中国科学社第十九次年会记事录》，中国科学社，1934 年，第 20 页。

58《生物研究所报告》,《中国科学社第二十次年会记事》，中国科学社，1935 年，第 19 页。

59 吴大猷 :《吴大猷科学哲学文集》，社会科学文献出版社，1996 年，第 323 页。

60 胡宗刚先生对该机构多有研究，集中体现在其专书 :《静生生物调查所史稿》(山东教育出版社，2005 年)。

61 主要参考赵宇晓、陈益升 :《中国西部科学院》[《中国科技史料》第 12 卷第 2 期（1991）]、张藜 :《中国西部科学院理化研究所始末》[《中国科技史料》第 16 卷第 2 期（1995）]。

62《上海化学工业志》，上海社会科学院出版社，1997 年，第 468 页。

63《上海医药志》，上海社会科学院出版社，1996 年，第 449—450 页。

64 董光璧 :《中国近现代科学技术史》，第 750 页。进一步阅读可参阅陈歆文、周嘉华《永利与黄海 :近代中国化工的典范》，山东教育出版社，2006 年。

65 *Cultural Imperialism and Exact Science: German Expansion Overseas,1900–1937*, NewYork: Peter Lang,1985.

66 吕炯 :《二十年来中国气象学之进展》,《科学》第 19 卷第 10 期，第 1615—1621 页 ;《上海科学技术志》，上海社会科学院出版社，1996 年，第 115—117、408—409 页 ;《上海气象志》第 16 篇《徐家汇观象台》，上海社会科学院出版社，1997 年。

67 董光璧主编 :《中国现代科学技术史》，第 706 页。

68 曾昭抡 :《二十年来中国化学之进展》,《科学》第 19 卷第 10 期。

69《上海科学技术志》，第 127 页。

70 梁波等：《日本在中国的殖民科研机构——“满铁中央试验所”》，《中国科技史料》第22卷第2期（2001），满铁中央工业试验所情况参阅该文。
71 刘国华：《伪满洲国大陆科学院》，《中国科技史料》第7卷第4期（1986）。
72 梁波等：《日本在中国的殖民科研机构——上海自然科学研究所》，《中国科技史料》2002年第3期。
73 任鸿隽：《十年来中基会事业的回顾》，樊洪业等编：《科学救国之梦：任鸿隽文存》，第526页。相关民国科学发展战略的初步探讨可参阅拙文《任鸿隽的科学发展战略及其对民国科学发展的影响》，《科学》2006年第5期。
74 张子高讲演，周邦道记述：《科学发达略史》，第248—249页。
75 徐鼎新先生在其专书：《中国近代企业的科技力量与科技效应》（上海社会科学院出版社，1995年）中对工业企业的科研成就有所论列，可参阅。
76 高平叔编：《蔡元培全集》第7卷，中华书局，1989年，第180页。
77 夏鼐：《中央研究院第一届院士的分析》，《观察》第5卷14期。
78 吴大猷：《吴大猷文选》，第7册，第101页。
79 张洪沅：《研究经费与工商业》，《科学画报》第3卷第19期（1936年5月1日）。
80 樊洪业主编：《中国科学院编年史》（1949—1999），上海科技教育出版社，1999年，第2页；《建立人民科学院草案》（中国科学院档案：办永50-1），《中国科技史料》第21卷第4期（2000年），第333—338页。
81 李先闻：《李先闻自述》，第143—148页。
82 吴大猷：《吴大猷文选》，第7册，第108—109页。
83 陈建新等主编：《当代中国科学技术发展史》，湖北教育出版社，1994年，第4页。

## 第六章　科学社团的发展及其功能演化

1 Sally G. Kohlstedt eal., *The Establishment of Science in America : 150 Years of the American Association for the Advancement of Science*, Rutgers University Press, 1999.p13.
2 任鸿隽：《外国科学社及本社之历史》，《科学》第3卷第1期，第2—3页。
3 刘健清等撰：《中华文化通志·社团志》，上海人民出版社，1998年，第4页。
4 王家范：《晚明江南士大夫的历史命运》，氏著：《百年颠沛与千年往复》，上海远东出版社，2001年。
5 英文名分别为 China Branch of the Royal Asiatic Society、the Royal Asiatic Society Hong-Kong、The Shanghai Literary and Scientific Society、North-China Branch of the Royal Asiatic Society。关于皇家亚洲文会北中国支会情况，可参阅王毅：《皇家亚洲文会北中国支会研究》，上海书店出版社，2005年。
6 《中西闻见录》第28号（1874年12月），第22页。
7 梁溪瘦鹤嗣人邹弢：《益智会弁言》，原载1889年11月《万国公报》，引自何志平等编：《中国科学技术团体》，上海科学普及出版社，1990年，第7页。
8 林文照：《中国近代科技社团的建立及其社会思想基础》，王渝生主编：《第七届国际中国科学史会议文集》，大象出版社，1999年。值得注意的是，林先生将一些明显非科学社团的组织也予以统计，如强学会、上海强学会完全是政治性团体。

9 赵匡华主编:《中国化学史·近现代卷》,第538—541页。
10 参阅拙著《赛先生在中国:中国科学社研究》第86—88页。
11 房正:《近代工程师群体的民间领袖——中国工程师学会研究》(1912—1950),经济日报出版社,2014年,第42页。
12 茅以升:《中国工程师学会简史》,《文史资料选辑》第100辑。
13 房正:《近代工程师群体的民间领袖——中国工程师学会研究》(1912—1950),第43页。
14 关于中国科学社简要发展历史及其事业成就,可参阅任鸿隽:《中国科学社社史简述》(《文史资料选辑》第15辑,中华书局,1961年)。专业性研究可参阅《赛先生在中国:中国科学社研究》。
15《丙辰学社社章》,何志平等编:《中国科学技术团体》,第107—110页。
16 范岱年:《一个曾致力于人文与科学交融的学术团体及其刊物——中华学艺社和〈学艺〉杂志的兴衰》,《科学文化评论》第1卷第3期(2004)。
17 罗家伦:《今日中国之杂志界》,《新潮》第1卷第4号。
18《中华学艺社社章》,何志平等编:《中国科学技术团体》,第118—122页。
19 欧阳亮:《中华学艺社社章》,华东师范大学历史系2004年硕士论文,第12—13页。
20 沈其益、杨浪明:《中华自然科学社简史》,何志平等编:《中国科学技术团体》,第138—153页。
21《组织中国科学工作者协会缘起》《中国科学工作者协会总章》,何志平等编:《中国科学技术团体》,第205、208页。
22 王弭力主编:《中国地质学会八十周年记事》,地质出版社,2002年。
23 吴承洛:《中国化学会成立缘起及一年来经过概要》,《化学》第1卷第1期,第119—120页。
24 张闯主编:《中国物理学会八十年》(1932—2012),中国科学技术出版社,2012年。
25 任南衡、张友余编:《中国数学会史料》,第30页。
26 参阅[英]亨利·莱昂斯著,陈先贵译,罗丽青校:《英国皇家学会史》(云南省机械工程学会、云南省学会研究会,无出版时间)第一章“无形学院”和第二章“学会的创立”;斯蒂芬·梅森著,上海自然科学哲学著作编译组译:《自然科学史》,上海人民出版社,1977年,第240页。
27《中国科学社总章》,《科学》第2卷第1期,第130页。
28《特别职员会通告》,《科学》第3卷第7期,第819页;《特别职员会经过》《特别职员会报告》,《科学》第3卷第8期,第913—915页。
29《分股委员会报告》,《科学》第4卷第1期,第86页。
30 [英]亨利·莱昂斯著,陈先贵译:《英国皇家学会史》,第263页。
31 [英]亨利·莱昂斯著,陈先贵译:《英国皇家学会史》,第274—275页。
32《科学》第8卷第9期,第989页。
33《中国科学社北京年会纪事录·书记报告》,中国科学社,1925年。
34《中国科学社北京年会纪事录·书记报告》。

35《中国科学社第十一次年会记事》,《科学》第 11 卷第 10 期，第 1471—1475 页。
36《中国科学社第十九次年会纪事录》，中国科学社，1934 年，第 19—21 页。
37 刘咸 :《中国科学社第二十次年会记》,《科学》第 19 卷第 10 期，第 1646—1647 页。
38 刘咸 :《本社第二十一次年会记事》,《科学》第 20 卷第 10 期，第 877—878 页。
39《中国科学化运动协会章程》《中国科学化运动协会发起旨趣书》，载何志平等编 :《中国科学团体》，第 166、167 页。
40 顾毓琇 :《七科学团体联合年会的意义和使命》,《科学》第 20 卷第 10 期，第 794—795 页。
41 范寿康 :《范寿康教育文集》，浙江教育出版社，1989 年，第 328 页。
42 竺可桢 :《思想自传》，樊洪业主编 :《竺可桢全集》第 4 卷，上海科技教育出版社，2004 年，第 89—90 页。
43 [ 英 ] 罗素 :《中国问题》，学林出版社，1997 年，第 174 页。
44 沈宗瀚 :《沈宗瀚自述 · 克难苦学记》，第 73 页。当时上海称人物之佳者为“大英货”，反之则称“东洋货”，“两国出品之优劣，于此可见”。陈伯熙编著 :《上海轶事大观》，上海书店，2000 年，第 80 页。
45 杨浪明、沈其益 :《中华自然科学社简史》。
46 见他对郭正昭先生《“中国科学社”与中国近代科学化运动》一文的点评。郭正昭 :《中国科学社与中国近代科学化运动（1914—1935）——民国学会个案探讨之一》，中华民国史料研究中心编 :《中国现代史专题研究报告》第 1 辑，（台北）中华民国史料研究中心，1985 年再版。
47 傅慧、邓宗禹 :《医学界的英美派与德日派之争》,《文史资料选辑》第 119 辑，中国文史出版社，1989 年。
48 顾潮 :《历劫终教志不灰 : 我的父亲顾颉刚》，华东师范大学出版社，1997 年，第 102 页。
49 李先闻 :《李先闻自述》，第 52 页。
50 任鸿隽 :《外国科学社及本社之历史》,《科学》第 3 卷第 1 期。
51《中国科学社卅六年来的总结报告》，第 14 页。关于中国科学社年会的具体演化变迁参阅拙著《赛先生在中国 : 中国科学社研究》第十章《年会与学术交流体系的形成》。
52 茅以升 :《中国工程师学会简史》,《文史资料选辑》第 100 辑，第 141—142 页。
53 曾昭抡 :《中国化学会前途的展望》,《化学通讯》第 1 卷第 19 期 ; 同载《一代宗师——曾昭抡百年诞辰纪念文集》，北京大学出版社，1999 年。
54 袁翰青 :《关于科学论文的管见》,《科学》第 20 卷第 11 期，第 937—938 页。
55 王普 :《关于我国物理教学及研究几点意见》,《科学》第 23 卷第 12 期。
56 重熙 :《论科学团体之年会》,《科学》第 21 卷第 8 期，第 603—604 页。
57 袁翰青 :《关于科学论文的管见》,《科学》第 20 卷第 11 期，第 937—938 页。
58《中国科学社附设科学咨询处通告》,《科学》第 13 卷第 5 期。
59 [ 卢于 ] 道、[ 刘 ] 咸 :《迎民国二十五年》,《科学》第 20 卷第 1 期，第 1—3 页。

60 刘咸：《苏联科学院》,《科学》第20卷第8期，第619—622页。
61 曾昭抡：《国难时期科学界同人应负的责任》,《科学》第20卷第4期，第255—256页。
62 参阅拙文《学术与政治：1930年中央研究院院址之争》,《学术月刊》2013年第4期。
63 竺可桢等编：《科学的民族复兴》，中国科学公司，1937年。
64 《中国科学社第十七次年会纪事录》，中国科学社，1932年，第6页。
65 《中国科学社第十八次年会纪事》,《科学》第18卷第1期。
66 《临时全国代表大会宣言》,《申报》1938年4月3日（汉口版）第3版。
67 参阅拙文《传播科学、提升民族素质以抗战建国——中国科学社主编〈申报〉“科学与人生”周刊分析》,《科学技术哲学研究》第30卷第1期。
68 参阅周锡瑞等主编：《1943：中国在十字路口》，社会科学文献出版社，2016年。
69 参阅《大公报》1943年7月19—22日相关报道。
70 《本社三十周年纪念大会暨二十四届年会记》,《科学》第27卷9至12期，第70—77页。
71 任鸿隽：《我们的科学怎么样了》,《科学画报》第12卷第5期。
72 《组织中国科学工作者协会缘起》，何志平等编：《中国科学技术团体》，第203—204页。
73 《组织中国科学工作者协会缘起》，何志平等编：《中国科学技术团体》，第205页。
74 《七科学团体联合年会宣言》,《科学》第29卷第10期，第291页。
75 《南京十团体年会》,《科学》第30卷第11期，第345—347页。

## 第七章　学术评议与奖励系统的形成

1 ［美］R. K. 默顿著，鲁旭东、林聚任译：《科学社会学》，商务印书馆，2003年，第394—395页。
2 对民国学术评议奖励制度建设与学术发展关系的进一步研究，可参阅待出版拙著《民国学术评议制度的创建与学术发展研究》。
3 《推定考文苑员之姓氏》,《新闻报》1912年12月15日第3版。
4 马相伯：《函夏考文苑议》，朱维铮主编：《马相伯集》，复旦大学出版社，1996年，第128页。
5 马相伯：《函夏考文苑议》,《马相伯集》，第128页。
6 马相伯：《为函夏考文苑事至袁总统条呈》,《马相伯集》，第129页。
7 《考文苑组织之先声》,《申报》1913年10月25日第3版。
8 参阅樊洪业：《马相伯与函夏考文苑》,《中国科技史料》1989年第4期。
9 《章太炎漂泊无聊之身世》,《申报》1913年12月2日第6版。
10 《专电》,《申报》1913年12月4日第2版。
11 远生：《记太炎》,《申报》1914年1月14日第3版。
12 《考文苑之组织法》,《新闻报》1914年3月26日第3版。
13 《考文苑之组织法》,《新闻报》1914年3月26日第3版。

14《组织声中之新馆院》,《申报》1914年5月28日第6版。
15 康有为:《拟中华民国宪法草案》,姜义华、张荣华编校:《康有为全集》第10卷,中国人民大学出版社,2007年,第79—80页。
16《中华民国国会组织法》《参议院议员选举法案》(续),《申报》1912年8月13日第1版。
17《中央学会选举议员之筹备》,《申报》1912年9月9日第3版。
18《中央学会之选举思潮》,《申报》1912年12月17日第3版。
19《中央学会议员废止之决定》,《申报》1913年12月1日第6版。
20《教育部关于中央学会法应停止施行呈》,中国第二历史档案馆编:《中华民国史档案资料汇编》第3辑《教育》,第725页。
21《译电》,《申报》1914年7月30日第2版。
22《最近之中央选举界》,《申报》1918年6月19日第6版。
23 伍连德著,程光胜、马学博译:《鼠疫斗士——伍连德自述》(下),湖南教育出版社,2012年,第402页。
24《储材馆变为学术评定会之来因去果》,《申报》1914年5月31日第6版。
25《奖学基金与学术评定会》,《申报》1914年7月13日第6版。
26 蔡鸿源主编:《民国法规集成》第27册,黄山书社,1999年,第251—252页。
27《奖学基金与学术评定会》,《申报》1914年7月13日第6版。
28 远生:《各部近闻》,《申报》1914年9月8日第6版。
29《改订声中之各项机关》,《申报》1915年1月1日第6版。
30《币制委员会与学术评定会》,《申报》1915年3月10日第6版。
31 中国科学技术协会编:《中国科学技术专家传略·工程技术编·冶金卷1》,中国科学技术出版社,1995年,第10页。
32《中国地质学会设立葛氏奖章》,《科学》第11卷第6期,第839—840页。
33 王仰之:《中国地质学简史》,中国科学技术出版社,1994年,第187页。
34《本会将设学生研究奖金》,《地质论评》第5卷第4期,第365页。
35 何品、王良镭编注:《中国科学社档案资料整理与研究·董理事会会议记录》,上海科学技术出版社,2017年,第173页。
36 [德]爱文·李克著,周宗琦译:《医疗中的奇迹》,中国科学图书仪器公司,1936年7月初版,1939年12月再版。
37 何品、王良镭编注:《中国科学社档案资料整理与研究·董理事会会议记录》,第248—249页。
38 1928年11月9日国民政府公布,1935年5月27日、1936年11月6日、1943年11月17日、1947年3月13日经过四次修正公布。
39 蔡元培:《中央研究院与中国科学研究概况》,高平叔编:《蔡元培全集》第6卷,第607页。
40 国立中央研究院文书处编:《国立中央研究院十七年度总报告》,第55页。
41 国立中央研究院文书处编:《国立中央研究院十七年度总报告》,第68页。
42 国立中央研究院文书处编:《国立中央研究院二十年度总报告》,第46页。

43 中央研究院总办事处秘书组编印：《中央研究院史初稿》，第167页。
44 国立中央研究院文书处编：《国立中央研究院首届评议会第一次报告》，第23—26页。
45 国立中央研究院文书处编：《国立中央研究院首届评议会第一次报告》，第10—11页。
46 国立中央研究院文书处编：《国立中央研究院首届评议会第一次报告》，第28—30页。
47 徐明华：《中央研究院与中国科学研究的体制化》，《中央研究院近代史研究所集刊》第22期（下册）。
48 朱家骅：《丁文江与中央研究院》（1956年10月），王聿均等编：《朱家骅先生言论集》，中央研究院近代史研究所史料丛刊（3），1977年，第749页。
49 观化［刘咸］：《国立中央研究院评议会成立》，《科学》第19卷第6期，第825—828页。
50 蔡元培：《中央研究院与中国科学研究概况》，高平叔编：《蔡元培全集》第6卷，第608页。
51 胡适：《丁文江这个人》，《独立评论》第188期（1936年2月26日）。
52 蔡元培：《中央研究院与中国科学研究概况》，高平叔编：《蔡元培全集》第6卷，第606—607页。
53 蔡元培：《中央研究院与中国科学研究概况》，高平叔编：《蔡元培全集》第6卷，第609—611页。
54 关于评议会成立后评议员们积极提案要求学术研究与解决国家实际急需问题相结合这一问题，参阅段异兵、樊洪业：《1935年中央研究院使命的转变》，《自然辩证法通讯》2000年第5期。
55 王汎森、潘光哲、吴政上主编：《傅斯年遗札》第2卷，中央研究院历史语言研究所，2011年，第795页。
56 国立中央研究院文书处：《国立中央研究院首届评议会第一次报告》，第10—11、18页。
57 樊洪业主编：《竺可桢全集》第7卷，第310页。
58 《中央研究院院长候补人选》，《申报》1940年3月16日第3版。
59 王汎森、潘光哲、吴政上主编：《傅斯年遗札》第2卷，第1097页。
60 中国社会科学院近代史研究所中华民国史组编：《胡适来往书信选》（中册），第464页。
61 樊洪业主编：《竺可桢全集》第7卷，第321页。
62 周雷鸣：《中央研究院改隶风波探析》，《民国档案》2015年第2期。
63 陈勇开、吉雷、邹伟选编：《国立中央研究院评议会第二届历次年会记录》，《民国档案》2018年第3期。
64 樊洪业主编：《竺可桢全集》第8卷，上海科技教育出版社，2005年，第306页。
65 《教育部学术审议委员会历次会议记录决议及有关文书》，中国第二历史档案馆藏档案，国民政府教育部—五—1349，第65页。

66 中国第二历史档案馆编：《中华民国史档案资料汇编》第5辑第2编《教育》（一），第79—80页。

67 陈之迈：《中国政府》，上海人民出版社，2015年，第213页。

68 《教育部学术审议委员会历次会议记录决议及有关文书》，中国第二历史档案馆藏档案，国民政府教育部档案—五—1349，第309页。

69 《教育部学术审议委员会组织条例草案、工作概况等文件》，中国第二历史档案馆藏档案，国民政府教育部—五—1347，第6页。

70 学术审议会设立专门委员，有陈东原、吴正华、任泰、张北海、汪懋祖、黎东方、高阳等人。

71 《教育部学术审议委员会历次会议记录决议及有关文书》，中国第二历史档案馆藏档案，国民政府教育部档案—五—1349，第274—280页。

72 杜元载主编：《抗战时期教育》，《革命文献》第58辑，第344页。

73 中国第二历史档案馆编：《中华民国史档案资料汇编》第五辑第三编《教育》（二），第180页。

74 樊洪业主编：《竺可桢全集》第8卷，第689页。

75 国立中央研究院文书处：《国立中央研究院概况》（民国十七年六月至三十七年六月），第11页。

76 《国立中央研究院概况》（民国十七年六月至三十七年六月），第4页。

77 王聿均等编：《朱家骅先生言论集》，中央研究院近代史研究所史料丛刊（3），1977年，第5—6页。

78 转引自郭金海：《1948年中央研究院第一次院士会议》，《中国科技史杂志》2007年第1期。

## 第八章　科学家社会角色的形成及其演化

1 任鸿隽：《何为科学家》，《科学》第4卷第10期，第917—924页。任鸿隽该文已经成为中国科学社会学发展的经典性文本，至今大多数中国人对科学家职业角色的认知还远未达到他的水平与高度。

2 ［波］弗·兹纳涅茨基著，郏斌祥译：《知识人的社会角色》，译林出版社，2000年，第8—16、138—144页。

3 刘珺珺：《科学社会学》，第130—131页。

4 ［以］约瑟夫·本－戴维著，刘晓译：《科学家在社会中的角色：一项比较研究》，第38页。

5 ［德］马克斯·韦伯著，王容芬译：《儒教与道教》，商务印书馆，2002年，第298页。

6 张晶萍：《乾嘉学者的学术交流》，《安徽史学》，2002年第2期。

7 洪万生：《古荷池精舍的算学新芽：丁取忠学圈与西方代数》，《汉学研究》第14卷第2期（1996）。

8 王渝生：《李善兰》，杜石然主编：《中国古代科学家传记》（下集），第1210—1225页。

9 曾敬民：《徐寿》，杜石然主编：《中国古代科学家传记》（下集），第1230—1239页。
10 王渝生：《华蘅芳》，杜石然主编：《中国古代科学家传记》（下集），第1245—1252页。
11 王锦光等：《张福僖》，沈渭滨主编：《近代中国科学家》，第80—85页。
12 王渝生：《李善兰》，杜石然主编：《中国古代科学家传记》（下集），第1210—1225页。
13 中国史学会编：《中国近代史资料丛刊·洋务运动》，第8册，上海人民出版社，2006年，第17—18页。
14 洪万生：《同文馆算学教习李善兰》，杨翠华、黄一农主编《近代科技史论集》，中央研究院近代史研究所、清华大学历史研究所，1996年；田淼《清末数学教育对中国数学家的职业化影响》，《自然科学史研究》1998年第2期。
15 汪晓勤：《中西科学交流的功臣——伟烈亚力》，第27—28页。
16 曾敬民：《徐建寅》，杜石然主编：《中国古代科学家传记》（下集），第125—1259页。
17 张平：《邹代钧》，杜石然主编：《中国古代科学家传记》（下集），第1268—1273页。
18 关于留美幼童回国后在工程技术界的活动，除注明外，主要参阅石霓《观念与悲剧：晚清留美幼童命运剖析》（上海人民出版社，2000年）、胡光麃《中国现代化的历程》（台北传记文学出版社，1981年）相关章节。
19 童大埙：《詹天佑》，《科学家传记大词典》编辑组《中国现代科学家传记》第1集，科学出版社，1991年。
20《上海邮电志》，上海社会科学院出版社，1999年，第762页。
21 王信忠：《福州船厂派赴欧洲留学生名录》，陈学恂等编《中国近代教育史资料汇编·留学教育》，上海教育出版社，1991年，第251—256页。
22 樊百川：《清季的洋务新政》第1卷，上海书店出版社，2003年，第667—673页。
23 林庆元：《魏瀚》，沈渭滨主编：《近代中国科学家》，第190—199页。
24 陶少杰：《李维格》，《中国科学技术专家传略·工学编·冶金1》。参阅网站http://www.kxj.cpst.net.cn。
25 汪常明：《中国近代第一位留美医学博士舒高第》，《中国科技史杂志》2018年第2期。
26 樊百川：《清季的洋务新政》第1卷，第582页。
27 吴文俊主编：《中国数学史大系》第8卷，北京师范大学出版社，2000年，第275页。
28 吴文俊主编：《中国数学史大系》第8卷，第273页。
29 中国史学会主编：《洋务运动》第8册，第526—528页。
30 陈真编：《中国近代工业史资料》第三辑，三联书店，1961年，第77、79页。
31 王韬：《弢园文录外编》，中华书局，1959年，第32页。
32 关于留日留美学生群体行为表现的差异是一个值得研究的课题，周策纵先生在

《五四运动：现代中国的思想革命》(周子平等译，江苏人民出版社，1996 年)一书有所阐述。
33 戴念祖：《夏元瑮》，中国科学技术协会编：《中国科学技术专家传略·理学编·物理学卷 1》。
34 高希尧：《吴在渊》，《科学家传记大词典》编辑组编：《中国现代科学家传记》第 6 集，第 5—10 页。
35 戴念祖：《夏元瑮》，中国科学技术协会编：《中国科学技术专家传略·理学编·物理学卷 1》。
36 顾潮：《历劫终教志不灰——我的父亲顾颉刚》，华东师范大学出版社，1997 年，第 132 页。
37 李毅士：《留学时代之丁在君》，《独立评论》第 208 号(1936 年 7 月 5 日)。
38 樊洪业：《20 世纪中国科学精英的年龄分布状况及其教育背景考察》，王渝生主编：《第七届国际中国科学史会议文集》，大象出版社，1999 年。
39 吴大猷：《吴大猷文选》，第 3 册，(台北)远流出版事业有限公司，1986 年，第 161 页。
40 朱家骅：《九个月来教育部整理全国教育之说明》(1932 年 11 月 25 日)，王聿均等编《朱家骅先生言论集》，第 139—140 页。
41 费孝通：《师承·补课·治学》，北京三联书店，2002 年，第 14 页。
42 饶毓泰对北大物理系的改造参阅拙文《饶毓泰与北京大学物理系》，《科学文化评论》2015 年第 6 期。
43 [美]西德尼·罗斯著，张焮译：《"科学家"的源流》，《科学文化评论》2011 年第 6 期。
44 [以]约瑟夫·本-戴维著，刘晓译：《科学家在社会中的角色：一项比较研究》，第 216 页。
45 陶孟和：《再论科学研究》，《现代评论》第 119 期(1927 年 3 月 19 日)
46 汪敬熙：《论中国今日之科学杂志》，《独立评论》第 19 号(1932 年 9 月 18 日)。
47 [英]G. H. 哈代等著，毛虹等译：《科学家的辩白》，江苏人民出版社，1999 年，第 149 页。
48 转引自[美]刘易斯·科塞著，郭方等译：《理念人：一项社会学的考察》，中央编译出版社，2001 年，第 1 页。
49 王大明：《试论二、三十年代中国科学家的社会声望问题》，《自然辩证法通讯》第 10 卷第 6 期。
50 余英时：《论士衡史》，上海文艺出版社，1999 年，第 17 页。
51 樊洪业主编：《竺可桢全集》，第 7 卷，第 90 页。
52 R.A. 萨亦乐：《科学家与社会进步》，《科学》第 30 卷第 12 期，第 356 页。
53 简贯三编著：《科学运动与反读书思潮》，独立出版社、国民出版社，1933 年，第 27 页。
54《十年来留美学生学科之消长》，《科学》第 7 卷第 10 期，第 1093 页。
55 陶东风：《中心与边缘的位移——中国知识精英内部结构的变迁》，《东方》1994

年第 4 期。
56 朱家骅 :《科学研究之意见》，王聿均等编 :《朱家骅先生言论集》，第 9 页。
57 国联教育考察团著，国立编译馆译 :《中国教育之改进》，第 165 页。
58 《申报》1933 年 5 月 22 日。鲁迅先生曾以此等材料写成杂文《智识过剩》予以讥讽。见《准风月谈》,《鲁迅全集》第 5 卷，第 224—225 页。
59 樊洪业主编 :《竺可桢全集》，第 7 卷，第 465 页。
60 吴学昭整理 :《吴宓日记》第 2 册，三联书店，1998 年，第 100—101 页。
61 [ 美 ] 罗伯特 · 默顿著，范岱年等译 :《十七世纪英国的科学、技术与社会》，“1970 年再版前言”，第 19 页。
62 钱宝琮 :《吾国自然科学不发达的原因》，转引自竺可桢《为什么中国古代没有产生自然科学》,《科学》第 28 卷第 3 期，第 137 页。
63 竺可桢 :《为什么中国古代没有产生自然科学》,《科学》第 28 卷第 3 期，第 141 页。
64 殷海光 :《中国文化的展望》，上海三联书店，2002 年，第 425—426 页。
65 [ 英 ] J.D. 贝尔纳著，陈体芳译 :《科学的社会功能》，商务印书馆，1985 年，第 305 页注释。

## 结束语

1 陈寅恪 :《吾国学术之现状及清华之职责》,《金明馆丛稿二编》，三联书店，2001 年，第 361—363 页。
2 李春昱 :《中国之地质工作》，行政院新闻局印行，1947 年 11 月。
3 董光璧主编 :《中国近现代科学技术史》，第 629—630 页。
4 张子高讲演，周邦道记述 :《科学发达略史》，第 248 页。
5 任鸿隽 :《五十年来的科学》，樊洪业等编 :《科学救国之梦 : 任鸿隽文存》，第 582 页。
6 董光璧 :《中国近现代科学技术史》，第 689 页。
7 任鸿隽 :《五十年来的科学》，樊洪业等编 :《科学救国之梦 : 任鸿隽文存》，第 583 页。
8 任鸿隽 :《五十年来的科学》，樊洪业等编 :《科学救国之梦 : 任鸿隽文存》，第 587 页。
9 戴念祖主编，王士平等著 :《中国物理学史大系 · 近代物理学史》“前言”第 3 页。
10 严济慈 :《二十年来中国物理学之进展》,《科学》第 19 卷第 11 期。
11 戴念祖主编，王士平等著 :《中国物理学史大系 · 近代物理学史》“前言”第 4 页。
12 李炳安、杨振宁 :《赵忠尧与电子对产生和电子对湮灭》《王淦昌先生与中微子的发现》，同载《杨振宁文集》，华东师范大学出版社，1998 年。
13 赵匡华主编 :《中国化学史 · 近现代卷》，第 270 页。
14 任鸿隽 :《五十年来的科学》，樊洪业等编 :《科学救国之梦 : 任鸿隽文存》，第 585 页。
15 严济慈 :《科学工作者的愤慨》，原载北平《世界日报》1948 年 9 月 9 日，转载自《民主与科学》2015年第6期，第65—66页。

16 孟广涵主编：《国民参政会纪实·续编》（1938—1948），重庆出版社，1987年，第223页。

17《生物学家秉志》，何逸文等撰、张雷编：《北平学人访问记》（下），商务印书馆，2020年，第215—216、222页。

18 李先闻：《李先闻自述》，第201页。

图书在版编目（CIP）数据

从格致到科学：中国近代科学和科学体制化 / 张剑著.
— 北京：中国工人出版社，2021.12
ISBN 978-7-5008-7781-3

Ⅰ. ①从… Ⅱ. ①张… Ⅲ. ①科学事业史—中国—近代 Ⅳ. ①G322.9

中国版本图书馆CIP数据核字（2021）第237150号

从格致到科学：中国近代科学和科学体制化

出 版 人　王娇萍
责任编辑　邢　璐　陈晓辰
责任印制　栾征宇
出版发行　中国工人出版社
地　　址　北京市东城区鼓楼外大街45号　邮编：100120
网　　址　http://www.wp-china.com
电　　话　（010）62005043（总编室）　（010）62005039（印制管理中心）
　　　　　（010）62004005（万川文化项目组）
发行热线　（010）82029051　62383056
经　　销　各地书店
印　　刷　北京盛通印刷股份有限公司
开　　本　880毫米×1230毫米　1/32
印　　张　12.5
字　　数　310千字
版　　次　2022年2月第1版　2022年2月第1次印刷
定　　价　66.00元